职业教育改革与创新系列教材

焊接技术综合实训

COMPREHENSIVE PRACTICAL TRAINING OF WELDING TECHNOLOGY

◎主　编　郝艮虎　卢仁峰　刘文东
◎副主编　张丽红　陈城洋
◎参　编　李　广　李晓华　李　红

本书是根据《教育部关于“十二五”职业教育教材建设的若干意见》，同时参考焊工职业资格标准和“1+X”特殊焊接技术职业技能等级标准，并遵循中职类院校教学特点，理论知识以适度、必需、够用为原则进行编写的。

本书注重培养学生的识图能力、材料制备能力、工艺编制能力、工艺实施能力和检测能力等，以产品生产流程为主线，注重学科知识的系统性、规范性和准确性，同时充分考虑中职学生的思维特点，采取由易到难、循序渐进的设计思路。本书内容采取项目-任务编写模式，共设计了10个项目。内容体现以学生为中心、以实践为导向的职业教育新特点，理论知识紧贴焊接生产实际，以实际应用为着眼点，注重实用性。本书配有数字化教学资源，并以二维码的形式嵌入书中，方便学生学习。

本书可作为职业院校焊接技术应用专业教材，也可作为企业焊接技术岗位培训用书。

为便于教学，本书配套有电子课件，选择本书作为授课教材的教师可登录机械工业教育服务网（www.cmpedu.com）注册、免费下载。

图书在版编目（CIP）数据

焊接技术综合实训/郝良虎，卢仁峰，刘文东主编. —北京：机械工业出版社，2023.3

职业教育改革与创新系列教材

ISBN 978-7-111-72931-0

Ⅰ.①焊… Ⅱ.①郝… ②卢… ③刘… Ⅲ.①焊接-职业教育-教材 Ⅳ.①TG4

中国国家版本馆CIP数据核字（2023）第057165号

机械工业出版社（北京市百万庄大街22号 邮政编码100037）
策划编辑：王海峰 责任编辑：王海峰
责任校对：贾海霞 周伟伟 封面设计：张 静
责任印制：刘 媛
涿州市般润文化传播有限公司印刷
2023年7月第1版第1次印刷
285mm×210mm · 14印张 · 465千字
标准书号：ISBN 978-7-111-72931-0
定价：59.00元

电话服务	网络服务
客服电话：010-88361066	机 工 官 网：www.cmpbook.com
010-88379833	机 工 官 博：weibo.com/cmp1952
010-68326294	金 书 网：www.golden-book.com
封底无防伪标均为盗版	机工教育服务网：www.cmpedu.com

前　　言

本书是职业院校机械设计制造类焊接技术应用专业的综合技能课教材，主要用于培养焊接工艺编制以及焊接工艺实施方面的技术人员。

本书按照教育部于2014年公布的《中等职业学校焊接技术应用专业教学标准》和现行的焊工职业资格标准，以及“1+X”特殊焊接技术职业技能等级标准，由校企专家合作编写。

本书的特点是以典型工件的设计、图样分析、材料分析、下料、焊接工艺编制与实施、焊接检测等工件生产流程为主线，突出实践操作，合理融入相关理论知识，既保证了专业基础理论的系统性和完整性，又注重综合运用能力的培养。本书内容采取项目-任务编写模式，共设计了10个项目，分别为方形压力容器练习模拟器制作、方形压力容器制作、H形钢制作、焊接工位操作架制作、法兰工件制作、钨极氩弧焊堆焊、不锈钢球形压力容器制作、氩弧焊铝合金组合件、机器人焊接结构件和机器人焊接压力容器，每个项目包括图样识读、焊前工件制备、部件装配与点固、焊接工艺制定及实施和焊接检测5个任务，能够使学生根据零件的特点，合理选择焊接方法，并能够根据生产过程中出现的问题进行合理分析，制定出解决和防止办法。

本书编写分工为：项目一、项目二由郝良虎、卢仁峰编写，项目三由郝良虎、陈城洋编写，项目四由张丽红、李晓华编写，项目五由卢仁峰编写，项目六、项目九、项目十由刘文东编写，项目七、项目八由李广编写，书中焊接检测部分由李红编写。郝良虎负责教材整体的结构设计、课程思政点设计与梳理、统稿及审核工作。

向关心本书出版的焊接界同行及所援引文献的作者表示诚挚的谢意。

由于编者水平所限，书中错误或不足之处在所难免，敬请读者批评指正。

编　者

二维码索引

名称	二维码	页码	名称	二维码	页码	名称	二维码	页码
01 三视图的投影规律		2	08 CG1-30 型半自动火焰切割机的调试		27	15 GMAW-T 形接头仰角焊		58
02 剖视图		2	09 横对接打底层焊接		35	16 装配图的作用与内容		67
03 数控火焰切割机的手控直线切割		5	10 横对接填充层焊接		35	17 装配图画法的一般规定		68
04 GMAW-T 形平角焊		13	11 横对接盖面层焊接		35	18 台式钻床		72
05 GMAW-T 形接头立角焊		14	12 立对接打底层焊接		36	19 台式钻床转速及张紧力的调节		73
06 半自动火焰切割机		26	13 立对接填充层焊接		36	20 GMAW-平敷焊		84
07 CG1-30 型半自动火焰切割机的安装		26	14 立对接盖面层焊接		36	21 GMAW-垂直固定的小径管焊接		107

（续）

名称	二维码	页码	名称	二维码	页码	名称	二维码	页码
22　GMAW-水平固定的大径管焊接		107	29　常见焊接缺陷——焊瘤		115	36　5mm 低碳钢板横对接位置的钨极氩弧焊		143
23　常见焊接缺陷——裂纹		113	30　平面铣削		121	37　5mm 低碳钢板立对接位置的钨极氩弧焊		144
24　常见焊接缺陷——未焊透		113	31　等离子切割的特点与应用		124	38　铝合金板的焊前清理		155
25　常见焊接缺陷——夹渣		114	32　游标卡尺的结构		130	39　工业机器人的分类		177
26　常见焊接缺陷——气孔		115	33　游标卡尺的读数方法		130	40　工业机器人的技术指标		178
27　常见焊接缺陷——咬边		115	34　游标卡尺使用方法		130	41　工业机器人的应用		178
28　常见焊接缺陷——烧穿		115	35　6mm 低碳钢板平对接位置的钨极氩弧焊		143	42　示教器的使用		197

目　　录

项目一　方形压力容器练习模拟器制作

学习目标

1. 能够根据图样绘画出零件图。
2. 能够根据零件图以及材料选择合理的下料加工工艺。
3. 能够根据图样进行装配与点固。
4. 能够制定焊条电弧焊焊接工艺并实施。
5. 能够进行焊后检测并针对问题制定修复工艺。

项目描述

在近几年的焊接大赛样题中，方形压力容器出现的几率非常高，但是组合件的练习成本非常大，为了降低教学成本，根据方形压力容器的特点以及典型接头样式，设计出本项目的练习模拟器。本项目中主要涉及的焊缝是角焊缝，焊接位置分别是 2F、3F，制造完成后在项目二中进行使用，具有一定实用性。

方形压力容器练习模拟器

项 目 计 划

根据方形压力容器练习模拟器制作要求，将本项目分成 5 个加工任务。任务一图样识读：具体工作是小组成员利用 4 学时完成装配图的识读与零件图的绘制，明确加工任务。任务二焊前工件制备：小组成员利用 4 学时完成工件制备任务，本项目工件一共由 4 块板材组成，1 块底板、2 块立板、1 块盖板，选用的板材材质为 Q235，采用数控火焰切割机进行下料，学生分组进行工艺编制并实施。任务三装配点固：小组成员利用 4 学时进行装配，由于本项目板材厚度为 12mm，结构简单，并且焊缝长度较小，焊后变形量不大，因此可采用划线装配法进行装配，装配后整体实施焊接。任务四焊接工艺制定及实施：小组成员利用 12 学时完成本任务的内容，根据结构特点，要考虑到焊接变形的控制等问题，编制焊接工艺并实施。任务五焊接检测：小组成员利用 6 学时进行焊接检测，焊接检测分为外观检测和内部探伤检测，外观检测要分 2 步进行，先进行常见外部缺陷识别，再进行焊缝外形尺寸检测。本项目教学时长为 30 学时，具体学时分配如图 1-1 所示。

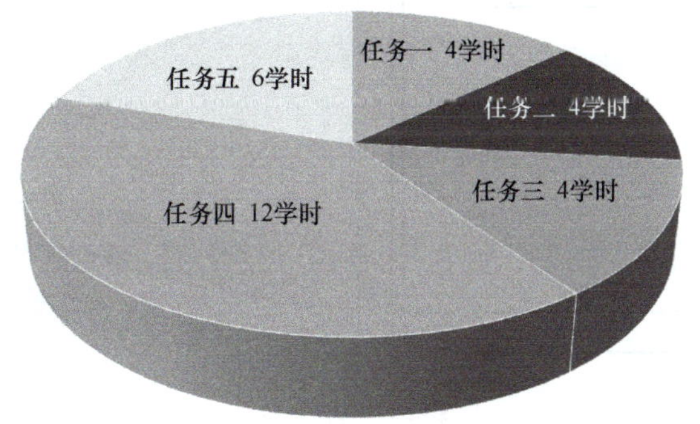

图 1-1　学时分配

任务一　图样识读

职业活动

步骤一：根据图样绘制零件图

本项目采用厚度为 12mm 的板材进行制作。图 1-1-1 所示为方形压力容器练习模拟器的三视图。

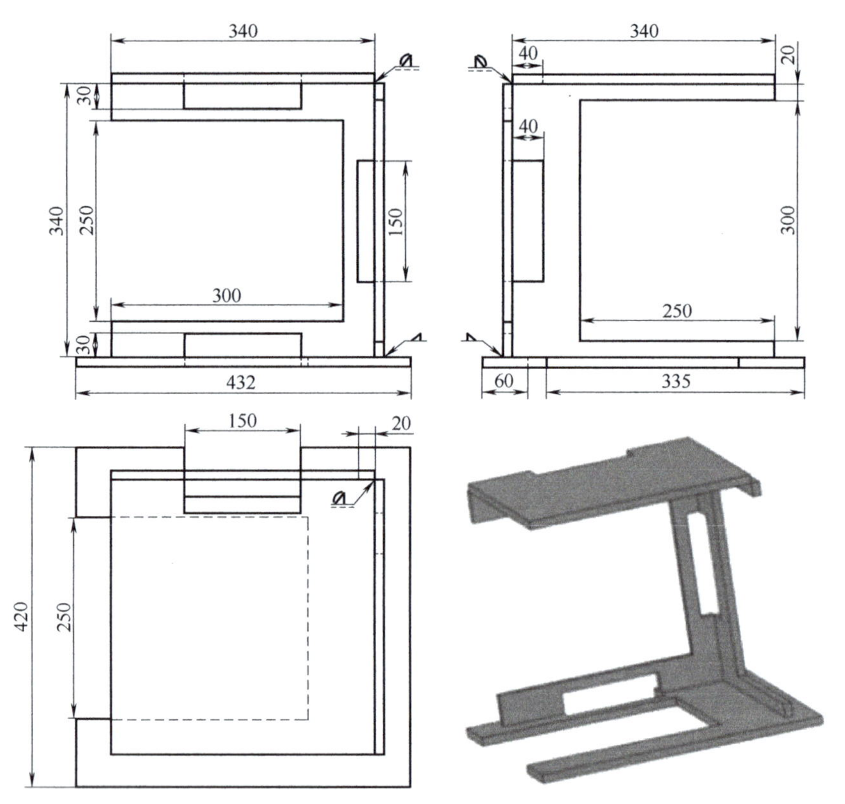

图 1-1-1　方形压力容器练习模拟器三视图

1. 通过识读三视图，确定焊前下料数量

能够确定本项目中共有 4 块板材：1 块底板、2 块立板、1 块上盖板，记录尺寸，绘制零件图。

职业知识

三视图基本知识

基本概念

一般来说：视图有六个面，分别是主视图（前视图），左视图，俯视图，右视图，仰视图，后视图。

三视图的投影规律

在六个基本视图中，有“三等”规律，即：右视图与左视图同样反映物体的高、宽方向的尺寸，仰视与俯视同样反映物体长、宽方向的尺寸。后视图与主视图同样反映物体长、高方向的尺寸。所以在实际画图时，无须将六个基本视图全部画出，应根据零件表达方式，选用必要的基本视图。

三视图的特点是：简单易学、通用性高、清晰明了。

剖视图

剖视图主要用来表达零件内部的几何形状，它是用一个假想面（平面或曲面）剖开零件，剖面区域要画剖面符号。

剖视图

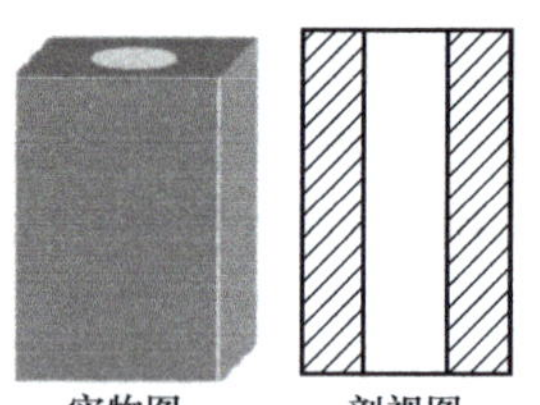

三视图常用线形及表示内容

名称	样例	表示内容
粗实线	————————	可用作可见轮廓线
细实线	————————	用作尺寸线，尺寸界线，引出线等
细虚线	- - - - - - - -	标识看不到的地方
细单点画线	—·—·—·—	用作轴线，对称中心等
剖面线	╲╲╲╲╲╲	表示被剖开零件的实体部分

2. 零件图绘制（图 1-1-2）

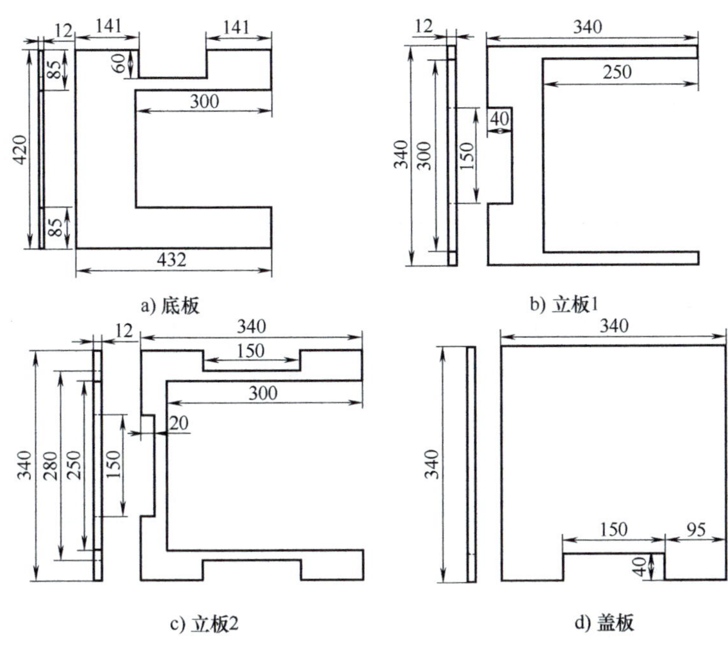

图 1-1-2 零件图

步骤二：确定工作任务

1. 根据图样及材料确定下料工艺

根据图样分析确定本项目结构。4 块板材主要加工外轮廓，由于边缘形状比较复杂，并且对尺寸有一定要求，故选择数控火焰切割机进行切割。

2. 制定装配工艺

根据图样及工件结构分析，得知有 4 块板材，由于其结构简单，故可采用划线法进行装配。

3. 制定焊接工艺

本项目采用的焊接方法是 111（焊条电弧焊），根据板材的厚度选择焊条、焊接电流等相应参数，制定焊接工艺卡，教师检查无误后进行施焊。

4. 焊后检测

根据工件的结构及焊缝的位置，制定焊接检测工艺。

材料分析

Q235 是碳素结构钢，其含碳较低，综合性能较好，强度、塑性和焊接等性能比较均衡，用途最广泛。

1. Q235 的含义

由 Q+数字+质量等级符号+脱氧方法符号组成。它的钢号冠以“Q”，代表钢材的屈服强度，后面的数字表示屈服强度数值，单位是 MPa。例如 Q235 表示屈服强度为 235MPa 的碳素结构钢。

2. Q235 质量等级符号

质量等级符号为 A、B、C、D，依次以 A 级质量较差，D 级质量最高。脱氧方法符号为 F、b、Z 和 TZ，分别表示沸腾钢、半镇静钢、镇静钢和特殊镇静钢，但在牌号组成表示方法中，Z 和 TZ 的符号可以省略。

3. Q235A 化学成分分析

化学元素	C	Mn	Si	S	P
质量分数	≤0.22%	≤1.4%	≤0.35%	≤0.050%	≤0.045%

4. Q235 焊接性分析

由于 Q235 属于低碳钢，碳含量低，锰、硅含量也少，因此通常情况下不会因焊接而产生严重硬化组织或淬火组织。低碳钢焊后的接头塑性和冲击韧性良好，焊接时，一般不需预热、控制层间温度和后热，焊后也不必采用热处理改善组织。本项目采用厚度为 12mm 的板材，整个焊接过程不必采取特殊的工艺措施，焊接性优良。

任务一测评

1. 知识测评

确定本任务关键词，按重要程度进行关键词排序并举例解读，见表 1-1-1。

根据自己对重要信息的捕捉、排序、表达、创新和划分权重能力进行自评，满分 100 分。

表 1-1-1　方形压力容器练习模拟器图样识读知识测评表

序号	关键词	举例解读	评分自定
1			
2			
3			
4			
5			
总分			

2. 能力测评

对表 1-1-2 所列作业内容进行评判，操作规范即得分，操作错误或未操作得零分。

表 1-1-2　方形压力容器练习模拟器图样识读能力测评表

序号	能力点	配分	得分
1	方形压力容器练习模拟器尺寸测量	20	
2	方形压力容器练习模拟器零件图绘制	30	
3	制定方形压力容器练习模拟器制作任务	30	
4	材料制备方法的合理选择	20	
总分		100	

3. 素养测评

对表 1-1-3 所列素养点进行评判，做到即得分，未做到得零分。

表 1-1-3　方形压力容器练习模拟器图样识读素养测评表

序号	素养点	配分	得分
1	绘图过程中的空间想象能力	20	
2	三视图识读的熟练程度	20	
3	一丝不苟、严谨的工作作风（尺寸测量中的误差）	20	
4	尺规等绘图工具使用的熟练程度	20	
5	徒手作图的熟练程度	20	
总分		100	

4. 拓展训练

试根据下图绘制三视图。

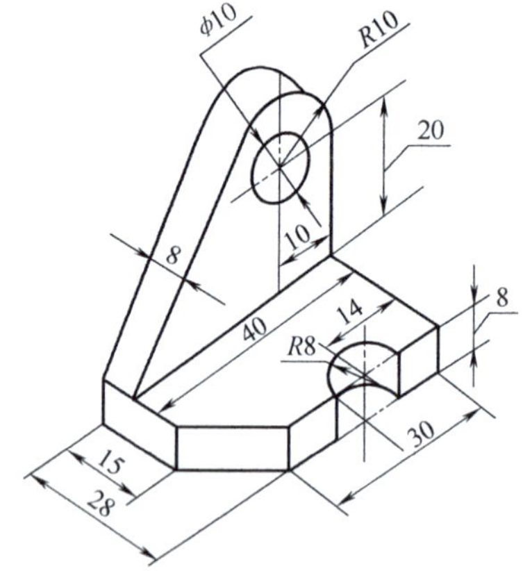

任务二　焊前工件制备

职业活动

步骤一：下料准备

1. 材料检查

施工前操作人员预先熟悉零件图样（图 1-1-2），确定下料尺寸，根据下料清单要求，确定材质为 Q235，其厚度为 12mm；确定下料数量，在板材上合理排料。

2. 设备检查

施工前设备开机运行，查看设备工作是否正常；检查氧气、混合气体的阀门、压力表和燃气胶管是否完好，连接是否紧密可靠；在整个气割过程中设备应全部运转正常，并确保安全的条件下才能运行切割工作，而且在气割过程中应注意保持。

3. 检验及标识工具

钢直尺、卷尺、石笔、记号笔等。

步骤二：数控火焰切割机操作

1. 上料

在进行火焰切割时，吊钢板至气割平台上，调整钢板单边两端头与导轨的平行距离差在 5mm 范围内。

数控火焰切割机的手控直线切割

2. 编程

将拷贝好的程序插入 USB 接口中，打开程序，检查程序图名称是否与下料清单中的图样相符合；调整割枪的距离，确定后拖量，选择合理的切割参数，切割参数包括割嘴型号、氧气压力、切割速度和预热火焰的能量等（见表 1-2-1），同时检查割嘴气体的通畅性。

表 1-2-1　切割参数

割嘴型号	切割氧孔径/mm	切割厚度/mm	割缝半径/mm	预热时间/s	切割速度/(mm/min)	气体压力/MPa	
						氧气	乙炔
0#	0.8	12	1	12~15	430~380	0.2~0.4	>0.03
1#	1		1.2		460~400	0.2~0.4	>0.03

职业知识

数控火焰切割机

数控火焰切割机是指按照预先编制的数字指令程序移动割炬进行自动热切割的设备。

数控火焰切割特点：

1）板材切割效率高。

2）切割质量好。

3）操作者的劳动强度小。

设备组成

数控火焰切割机是由机械部分、数控系统、气路系统组成的。

数控切割机主机采用龙门式结构，这种结构比悬臂式刚性要好，切割范围更大。

数控切割机是由轨道横梁、轮架、主小车、副小车、割炬、工作台、滑架、拖链等组成的。

数控火焰切割机操作界面

主窗口：包括预览窗口和观察窗口，预览窗口主要是显示需切割的当前工件及其外形尺寸，观察窗口则显示速度、位置、切割模式。

键盘区：SPACE—空格键；BACK SPACE—删除键；CANCEL—返回上一菜单键；ENTER—回车键。

控制钮：上面设有电源锁、急停开关、1 号，2 号，3 号枪的选择及升、降枪和总体升降、自动/手动、2 号枪的左旋右旋、点火和切割氧开关。

数控火焰切割机主菜单

图形库（F1）：提供 66 种常见的简单图形，方便切割使用。

文件（F2）：文件的上传及调用。

3. 切割前清理

气割前去除钢材表面的污垢、油脂等，并在下面留出一定的空间，以利于熔渣的吹出。气割时，割炬的移动应保持匀速，割件表面距离焰心尖端以 2~5mm 为宜，距离太近会使切口边沿熔化，距离太远则热量不足，易使切割中断。

4. 切割操作

开始切割，时刻注意切割状态并对首件切割零件进行自检，合格后方能进行批量切割。在进行厚板气割时，割嘴与工件表面保持垂直，待整个断面割穿后移动割嘴转入正常气割，气割将要到达零件终点时应略放慢速度，使切口下部完全割断。

步骤三：焊前清理

火焰切割后的工件，切口会有氧化皮，当切割参数不合理时，在切口边缘还会出现挂渣现象，如图 1-2-1 所示，这些在焊接之前都需要清理干净，否则会影响焊接质量。

图 1-2-1　火焰切割零件图

焊前清理一般有两种方法，一种是机械清理，采用旋转磨片、钢丝刷、金刚砂毡轮等进行，或者采用喷丸、喷砂处理；另一种是化学清理，包括去油、酸洗、钝化等。化学清理的零件不应有搭接缝或其他缝隙，以免因腐蚀液冲洗不干净而受腐蚀。

下料后的板材可采用机械清理，用台虎钳固定板材，用角磨机清理，切口表面以及焊缝左右 20mm 范围，必须打磨出金属光泽。

零件选项（F3）：进入零件编辑界面，缩放、旋转、重复、对齐等。

设置（F4）：进入机床设置菜单可设切割参数，如割缝、切割速度等。

观察零件（F5）：观察零件所在的整张切割板料。

切割模式（F6）：在切割和预演之间切换。

更换易损件（F7）：进入更换易损件菜单进行参数设定。

数控火焰切割机图形管理

由下图可见，图形文件管理中有常见的矩形、圆形、三角形、直线、法兰、吊耳等供选用，在选用时只需改变相应的参数即可。图形文件管理中没有的图形，可以采用绘图软件如 CAD 进行绘制，然后利用转换程序生成切割轨迹程序。

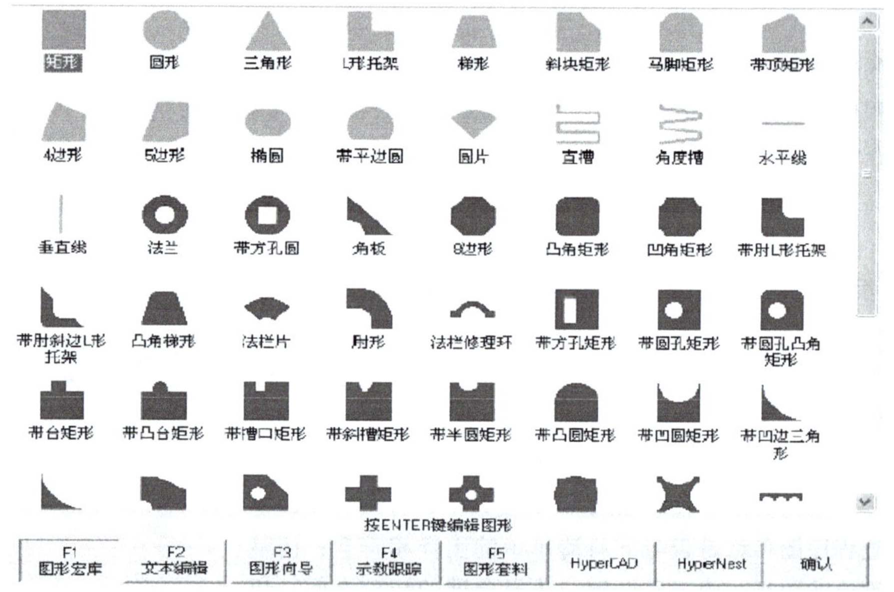

任务二测评

1. 知识测评

确定本任务关键词，按重要程度进行关键词排序并举例解读，见表 1-2-2。

根据自己对重要信息的捕捉、排序、表达、创新和划分权重能力进行自评，满分 100 分。

表 1-2-2　方形压力容器练习模拟器工件制备知识测评表

序号	关键词	举例解读	评分自定
1			
2			
3			
4			
5			
总分			

2. 能力测评

对表 1-2-3 所列作业内容进行评判，操作规范即得分，操作错误或未操作得零分。

表 1-2-3　方形压力容器练习模拟器工件制备能力测评表

序号	能力点	配分	得分
1	气割工艺制定	20	
2	气割火焰调整	30	
3	数控火焰切割机编程	30	
4	焊前清理	20	
总分		100	

3. 素养测评

对表 1-2-4 所列素养点进行评判，做到即得分，未做到得零分。

表 1-2-4　方形压力容器练习模拟器工件制备素养测评表

序号	素养点	配分	得分
1	防护用具穿戴标准	20	
2	材料切割之前检查	20	
3	数控火焰切割机开机检查	20	
4	数控火焰切割机安全操作规程	20	
5	工具、量具等归位，清理工位	20	
总分		100	

4. 拓展训练

（1）简述数控火焰切割特点。

（2）简述数控火焰切割设备使用前检查内容。

任务三　部件装配与点固

职业活动

步骤一：装配前的准备

1. 确定装配基准

根据图样进行结构分析，三维零件图以及三视图见图 1-1-1。

结构中共有 4 块板材，在装配过程中，可设定底板为装配基准，在底板上确定立板的位置，最后装配点固上盖板。

2. 装配现场和装配设备的选择

由于尺寸不大，可在操作平台或者操作架上进行装配，不需要起重设备。

3. 工量具的准备

工具：需准备油漆笔（划针或者石笔）进行划线。

量具：直角尺和卷尺。

设备：ZX7-400 型焊机，直流反接。

4. 零件预检

根据图样要求，对板材尺寸、形状进行检测，确保装配工作顺利进行。

步骤二：装配流程

1. 划线

以底板为基准，按图 1-1-1 的尺寸，在底板上用油漆笔（划针或者石笔）画出两块立板的位置，如图 1-3-1 所示。

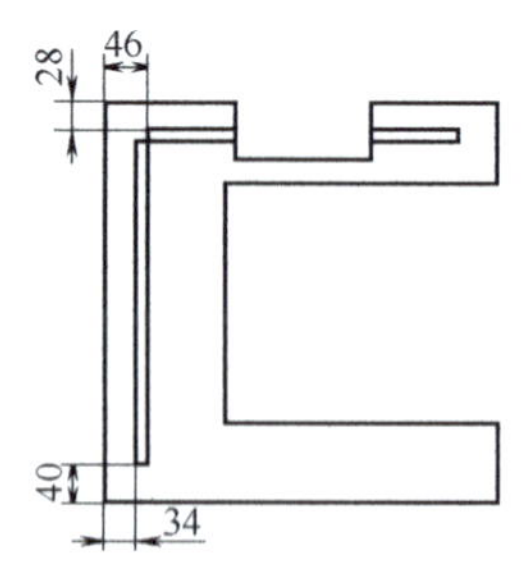

图 1-3-1　底板划线示意图

图 1-3-2　底板 a 与立板 b 组对示意图

职业知识

焊接结构装配

装配是将焊前加工好的零部件采用适当的工艺方法，按生产图样和技术要求连接成部件或整个产品的工艺过程。

装配的工作量约占整体产品制造工作量的 30%～40%，且装配的质量和顺序将直接影响焊接工艺、产品质量和劳动生产率。所以，提高装配工作的效率和质量，对缩短产品制造周期、降低生产成本、保证产品质量等，都具有重要的意义。

装配的基本条件

定位的方式	夹紧的方式	测量的方式
确定零件在空间的位置或零件间的相对位置	借助通用或专用夹具将已定位的零件加以固定的过程	指在装配过程中，对零件间的相对位置和各部件尺寸进行一系列的技术测量，从而鉴定定位的正确性和夹紧力的效果，以便调整

装配中常用的工具

大锤	小锤	扳手	划针
划规	**直角尺**	**卷尺**	**水平尺**

2. 组对点固

先把底板 a 与立板 b 进行组对，使用直角尺确定底板 a 与立板 b 之间的角度为 90°。点固焊采用的电焊机型号为 ZX-400，直流反接，选用 E5015（J507）焊条，直径为 ϕ3.2mm，焊前需要烘干，烘干温度为 350~400℃，保温 2h，随取随用。点固位置如图 1-3-2 所示，点固焊长度不超过 2mm，焊接电流为 120~130A。

底板 a 与立板 b 组对完成后，再用直角尺测量两板之间角度，如有偏差可进行微调。之后组对立板 c，在组对过程中要保证立板 c 在底板上的尺寸，还要保证这三块板材之间相互垂直。点固焊位置如图 1-3-3 所示，点固焊缝长度在 20mm 以内。

图 1-3-3　底板与两立板组对示意图

图 1-3-4　上盖板组对示意图

最后组对上盖板 d。组对立板 b 和 c 属于 T 形接头，比较容易，但是组对上盖板 d 属于端接接头，组队时需要掌握好上盖板 d 与两立板之间的距离保持一致，点固焊缝共四条，如图 1-3-4 所示，点固焊缝长度不超过 20mm。

组对完成后整体测量尺寸，为下一步焊接做准备。

划线定位装配法

在零件表面或装配台表面划出焊件的中心线、接合线、轮廓线等作为定位线，确定零件间的相互位置，以定位焊固定进行装配。

划线定位装配示例

下图左侧所示是以划在工件底板上的中心线和接合线作为定位基准线来确定槽钢、立板和三角形加强肋的位置；下图右侧所示是利用大圆筒盖板上的中心线和小圆筒上的等分线（也常称其为中心线）来确定两者的相对位置。

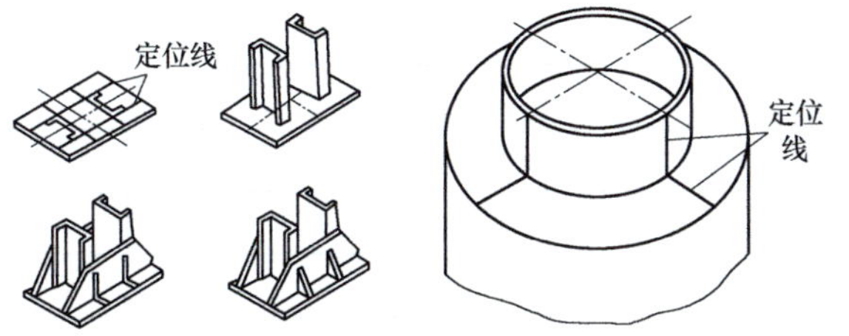

地样划线装配法

下图所示为钢屋架的划线定位装配。先在装配平台上按 1∶1 的实际尺寸划出屋架零件的位置和结合线（称地样）如下图左侧所示，然后依照地样将零件组合起来，如下图右侧所示。

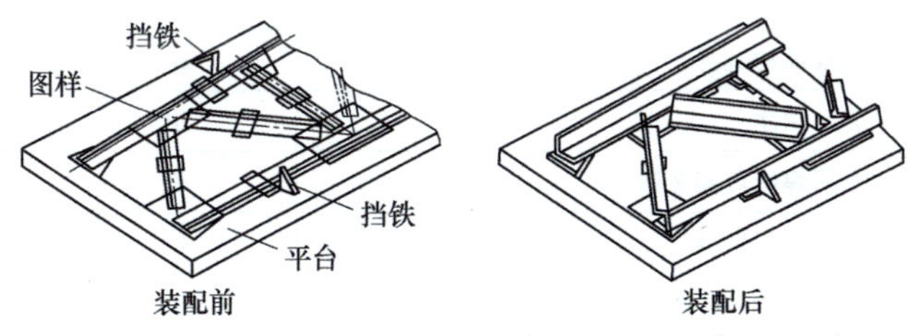

任务三测评

1. 知识测评

确定本任务关键词，按重要程度进行关键词排序并举例解读，见表 1-3-1。

根据自己对重要信息的捕捉、排序、表达、创新和划分权重能力进行自评，满分 100 分。

表 1-3-1 方形压力容器练习模拟器装配知识测评表

序号	关键词	举例解读	评分自定
1			
2			
3			
4			
5			
总分			

2. 能力测评

对表 1-3-2 所列作业内容进行评判，操作规范即得分，操作错误或未操作得零分。

表 1-3-2 方形压力容器练习模拟器装配能力测评表

序号	能力点	配分	得分
1	装配基准面的选择	20	
2	制定装配顺序	30	
3	制定点固焊缝焊接参数	20	
4	合理控制装配精度	30	
总分		100	

3. 素养测评

对表 1-3-3 所列素养点进行评判，做到即得分，未做到得零分。

表 1-3-3 方形压力容器练习模拟器装配素养测评表

序号	素养点	配分	得分
1	防护用具穿戴标准	20	
2	装配前材料检查	20	
3	点固焊缝施焊	20	
4	点固焊缝焊后处理	20	
5	工具、量具等归位，清理工位	20	
总分		100	

4. 拓展训练

（1）简述焊接结构装配的基本条件。

（2）划线定位装配法的应用有哪些？

任务四　焊接工艺制定及实施

职业活动

步骤一：识读焊接标注

按照图 1-4-1，确定焊缝位置及形式。

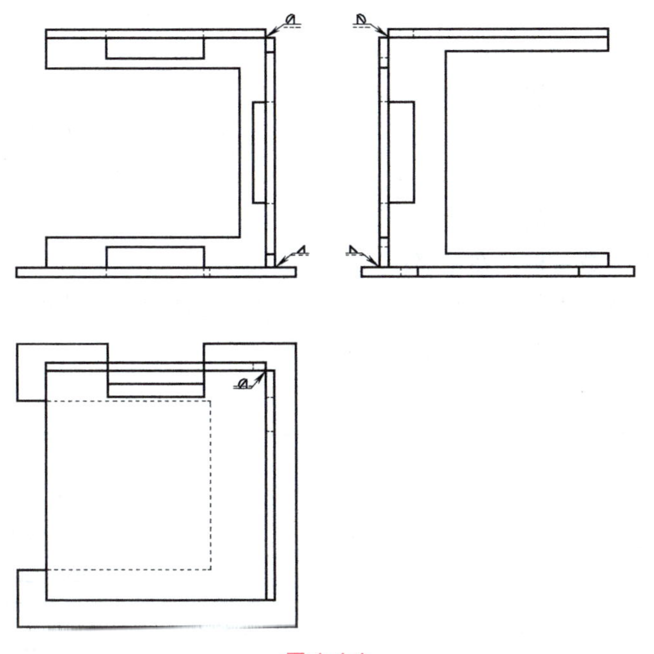

图 1-4-1

1. 确定焊缝数量和焊缝形式

通过图样分析，能够确定本项目工件共有 5 条焊缝，分别是两条底板 a 与立板 b、c 相交的 T 形接头角焊缝，一条立板 b 与立板 c 之间的端接角焊缝和两条立板 b、c 与上盖板相交的端接角焊缝。

2. 确定焊接位置

五条焊缝中，两立板与底板相交的 T 形接头角焊缝为平位（2F），两立板与上盖板相交的端接角焊缝为平位（2F），只有两块立板 b、c 之间相交的端接角焊缝为立位（3F）。

职业知识

焊缝符号

焊缝符号是供焊接结构图样上使用的统一符号或代号，也是一种工程语言，世界各国的焊缝符号和焊接方法代号不尽相同，设计人员应该掌握并在自己的设计实践中加以正确运用。

焊缝符号包括基本符号、辅助符号和焊缝尺寸符号。焊缝符号一般由基本符号与指引线组成，必要时还要加上辅助符号、补充符号和焊缝尺寸符号。

焊缝符号的意义

设计人员为使自己设计的结构或产品能够由制造人员准确无误地加工制造出来，就必须把结构和产品的施工技术条件在设计图样和设计说明书等设计文件上详尽地表述出来。

对于焊接接头，设计人员一般采用有关标准规定的焊缝符号和焊接方法代号来表示。

也可以采用技术制图方法来表示，但用图形或文字详细地说明焊接接头的焊接加工要求和注意事项是非常烦琐和复杂的。

采用标准规定的各种符号和代号简单明了地指出焊接接头的类型、形状、尺寸、位置、表面状况、焊接方法以及与焊接有关的各项条件是非常必要的。

角焊缝表示方法

图中是角焊缝的表示方法及符号，一般情况下，焊接基本符号是根据焊缝的横截面积的形状而制定的。

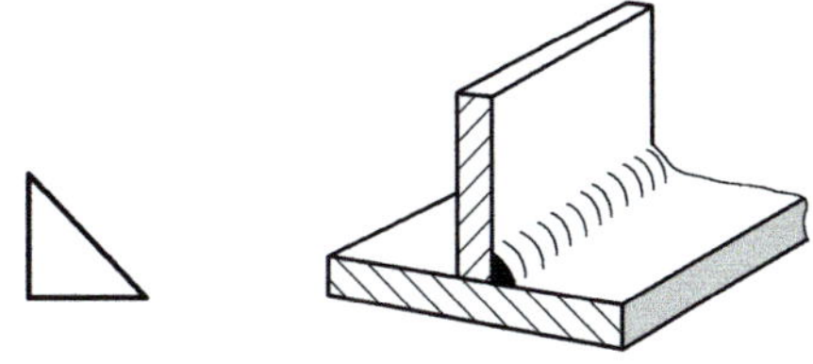

步骤二：焊接工艺编制

1. 焊前准备

1）工件材料为 Q235 钢板，具体尺寸如图 1-1-1 所示。

2）焊接材料选择 E5015 焊条，直径分别为 ϕ3.2mm，ϕ4.0mm，烘干温度为 350～400℃，保温 2h，随取随用。

3）焊机选择 ZX7-400 型焊机，直流反接。

4）焊前清理采用角磨机或钢丝刷清理工件坡口及坡口两侧各 20mm 范围内的油污、铁锈及其他污染物，直至露出金属光泽（在任务二中已经完成）。

2. 焊接工艺分析

焊接平角焊缝时，由于两块钢板之间有一定的夹角，降低了熔敷金属和熔渣的流动性，容易形成夹渣和咬边等缺陷；同时由于重力的作用，焊缝容易下垂，难以保证焊缝为等腰三角形，大部分是下面长、上面短，还有咬边等现象。因此，在打底焊操作过程中，建议采用较大的焊接电流。焊接操作时，电流要大于平焊时的电流，焊条角度必须准确。当两块钢板厚度不同时，焊条角度也要变化，原则是将电弧的能量对准厚的钢板。

端接接头立角焊时，由于在重力的作用下，焊条熔化所形成的熔滴及熔池中的熔化金属会下淌，造成焊缝成形困难，因此，立角焊时选用的焊条直径和焊接电流均应小于平焊，并应采用短弧焊接。立角焊（向上焊）容易产生的缺陷是角顶不易焊透，而且焊缝两旁容易咬边。为了避免这种缺陷，焊条在焊缝两侧应稍做停留，电弧长度应尽可能缩短，焊条摆动幅度应不大于焊缝宽度。为获得质量良好的焊缝，要根据焊缝的具体情况，选择合适的运条方法。

指引线

指引线由箭头线和基准线（实线和虚线）组成，如右图所示。

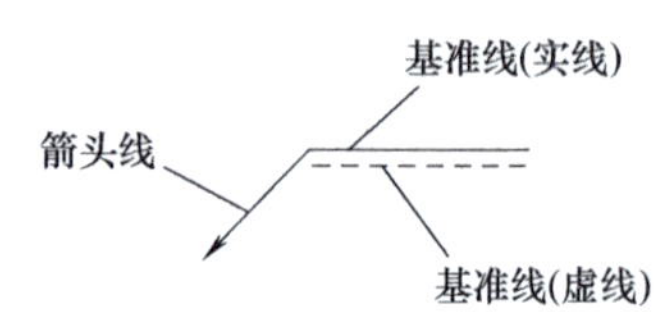

尺寸及标注

横向尺寸标注在基本符号的左侧；

纵向尺寸标注在基本符号的右侧；

坡口角度、坡口面角度、根部间隙标注在基本符号的上侧或下侧；

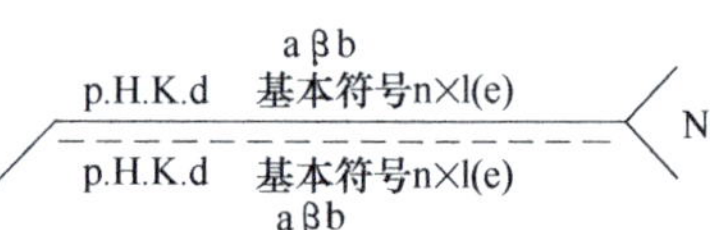

相同焊缝数量标注在尾部；

当尺寸较多不易分辨时，可在尺寸数据前标注相应的尺寸符号；

当箭头线方向改变时，上述规则不变。

平角焊操作过程

平角焊道分布	T 形接头和端接接头平角焊采取两层三道焊，焊道分布如右图所示	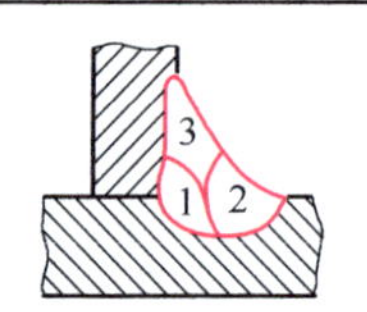
第一条焊道	焊第一层第一道时，一般选择直径小一些的焊条，本任务选择 ϕ3.2mm 的焊条，焊接电流应稍大些，以达到一定的熔深。一般采用直线形运条法，横向夹角为 60°～70°，纵向夹角为 45°～50°，如右所示。焊接过程中，采用短弧焊接，速度要均匀一致，焊条中心与焊缝夹角中心重合，注意排渣和铁液的熔敷效果。在焊接始端和终端时，会发生磁偏吹现象，因此在焊板两端要适当调整焊条的角度	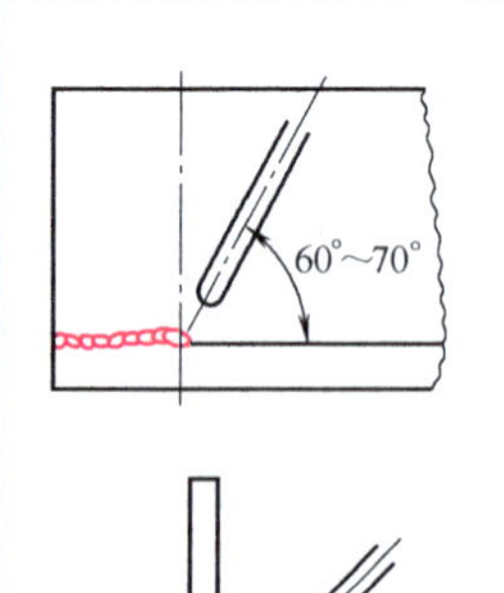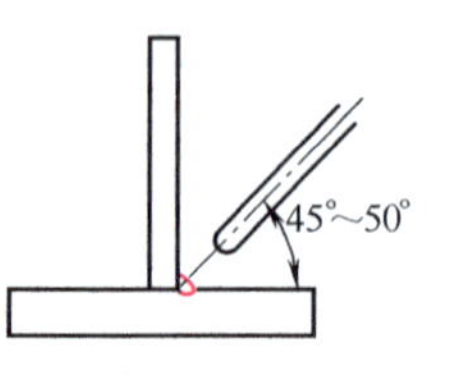

3. 焊接工艺卡编制（见表 1-4-1）

表 1-4-1 焊接工艺卡

焊接工艺卡		编号：
材料型号	Q235	
材料规格	底板 a 432mm×420mm×12mm 立板 b 340mm×340mm×12mm 立板 c 340mm×340mm×12mm 盖板 d 340mm×340mm×12mm	
接头种类	T 形接头、端接接头	
坡口形式	I 形	
坡口角度	—	
钝边	—	
组对间隙	0～1mm	
焊接方法	111(SMAW)	
焊接设备	ZX7-400	

电源种类	直流	焊后热处理	种类	—	保温时间	—
电源极性	反接		加热方式	—	层间温度	—
焊接位置	1F		温度范围	—	测量方法	—

焊接参数					
焊层	焊材型号	焊材直径/mm	焊接电流/A	焊接电压/V	焊接速度(cm/min)
平角焊第一道	E5015	$\phi3.2$	110～125	20～24	14～16
平角焊第二道		$\phi4.0$	135～150	20～24	14～16
平角焊第三道		$\phi4.0$	130～140	20～24	14～16
立角焊打底层		$\phi3.2$	80～100	20～24	8～12
立角焊盖面层		$\phi4.0$	110～130	20～24	8～12

平角焊操作过程

第二条焊道	焊接第二层焊缝前，应先清理干净第一层焊缝的熔渣。焊接时，可采用 $\phi4.0$mm 的焊条，以便加大焊道的熔宽，焊接电流比使用小直径焊条时的电流大一些。在焊接过程中，应覆盖第一条焊道的 2/3，焊条与水平焊件的夹角为 45°～55°，如右图所示，以使水平焊件能够较好地熔合焊道；焊条与焊接方向的夹角为 65°～80°。采用斜圆圈形或锯齿形运条方法，运条速度与多层焊时基本相同，不同之处在于在立板上不需停留	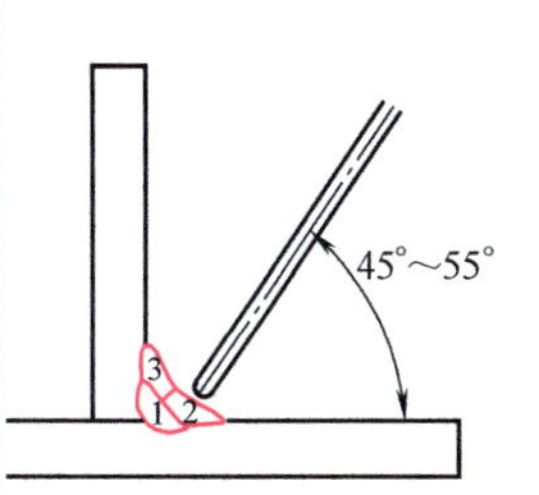
第三条焊道	焊接第三道时，对第二条焊道覆盖 1/3～1/2。焊条与水平焊件的角度为 40°～45°，如右图所示，仍采用直线形运条法。若希望焊道薄一些，可以采用直线往返运条法，通过运条可将夹角处焊平整。整条焊缝最终应宽窄一致，平整圆滑，无咬边、夹渣和焊脚下偏等缺陷	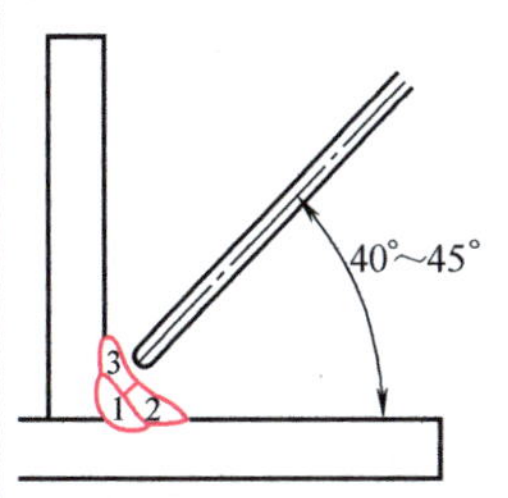
操作技巧	第二层第一道焊缝：焊条中心对准第一层焊缝与水平板的熔合线，运条速度不可过快，焊缝是偏向下底板的形态，并且焊缝的切点明显，以便于第二道焊缝的焊接。第二层第二道焊缝：焊条中心对准第一层焊缝与垂直板的熔合线，以第一道焊缝切线为参照，所焊的焊缝与第一道焊缝圆滑过渡。整个焊接过程要求采用短弧焊操作，避免因电弧过长而造成气孔、夹渣等缺陷；同时，应通过改变焊条的角度来调整熔池的形状，使其始终保持椭圆形 GMAW-T 形平角焊	

立角焊操作过程

立角焊道分布	T形接头和端接接头立角焊采取两层两道焊，焊道分布如右图所示	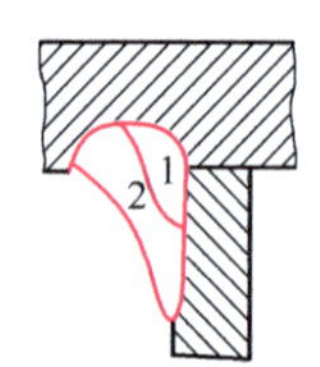
打底层焊接	打底层焊接采用挑弧法或连续焊，焊条与左右焊件之间的夹角为45°，与焊接方向之间的夹角为60°~70°，焊条角度如右图所示	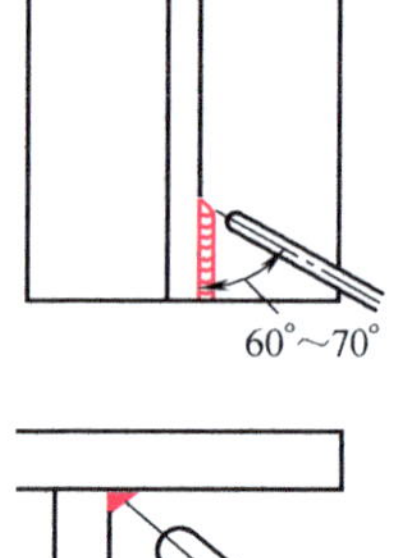
	采用挑弧法焊接时，熔滴从焊条末端过渡到熔池后，在熔池金属有下淌趋势时立即将电弧熄灭，使熔化金属有瞬间凝固的机会；随后重新在灭弧处引弧，当形成新的熔池且熔合良好后，再立即灭弧，使燃弧-灭弧交替进行，灭弧时间的长短根据熔池温度的高低做相应调节，燃弧时间根据熔池的熔合情况灵活掌握。采用连续焊时，运用三角形运条法横向向上摆动，如右图所示，短弧连续施焊，保持熔孔形状大小均匀一致，焊接过程中应始终控制熔池形状为椭圆形或扁圆形	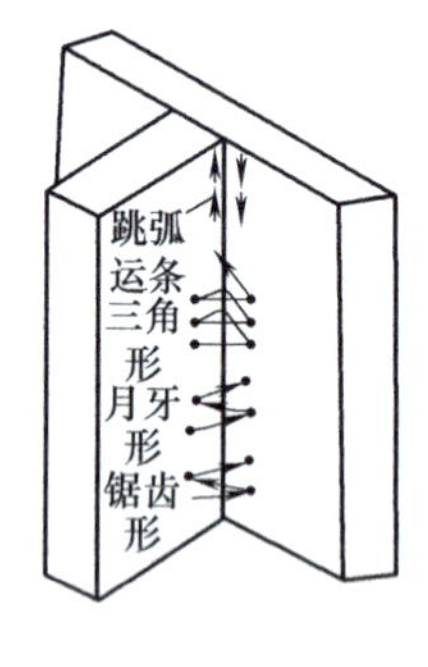

立角焊操作过程

盖面层焊接	在焊接第二道焊缝时，保持每个熔池均成扁平圆形，即可获得平整的焊道。电弧要控制得短些，采用锯齿形或月牙形运条法，在三角形角顶和焊件两侧稍做停留，保证角顶熔合良好，防止焊件两侧产生咬边，保持熔池外形下部分边缘平直，熔池宽度一致，厚度均匀，从而获得良好的焊缝，如右图所示。焊接至焊缝末端10mm左右处时，应反复灭弧施焊，以防止因温度过高而造成下塌或弧坑不饱满	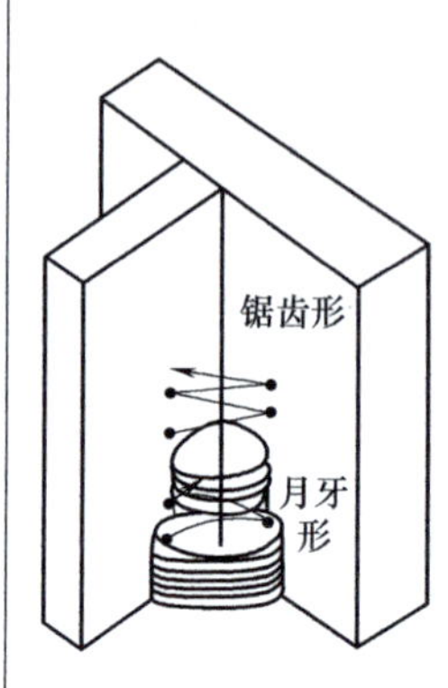
焊接技巧	T形接头立角焊在工艺允许的情况下，可采用适度的小电流焊接，往往运用“倒月牙形”运条法，将电弧能量转移到熔池的前端，降低熔池的温度，缩短熔池存在的时间，从而达到大电流操作的效果。T形接头立角焊时，角顶不易焊透，所以打底层焊接时眼睛要紧盯角顶的熔合情况，电弧长度应尽可能缩短，可以采用灭弧法或者三角形运条法。焊趾附近易产生咬边，焊接运条时，焊条应在焊缝两侧稍做停留，其摆动幅度应不大于焊缝宽度  GMAW-T形接头立角焊	

任务四测评

1. 知识测评

确定本任务关键词，按重要程度进行关键词排序并举例解读，见表 1-4-2。

根据自己对重要信息的捕捉、排序、表达、创新和划分权重能力进行自评，满分 100 分。

表 1-4-2　方形压力容器练习模拟器焊接知识测评表

序号	关键词	举例解读	评分自定
1			
2			
3			
4			
5			
总分			

2. 能力测评

对表 1-4-3 所列作业内容进行评判，操作规范即得分，操作错误或未操作得零分。

表 1-4-3　方形压力容器练习模拟器焊接能力测评表

序号	能力点	配分	得分
1	焊接标注符号识读	20	
2	制定焊接顺序	30	
3	焊接工艺卡编制	20	
4	掌握方形压力容器练习模拟器焊接技巧	30	
总分		100	

3. 素养测评

对表 1-4-4 所列素养点进行评判，做到即得分，未做到得零分。

表 1-4-4　方形压力容器练习模拟器焊接素养测评表

序号	素养点	配分	得分
1	防护用具穿戴标准	20	
2	点固焊缝焊前打磨处理	20	
3	焊条电弧焊安全操作规程	20	
4	焊后清渣处理不能破坏焊缝边成形	20	
5	工具、量具等归位，清理工位	20	
总分		100	

4. 拓展训练

（1）什么是电弧的磁偏吹？其影响因素有哪些？减少或防止方法有哪些？

（2）焊条电弧焊熔滴过渡受的作用力有哪些？其作用如何？

任务五　焊接检测

职业活动

步骤一：常见外部缺陷识别

1. 确定需要识别焊缝的数量及位置

本项目工件共有5条焊缝需要识别，分别是两条底板a与立板b、c相交的T形接头角焊缝，一条立板b与立板c之间的端接角焊缝和两条立板b、c与上盖板相交的端接角焊缝。

2. 工具的准备

工具：需准备油漆笔进行否定项的标记；准备手电筒进行照明；准备放大镜进行观察外部缺陷。

步骤二：焊缝尺寸检测

1. 确定需要检测的焊缝

本项目工件共有5条焊缝需要检测，分别是两条底板a与立板b、c相交的T形接头角焊缝，一条立板b与立板c之间的端接角焊缝和两条立板b、c与上盖板相交的端接角焊缝。

2. 工量具的准备

工具：需准备油漆笔进行尺寸的标记；准备手电筒进行照明；准备放大镜进行观察。

量具：焊缝检测尺、300mm钢板尺。

3. 测量T形接头角焊缝尺寸

使用焊缝检测尺和300mm钢板尺测量底板a与立板b、c相交的两条T形接头角焊缝的尺寸，并在钢板上进行标记。

4. 测量端接角焊缝尺寸

使用焊缝检测尺和300mm钢板尺测量立板b与立板c之间的端接角焊缝、立板b、c与上盖板相交的两条端接角焊缝的尺寸，并在钢板上进行标记。

5. 填写评分表

将T形接头角焊缝尺寸和端接角焊缝尺寸填在评分表相应的位置，通过评分标准相应的得分区间对本项目所焊的工件进行打分，见表1-5-1。

职业知识

焊条电弧焊常见外部缺陷

外部缺陷名称	表现形式	示意图
表面气孔	焊接时，熔池中的气泡在凝固时未能及时逸出而残留下来所形成的空穴	气孔
咬边	沿焊趾的母材部位产生的沟槽或凹陷	咬边
表面夹渣	焊后残留在焊缝中的熔渣	夹渣
焊瘤	焊接过程中，熔化金属流淌到焊缝之外未熔化的母材上所形成的金属瘤	焊瘤

表 1-5-1　结构件评分表

工件号		评分员签名		合计得分（满分 100）			
检查项目	标准、分数	焊缝等级				测量数值	实际得分
		Ⅰ	Ⅱ	Ⅲ	Ⅳ		
角焊缝宽窄差	标准/mm	≤1	>1，≤1.5	>1.5，≤2	>2		
	分数	10	8	5	0		
咬边	标准/mm	0	深度≤0.5 且累计长度≤10	深度≤0.5 且累计长度>10，≤20	深度>0.5 或累计长度>20		
	分数	10	8	5	0		
角焊缝厚度	标准/mm	7	>7，≤7.5	>7.5，≤8.5	<7		
	分数	10	8	5	0		
转角焊缝宽窄差	标准/mm	≤1	>1，≤1.5	>1.5，≤2	>2		
	分数	10	8	5	0		
焊脚尺寸	标准/mm	≥10，≤11	<10，>11 且累计长度≤10	<10，>11 且累计长度>10，≤20	<10，>11 且累计长度>20		
	分数	10	8	5	0		
表面气孔	标准	表面无气孔		表面有气孔			
	分数	10		0			
表面夹渣	标准	表面无夹渣		表面有夹渣			
	分数	10		0			
焊瘤	标准	无焊瘤		有焊瘤			
	分数	10		0			
焊缝下垂	标准	焊缝无下垂		焊缝有下垂			
	分数	10		0			
裂纹	标准	表面无裂纹		表面有裂纹			
	分数	10		0			

焊条电弧焊常见外部缺陷

外部缺陷名称	表现形式	示意图
焊缝下垂	焊接过程中，熔化金属流淌到焊缝下焊趾，使上下焊脚尺寸不一致	
表面裂纹	焊接过程中，焊缝和热影响区金属冷却到固相线附近高温区产生的裂纹为热裂纹；焊接接头冷却到较低温度下时产生的裂纹叫冷裂纹	

焊缝外形尺寸的检测方法

检测项目	检测方法	示意图
焊脚尺寸	将主尺的工作面靠紧焊件和焊缝，滑动高度尺与焊件的另一边接触，此时高度尺的示值即为角焊缝的焊脚尺寸	
角焊缝厚度	先将主尺工作面与焊件靠紧，然后滑动高度尺与焊缝最高点接触，此时高度尺上的示值即为角焊缝厚度	

步骤三：角焊缝内部缺陷检测——角焊缝折断试验

1. 试样制备

在室温下，按照图 1-5-1 所示，将外观检测后的 T 形接头角焊缝试件按要求准备。其中，检测长度 $L=300$mm；立板与地板厚度为 12mm；立板高度为 75mm，地板宽度为 100mm。

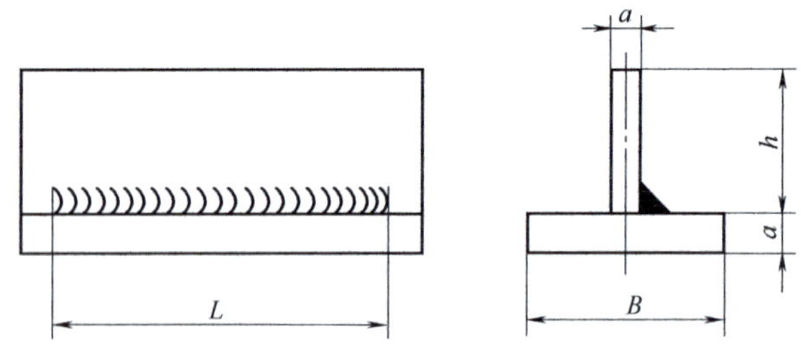

图 1-5-1 角焊缝检测试件

2. 试验程序

1）按图 1-5-2 所示进行折断试验，对立板试件施加如箭头方向所示的力，使焊缝根部受拉力开裂，或在材料试验机上进行折断试验，试验方法如图 1-5-3 所示。

2）为保证焊件断于焊缝，必要时，可按照 1-5-4 所示，先在角焊缝表面开一个最大深度不超过焊缝厚度的一般缺口，再进行折断试验。

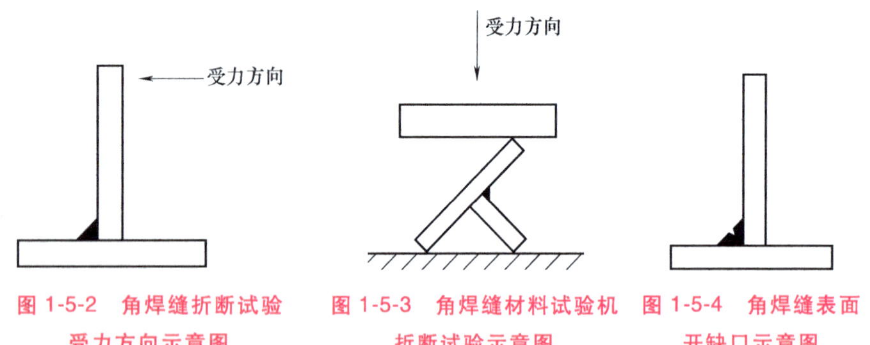

图 1-5-2 角焊缝折断试验受力方向示意图　图 1-5-3 角焊缝材料试验机折断试验示意图　图 1-5-4 角焊缝表面开缺口示意图

3. 结果评定

焊件折断后，用肉眼观察焊件角焊缝根部和折断面上出现的缺陷，如裂纹、夹渣、未焊透、未熔合等。

焊缝外形尺寸的检测方法

检测项目	检测方法	示意图
咬边深度	首先把高度尺对准零位，并紧固螺钉，然后使用咬边尺测量咬边深度，此时咬边尺的示值即为咬边深度	

焊缝破坏性检测方法

破坏性检测是从焊件或试件上切取试样，或以产品的整体破坏做试验，以检验其各种力学性能、化学成分和组织等的试验方法。

1. 焊接接头力学性能试验

力学性能试验是测定焊接接头、焊缝及熔敷金属的强度、塑性和冲击吸收功等力学性能，以确定它们是否满足产品设计或使用要求，并验证其焊接工艺、焊接材料选择是否正确。常见的试验方法见表 1-5-2。

表 1-5-2 焊接接头、焊缝及熔敷金属常用力学性能试验

试验名称	试验目的
焊接接头冲击试验	测定接头焊缝、熔合线和热影响区常温、低温下的冲击吸收功
焊接接头拉伸试验	测定接头的抗拉强度和抗剪强度
焊缝及熔敷金属拉伸试验	测定抗拉强度和塑性
焊接接头弯曲及压扁试验	测定接头拉伸面上的塑性和缺陷显示
焊接接头及堆焊金属硬度试验	测定接头硬度值（布氏硬度、洛氏硬度、维氏硬度）

2. 金相检验

焊接接头金相检验是将截取焊接接头上的试样，经过加工、磨光、抛光，选用适当的方法显示其组织，用肉眼或者显微镜观察其组织，定性或者定量地分析接头的组织形貌特征，判断焊接接头的质量和性能，查找接头产生缺陷或断裂的原因，以及分析焊接方法与焊接工艺之间的关系。

1）焊缝内部出现下列情况之一，评定为不合格：

① 裂纹。

② 未熔合。

③ 单个气孔或夹渣长度大于2.5mm。

④ 在焊件不大于250mm的角焊缝长度内，存在大于0.5mm的气孔，大于0.5mm的夹渣，其累计个数超过10个。

⑤ 任意25mm角焊缝长度内，存在大于0.5mm的气孔，大于0.5mm的夹渣，其累计个数超过3个。

⑥ 缺陷累计长度超过焊件角焊缝长度的10%。

2）焊缝内部出现下列缺陷不计：

① ≤0.5mm的气孔。

② ≤0.5mm的夹渣。

③ 焊件两端各25mm角焊缝长度内的缺陷。

4. 试验报告

试验报告应包括如下内容：

1）母材材料和焊接材料的型号、规格。

2）焊接规范和焊接位置。

3）焊件角焊缝根部和折断面上的缺陷情况。

4）评定结果。

（1）焊接接头宏观金相检验　一般直接用肉眼或通过20~30倍以下的放大镜检查经过侵蚀或未经过侵蚀的金属截面，主要观察焊缝一次结晶方向、大小、熔池的形状和尺寸，以及各种焊接缺陷如夹杂、裂纹、未焊透、未融合、气孔等，确定其宏观组织和缺欠种类，能在一个很大的视域范围内对材料的不均匀性、宏观组织缺欠的分布和类型等进行检测和评定。

（2）焊接接头微观金相检验　利用光学显微镜（放大倍数为50~2000倍）检查焊接接头各区域的微观组织、偏析和分布情况，以研究母材、焊接材料与焊接工艺存在的问题及解决途径。

1）焊缝的显微组织分析。一次结晶组织分析：针对结晶后的高温组织进行分析，一般情况下，柱状晶越粗大，杂质偏析越严重，焊缝的力学性能越差，抗裂性能越差。

二次固态相变组织分析：针对高温奥氏体经过连续冷却相变后，在室温下的固态相变组织进行分析。

2）热影响区显微组织分析。对热影响区过热区、正火区、部分相变区进行组织分析。过热区常存在一些粗大组织，使接头的冲击韧性和塑性大大降低，易产生脆性破坏裂纹。

3. 化学分析实验

主要用于测定各种金属材料的组成，判断材料是否符合国家标准或设计要求，为控制产品质量提供可靠依据。

任务五测评

1. 知识测评

确定本任务关键词，按重要程度进行关键词排序并举例解读，见表 1-5-3。

根据自己对重要信息的捕捉、排序、表达、创新和划分权重能力进行自评，满分 100 分。

表 1-5-3 焊接检测知识测评表

序号	关键词	举例解读	评分自定
1			
2			
3			
4			
5			
总分			

2. 能力测评

对表 1-5-4 所列作业内容进行评判，操作规范即得分，操作错误或未操作得零分。

表 1-5-4 焊接检测能力测评表

序号	能力点	配分	得分
1	否定项识别	20	
2	焊接检测尺认识	20	
3	对接焊缝的尺寸测量	30	
4	角焊缝的尺寸测量	30	
总分		100	

3. 素养测评

对表 1-5-5 所列素养点进行评判，做到即得分，未做到得零分。

表 1-5-5 法兰工件焊接素养测评表

序号	素养点	配分	得分
1	防护用具穿戴标准	20	
2	焊接检测前焊件处理	20	
3	焊条电弧焊安全操作规程	20	
4	焊接检测内容执行是否存在偏差	20	
5	工具、量具等归位，清理工位	20	
总分		100	

4. 拓展训练

（1）什么是焊接缺陷？

（2）焊接检测尺还可以测量焊缝的哪些指标？

（3）焊缝破坏性检测方法有哪些？

大国工匠的故事

"只有在一线上，我才能发挥自己的才干"——湘钢首席焊工技师艾爱国（男，1950年生）

"我比一般的专家，操作实践多一点；比一般焊工，理论知识多一点。"艾爱国这么评价自己。他系统地学习了《焊接工艺学》《现代焊接新技术》《机械制图》等100多册技术书籍。他随身总是携带着一个笔记本，每攻克一个难关，都习惯进行总结。如今，他已积攒了20多个工作笔记本，里面记载着几百个攻关项目的焊接操作方法、用料及温度控制等资料。由于有着充足的理论知识和丰富的实践经验，2005年，艾爱国被湖南省衡阳技师学院聘为教授、首席技能导师，一时之间成了人人传诵的"蓝领教授"。

艾爱国之所以能取得如此骄人的成绩，源于他对焊接事业孜孜不倦的追求。还记得1991年时，湘乡啤酒厂需要焊补两口从意大利进口的大铜锅。由于铜锅太大，艾爱国和助手们只能仰躺着进行焊接，操作很不方便，其间有三个豆大的铜粒掉落在艾爱国的前胸上，当时熔化的铜液温度高达1000℃，可他咬着牙关一直坚持焊下来。按他的话说："我停下来的话，加热一个多小时就将前功尽弃，而且这个焊缝马上会出现裂纹。"12天后，两口铜锅焊好了，啤酒厂挽回了50多万元的损失，可艾爱国的身上却永远留下了3个铜钱大的疤痕。

就这样，30多年来，艾爱国通过自己的吃苦耐劳、顽强拼搏，先后为冶金、矿山机械、电力等行业攻克各种焊接难关260多个，改进焊接工艺近70项，成功率达100%，创造直接经济效益3000万元，而他本人仍然坚守在焊工这个平凡的工作岗位上。他很老实地说："不是公司不让我做管理，而是我知道自己不是做管理的料。只有在一线上，我才能真正发挥自己的才干，贡献自己的力量。"

项目二　方形压力容器制作

学习目标

1. 能够掌握焊接图样中标注的含义。
2. 能够根据图样确定各板材之间的位置。
3. 能够通过焊接顺序控制焊后变形及应力。
4. 能够独自填写及识读焊接工艺卡。
5. 能够掌握压力容器焊接检测方法。

项目描述

方形压力容器在近几年的焊接大赛中经常出现，为了使项目载体贴近教学，我们借鉴了竞赛样题，适当简化，融入了常用焊接接头，设计出本项目内容。本项目是项目一的延伸，为了降低教学成本，根据方形压力容器的特点以及典型接头样式，在项目一中，我们制作了方形压力容器练习模拟器，本项目可先采用模拟器进行练习，掌握一定技巧后，再制作方形压力容器（见任务三　拓展内容）。

方形压力容器练习模拟器立体图

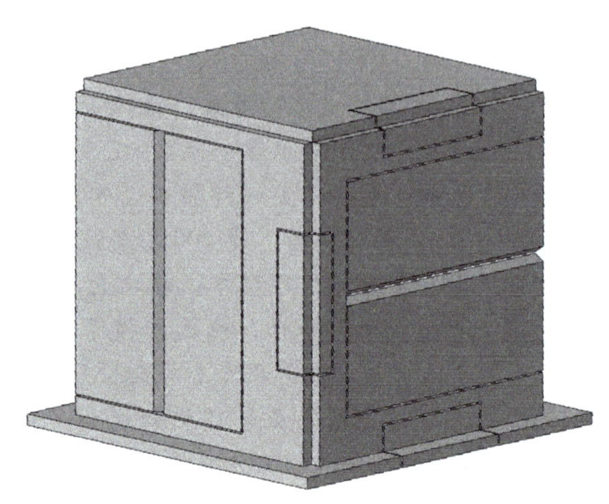

项目计划

将本项目分成5个加工任务。任务一图样识读：小组成员利用2学时完成装配图的识读与零件图的绘制，明确加工任务。任务二焊前工件制备：小组成员利用2学时的时间完成工件制备任务，板材下料及坡口加工采用半自动火焰切割机，学生分组进行工艺编制并实施。任务三部件装配与点固：小组成员利用2学时进行装配，装配采用划线装配法进行。任务四焊接工艺制定及实施：小组成员利用18学时完成本任务，根据结构特点，要考虑到焊接变形的控制等问题，编制焊接工艺并实施。任务五焊接检测：小组成员利用6学时进行焊接检测，焊接检测分为外观检测和内部探伤检测，外观检测要分2步进行，先进行常见外部缺陷识别，再进行焊缝外形尺寸检测。根据缺陷提出返修工艺。本项目具体学时分配如图2-1所示。

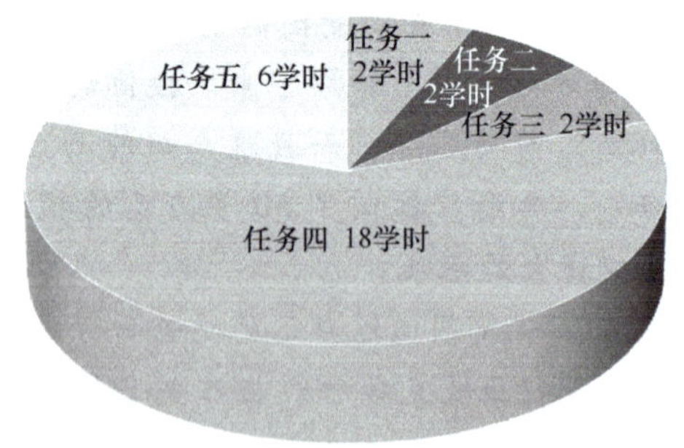

图 2-1　学时分配

任务一　图样识读

职业活动

步骤一：根据图样绘制零件图

本项目采用厚度为 12mm 的板材进行制作，在教学过程中，可采用项目一中的方形压力容器练习模拟器进行训练，如图 2-1-1、图 2-1-2 所示。

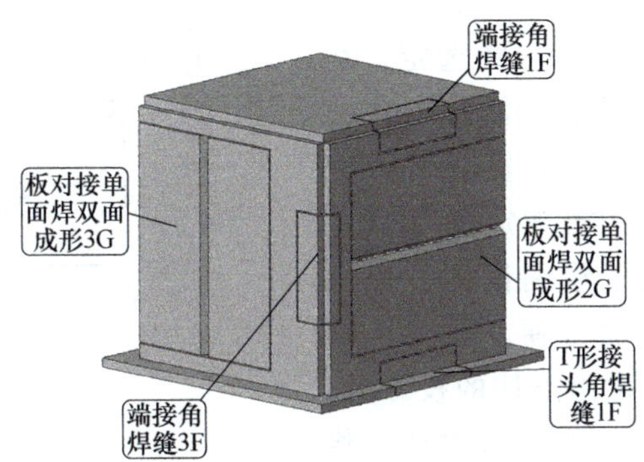

图 2-1-1　方形压力容器练习模拟器用法

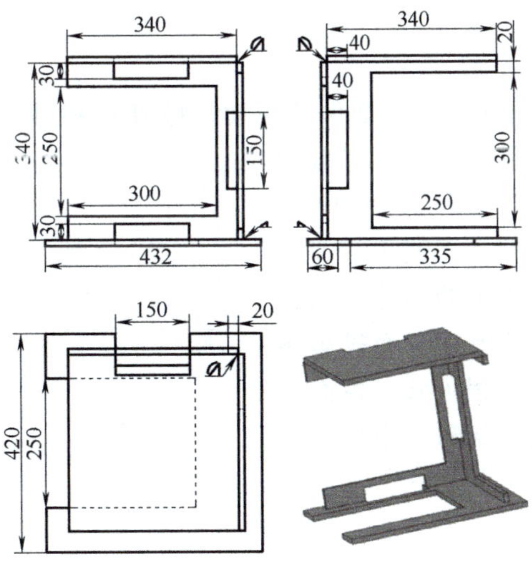

图 2-1-2　方形压力容器练习模拟器三视图

职业知识

三投影面体系

定义

设立三个互相垂直的平面，作为三个投影面。这三个平面将空间分为八个部分，每一部分作为一个分角，分别称为Ⅰ分角、Ⅱ分角……Ⅷ分角，如右图所示。将这个体系作为三投影面体系。世界上有些国家规定将形体放在第一分角内进行投影，也有一些国家规定将形体放在第三分角内进行投影。我国国家标准 GB/T 4458.6—2002《机械制图　图样画法　剖视图和断面图》规定采用第一角投影法。

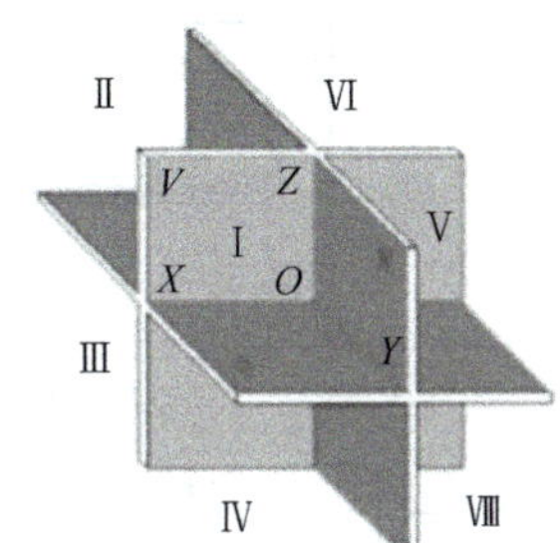

第一分角三投影体系

对第一分角的三投影面体系采用以下的名称和标记：正对的正立投影面称为正面，用 V 标记（也称 V 面）；水平位置的投影面称为水平面，用 H 标记（也称 H 面）；右边的侧立投影面称为侧面，用 W 标记（也称 W 面）。投影面与投影面的交线称为投影轴，分别以 OX、OY、OZ 标记。三根投影轴的交点 O 称为原点。

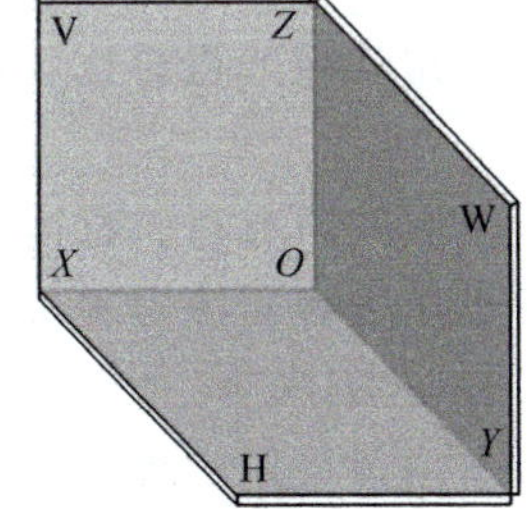

1. 通过识读三视图，确定焊前下料数量

通过图 2-1-1 和图 2-1-2 能够确定方形压力容器模拟器需要镶嵌板对接的位置有三处，尺寸是 300mm×250mm×12mm，需要镶嵌 T 形接头角焊缝位置有一处，底板尺寸为 150mm×60mm×12mm，立板尺寸为 150mm×30mm×12mm，需要镶嵌端接角焊缝的位置有两处，其中 1F 位置端接角焊缝两块板尺寸为 150mm×40mm×12mm 和 150mm×30mm×12mm，3F 位置端接角焊缝两块板材尺寸为 150mm×40mm×12mm 和 150mm×20mm×12mm。记录尺寸，绘制零件图。

2. 零件图绘制

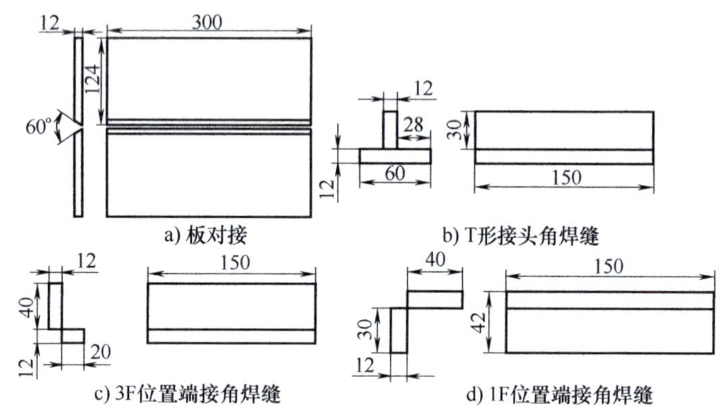

图 2-1-3　零件图

步骤二：确定工作任务

1. 根据图样及材料确定下料工艺

根据图样能够确定板材外轮廓比较整齐，可以采用半自动火焰切割机下料，角焊缝的板材比较小，可采用剪板机进行下料。

2. 制定装配工艺

镶嵌的所有材料都需按照图样先进行装配点固，然后通过夹具，夹持在方形压力容器练习模拟器上进行。

3. 制定焊接工艺

本项目采用的焊接方法是 111（焊条电弧焊），根据板材的厚度选择焊条、焊接电流等相应参数，制定焊接工艺卡，教师检查无误后进行施焊。

4. 焊后检测

根据工件的结构及焊缝的位置，制定焊接检测工艺。

三投影面体系

三视图的形成	首先将形体放置在前面建立的 V 、H 、W 三投影面体系中，然后分别向三个投影面做正投影。形体在三投影面体系中的摆放位置应注意以下两点： 1）应使形体的多数表面（或主要表面）平行或垂直于投影面（即形体正放）。 2）形体在三投影面体系中的位置一经选定，在投影过程中不能移动或变更，直到所有投影都进行完毕。这样规定的目的主要是为了绘图读图方便和研究问题方便。在三个投影面上做出形体的投影后，为了作图和表示方便，将空间三个投影面展开摊平在一个平面上。 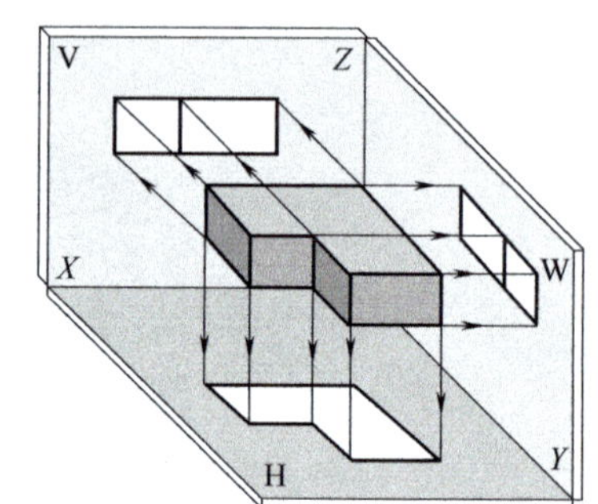
三视图展开方法	如右图所示：V 面保持不动，将 H 面和 W 面图中箭头所指方向分别绕 OX 和 OZ 轴旋转，使 H 面和 W 面均与 V 面处于同一平面内，即得如右图所示的形体三面投影图。从上述三面投影图的形成过程可知，各面投影图的形状和大小均与投影面的大小无关。 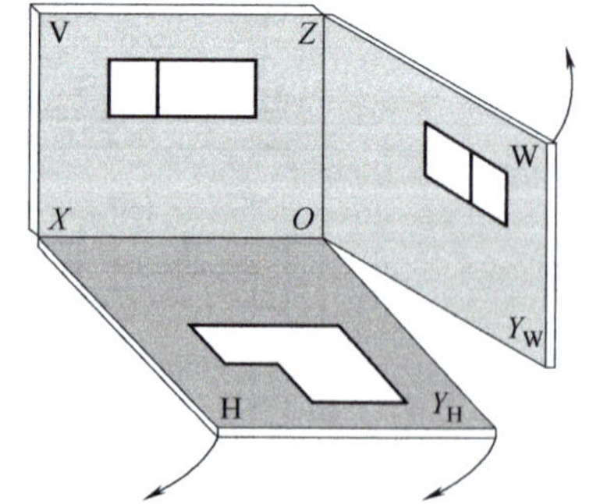

任务一测评

1. 知识测评

确定本任务关键词，按重要程度进行关键词排序并举例解读，见表 2-1-1。

根据自己对重要信息的捕捉、排序、表达、创新和划分权重能力进行自评，满分 100 分。

表 2-1-1　方形压力容器图样识读知识测评表

序号	关键词	举例解读	评分自定
1			
2			
3			
4			
5			
总分			

2. 能力测评

对表 2-1-2 所列作业内容进行评判，操作规范即得分，操作错误或未操作得零分。

表 2-1-2　方形压力容器图样识读能力测评表

序号	能力点	配分	得分
1	方形压力容器尺寸测量	20	
2	方形压力容器零件图绘制	30	
3	制定方形压力容器制作任务	30	
4	材料制备方法的合理选择	20	
总分		100	

3. 素养测评

对表 2-1-3 所列素养点进行评判，做到即得分，未做到得零分。

表 2-1-3　方形压力容器图样识读素养测评表

序号	素养点	配分	得分
1	绘图过程中的空间想象能力	20	
2	三视图识读的熟练程度	20	
3	一丝不苟、严谨的工作作风（尺寸测量中的误差）	20	
4	尺规等绘图工具使用的熟练程度	20	
5	徒手作图的熟练程度	20	
总分		100	

4. 拓展训练

试根据下图绘制三视图。

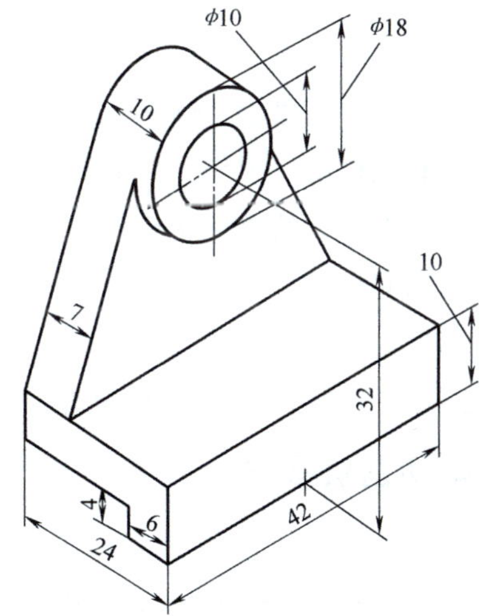

任务二　焊前工件制备

职业活动

步骤一：下料准备

1. 材料检查

施工前操作人员预先熟悉零件图（图 2-1-3），确定下料尺寸，根据下料清单要求，确定材质为 Q235，其厚度为 12mm；确定下料数量，在板材上合理排料。

2. 半自动火焰切割机设备检查

下料前设备开机运行，查看设备工作是否正常；检查氧气、混合气体的阀门，压力表和燃气胶管是否完好，连接是否紧密可靠；在整个气割过程中设备应全部运转正常，并确保安全的条件下才能运行切割工作，而且在气割过程中应注意保持。

3. 剪板机操作前准备工作

1）本机床操作人员必须熟悉剪板机主要结构、性能和使用方法。

2）检查开关是否完好，控制柜、操作台各按钮是否完好，各元件是否松脱。

3）检查刀具是否装好，有无松动、倾斜，刀具是否清洁。

4）检查各动作机构有无松动、损伤、异常。

5）检查机器周围及内部有无妨碍机器运行物品。

6）给各个润滑点加油润滑。

4. 检验及标识工具

钢直尺、卷尺、石笔、记号笔、焊缝检验尺等。

步骤二：半自动火焰切割机操作

1. 确定下料尺寸

镶嵌板对接位置尺寸为 300mm×250mm，考虑到焊缝对接时要预留间隙，板材下料尺寸定位 300mm×124mm×12mm，需要镶嵌板对接的位置共有 3 处，制备 6 块如图 2-2-1 所示板材。

职业知识

半自动火焰切割机

半自动火焰切割机，又称小车切割机、小车气割机。半自动火焰切割机系使用乙炔和氧气作为热源，用来切割钢板，以做直线切割为主的多用气割机，同时也可以做圆周切割、斜面切割和 V 形切割。在一般情况下，切割后可不再进行切削加工。其结构紧凑，操作方便，使用安全，所需辅助时间短，可以大大提高工作效率，适用于造船、机械、钢结构、建筑等行业，也适用于其他大中小型企业。

半自动火焰切割机组成

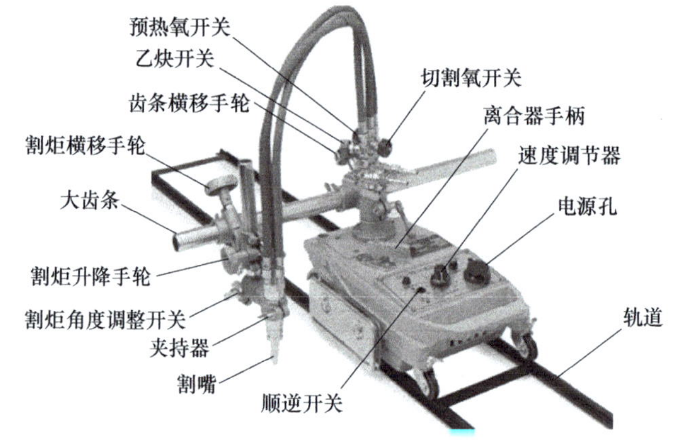

半自动火焰切割机

半自动火焰切割机操作规程

气体连接	从氧气瓶、乙炔瓶引来的气管分别接到分配器的氧气和乙炔（螺母中央有 60°倒角左旋螺纹）进气管接头上。调节乙炔阀（气管为蓝色）可控制乙炔的流量，即火焰的功率。输入的氧气由预热氧气阀（气管为红色）调节，供铁元素燃烧，并排除熔渣。

CG1-30 型半自动火焰切割机的安装

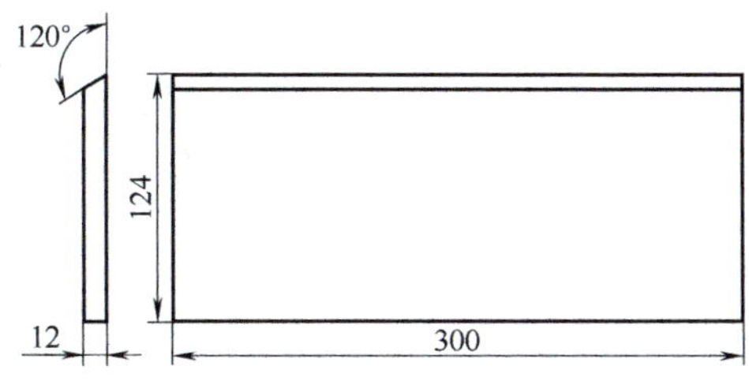

图 2-2-1 板对接下料尺寸

2. 切割参数

切割参数主要包括割炬型号和切割氧压力、气割速度、预热火焰能率、割嘴与工件间的倾斜角、割嘴离工件表面的距离等。

采用半自动火焰切割机进行切割时，主要涉及的参数见表 2-2-1。

表 2-2-1 切割参数

<table>
<tr><th rowspan="2">割炬型号</th><th rowspan="2">切割氧孔径/mm</th><th rowspan="2">切割厚度/mm</th><th rowspan="2">割缝半径/mm</th><th rowspan="2">预热时间/s</th><th rowspan="2">切割速度/(mm/min)</th><th colspan="2">气体压力/Pa</th></tr>
<tr><th>氧气</th><th>乙炔</th></tr>
<tr><td>0#</td><td>0.8</td><td rowspan="2">12</td><td>1</td><td rowspan="2">12~15</td><td>430~380</td><td>0.2~0.4</td><td>>0.03</td></tr>
<tr><td>1#</td><td>1</td><td>1.2</td><td>460~400</td><td>0.2~0.4</td><td>>0.03</td></tr>
</table>

3. 切割操作

1）打开电源开关，半自动火焰机割机行走，割嘴运行的轨迹应与切割划线重合，否则应调整导轨或钢板。

2）打开乙炔气阀，点火后再打开预热氧气阀，调节火焰的功率或类型，待火焰将钢板加热到约 970℃时，打开切割氧气阀，调好压力后打开电源开关或推上离合器，再开始切割。

注意：打开乙炔气阀后应立即点火，以防可燃气体外泄，造成危险。切割结束时，应依次关闭切割氧气阀、预热氧气阀、乙炔气阀和半自动火焰机割机的电源开关。

半自动火焰切割机操作规程

气体连接	注意：在气管连到分配器之前，应确认气管内有无杂物，否则将影响切割质量。同时确认气管连接正确，接头处不漏气。
试车	接通电源，打开离合器手柄，拨动顺逆开关，小车行走，并能前进和后退。
检查导轨	将导轨放在待切的钢板或地面上，其坡度不超过 3°。如果导轨变形或放置坡度过大，或导轨面上有杂物，则会影响小车行走的均匀性和稳定性，最终导致切割质量下降。
定位割嘴	根据切割要求调整定位架的位置，旋转割炬横移手轮以及割炬升降手轮，使定割嘴离开钢板，拧紧螺母，锁定割嘴的高度。
选用割嘴	根据钢板的厚度，选用割嘴的型号，本项目切割板材厚度为 12mm，割嘴可选择 0#或 1#割嘴。
调整割炬的垂直度	调整割炬使之垂直于钢板，通过割嘴角度调整开关微调角度。若切割斜面，则应调整割嘴角度，左右调节过程中会有角度显示。调整好角度后，旋紧割嘴角度调整开关。气割坡口时，角度调整到 30°。
预热火焰调节	采用中性焰，温度高，切割效果好。预热火焰的功率随钢板厚度而增加。当火焰的风线最长、最清晰时，可获得最佳切割效果。 焰心($C_2H_2+O_2$) 内焰(H_2+CO_2) 外焰(H_2O+CO_2) 3150℃ 2~4mm 中性焰 炭化焰 氧化焰 CG1-30 型半自动火焰切割机的调试
切割速度调节	切割速度与钢板的厚度、火焰的功率以及切割质量有关。当切割质量要求较高时，速度应减慢些；当切割质量要求一般时，速度可稍快些。一般认为，当火花束与切割氧流平行时，即为正确速度。
钢板表面状态	在切割前应将钢板校平，并沿着切割线清除一切杂物，以提高切割质量。

步骤三：剪板机操作

1. 确定下料尺寸

镶嵌角焊缝的位置共有 3 处，需要镶嵌 T 形接头角焊缝位置一处，底板尺寸为 150mm×60mm×12mm，立板尺寸为 150mm×30mm×12mm，需要镶嵌端接角焊缝的位置有两处，其中 1F 位置端接角焊缝两块板尺寸为 150mm×40mm×12mm 和 150mm×30mm×12mm，3F 位置端接角焊缝两块板材尺寸为 150mm×40mm×12mm 和 150mm×20mm×12mm，如图 2-1-3b、c、d 所示。

2. 剪板机操作步骤

1）接通电源，开启急停按钮。

2）按下电动机起动按钮。

3）等待几分钟，待电动机完全进入运转状态。

4）将手动开关打到单次位置，手动测试剪切，确认正常。

5）按照被剪材料的厚度，调整刀片的间隙。

6）根据被剪材料的宽度，调整靠模或夹具。

7）先做 1~3 次空行程，正常后才可实施剪切工作。

8）按工艺要求放上待剪制品。

9）踩下脚踏开关或采用手动开关剪切产品。

步骤四：焊前清理

1. 火焰切割工件焊前清理

火焰切割工件清理与项目一中任务二焊前清理方法相同，此处不再重复介绍。

2. 剪板机下料工件焊前清理

由于裁剪板材厚度为 12mm，板材的刚性较强，剪裁后一般不会出现较大的变形，但是切口会有如图 2-2-2 的微小变形，焊接组对前需要打磨平整。

图 2-2-2　剪板机切口示意图

多功能联合冲剪机

多功能联合冲剪机外形如图所示，设备集板材剪切、角钢剪切、冲孔、折弯等功能于一身，采用液压驱动进行工作，由于设备功率等原因，只能裁剪板厚小于 30mm 的板材。

多功能联合冲剪机功能展示

剪板工位	型材剪切工位	切口机、切角机
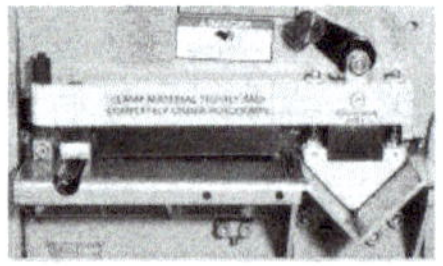		
通过更换辅助装置可实现冲孔、折弯功能		加工工件展示

任务二测评

1. 知识测评

确定本任务关键词，按重要程度进行关键词排序并举例解读，见表 2-2-2。

根据自己对重要信息的捕捉、排序、表达、创新和划分权重能力进行自评，满分 100 分。

表 2-2-2 方形压力容器工件制备知识测评表

序号	关键词	举例解读	评分自定
1			
2			
3			
4			
5			
总分			

2. 能力测评

对表 2-2-3 所列作业内容进行评判，操作规范即得分，操作错误或未操作得零分。

表 2-2-3 方形压力容器工件制备能力测评表

序号	能力点	配分	得分
1	气割工艺制定	20	
2	半自动火焰切割机操作	30	
3	多功能裁板机操作	30	
4	焊前清理	20	
总分		100	

3. 素养测评

对表 2-2-4 所列素养点进行评判，做到即得分，未做到得零分。

表 2-2-4 方形压力容器工件制备素养测评表

序号	素养点	配分	得分
1	防护用具穿戴标准	20	
2	材料切割之前检查	20	
3	半自动火焰切割机和多功能裁板机开机检查	20	
4	半自动火焰切割机和多功能裁板机安全操作规程	20	
5	工具、量具等归位，清理工位	20	
总分		100	

4. 拓展训练

下图为长 1000mm、宽 500mm 的矩形，采用 50mm×50mm 的角钢进行制作，试采用多功能裁板机进行切割。

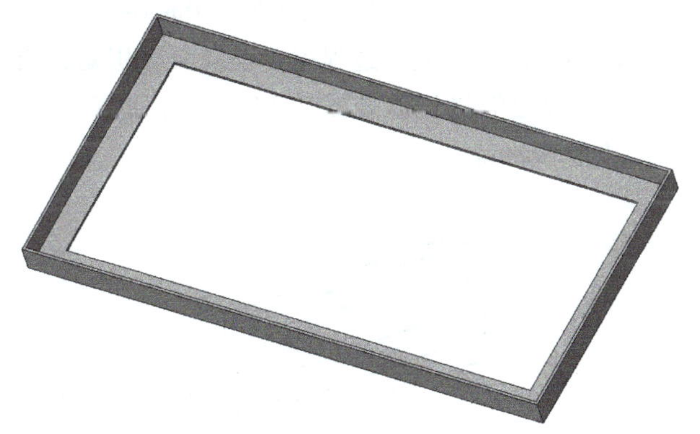

任务三　部件装配与点固

职业活动

步骤一：方形压力容器模拟器镶嵌件装配

1. 板对接单面焊双面成形装配

根据图样尺寸可知，板对接镶嵌位置的尺寸为 300mm×250mm，板材加工尺寸为 300mm×124mm×12mm，在组对过程中两板之间需要预留间隙。

板对接装配时，将两块钢板放于水平位置，使两端头平齐，在两端头进行定位焊，定位焊焊缝长度为 10～15mm。装配间隙始焊处为 3.2mm，终焊处为 4mm，反变形量为 3°～5°，错边量不大于 1mm，如图 2-3-1 所示。初学时可将定位焊焊在钢板背面，熟练以后再将定位焊焊在坡口内，同时定位焊后要保证背面焊透，无表面气孔、夹渣、未熔合等缺陷，定位焊点两端应先打磨成斜坡，以利于接头。

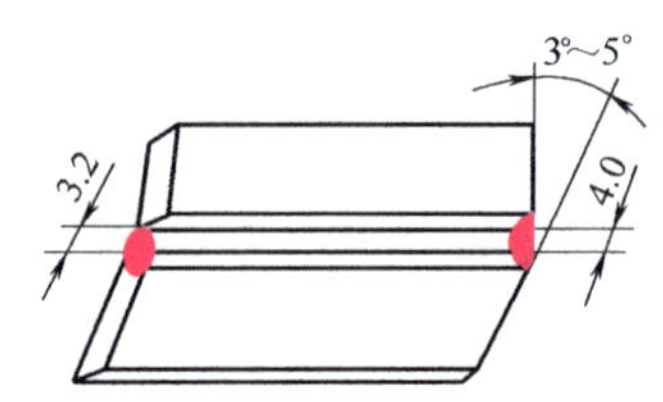

图 2-3-1　板对接示意图

2. T 形接头角焊缝装配

由图样可知，T 形接头角焊缝底板尺寸为 150mm×60mm×12mm，立板尺寸为 150mm×30mm×12mm，装配过程中，在底板上用划针或者油漆笔确定立板的位置，点固焊缝焊接位置如图 2-3-2 所示，点固焊缝在角焊缝两侧，点固长度不超过 20mm。

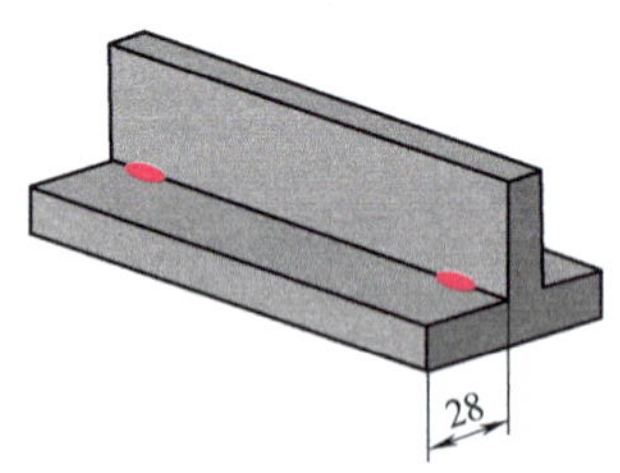

图 2-3-2　T 形接头装配示意图

职业知识

焊接变形

定义	物体在外力或温度等因素的作用下，其形状和尺寸发生变化，这种变化称为物体的变形。当使物体产生变形的外力或其他因素去除后变形也随之消失，物体可以恢复原状，这样的变形称为弹性变形。当外力或其他因素去除后变形仍然存在，物体不能恢复原状，这样的变形称为塑性变形。由焊接引起的焊件尺寸的改变称为焊接变形。
焊接变形分类	按焊接变形的特征，可分为收缩变形、角变形、弯曲变形、扭曲变形和波浪变形五种，如下图所示。 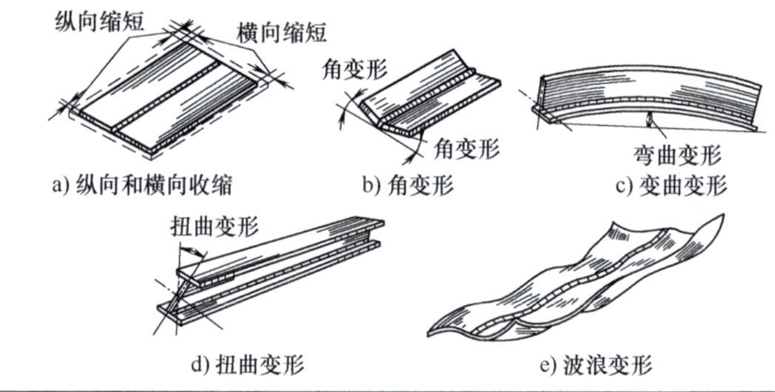
板对接变形的应用	板对接单面焊双面成形组对过程中，一般如图 2-3-1 所示，始焊端预留间隙要小于焊缝末焊端，主要是为了预防焊缝横向收缩，保证焊缝能够焊透；做出 3°～5°的反变形，是预防在板厚方向横向收缩不均匀，造成两板焊后不在同一平面，如下图所示。 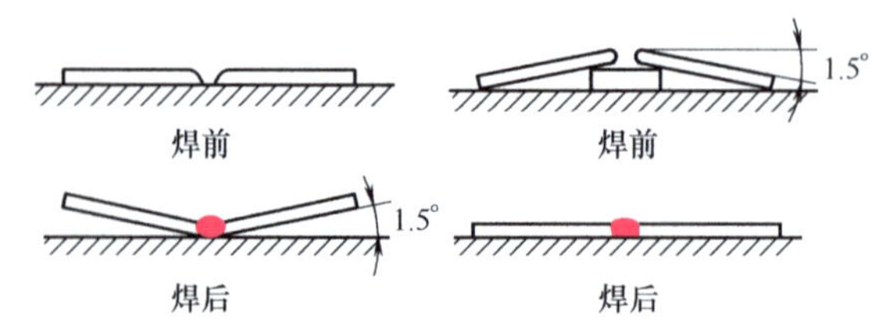

3. 端接接头角焊缝装配

由图样可知，端接接头角焊缝镶嵌位置有两处，尺寸各不相同，但是装配方法基本一致。1F 位置端接接头板材尺寸为：立板 150mm×30mm×12mm，底板 150mm×40mm×12mm，3F 位置端接接头板材尺寸为：立板 150mm×40mm×12mm，底板 150mm×20mm×12mm，组对按照图 2-3-3 中所示尺寸进行组对，点固焊缝在角焊缝两侧，点固长度不超过 20mm。

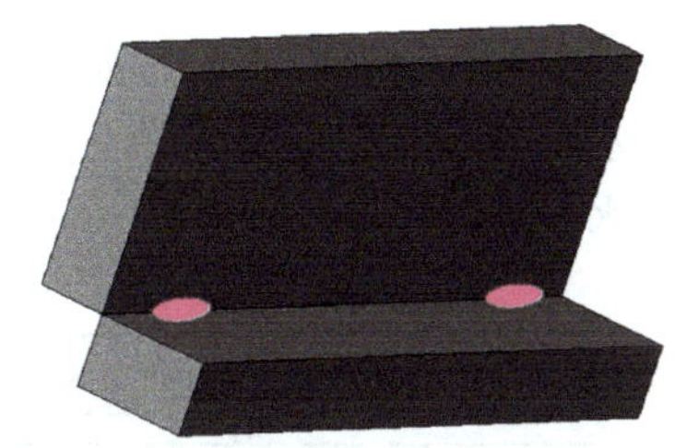

图 2-3-3　端接接头角焊缝装配示意图

步骤二：样件与方形压力容器模拟器固定

板材与方形压力容器连接可采用大力钳（见图 2-3-4）进行固定，组对完成的对接板材、T 形接头和端接接头，可以使用大力钳固定在方形压力容器训练模拟器上，板对接采用两个大力钳进行固定，角焊缝采用一个大力钳进行固定即可。

图 2-3-4　大力钳

角焊缝

定义	沿两直交或近直交零件的交线所焊接的焊缝称为角焊缝。角焊缝又分为直角焊缝和斜角焊缝。如右图所示，直角焊缝 $\alpha=90°$，斜角焊缝 $60°\leqslant\alpha\leqslant120°$。斜角焊缝常用于焊接管道外部，不作受力焊缝使用，直角焊缝最常用。 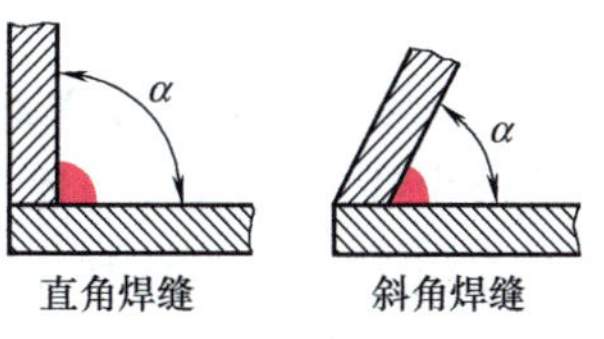

装配过程中零件的定位方法

划线定位	在平台上或零件上划线，按线装配零件。通常用于简单的单件小批装配或总装时部分较小零件的装配。
销轴定位	利用零件上的孔进行定位。如果允许，也可以钻出专门用于销轴定位的工艺孔。由于孔和销轴的精度较高，因此定位比较准确。
挡铁定位	应用比较广泛，可以利用小块钢板或小块型钢作为挡铁，取材方便。也可以使用经机械加工后的挡铁，以提高精度。挡铁的安置要保证构件重点部位（点、线、面）的尺寸精度，也要便于零件的装拆。
样板定位	利用样板来确定零件的位置、角度等的定位方法，常用于钢板之间的角度测量定位和容器上各种管口的安装定位。

方形压力容器组对

1. 方形压力容器图样分析

由图 2-3-5 可以看出，方形压力容器底板是由两块 300mm×150mm×12mm 的板材组成，焊缝基本符号 Y 标在虚线上，表示坡口方向在板材后方，说明底板是 4G 位置板对接单面焊双面成形。

立板共有 4 块，其中有一块中间开 ϕ50mm 的孔，并且焊有一段 ϕ60mm×5mm×50mm 的管材，暂且称之为立板 a；在俯视图上，从立板 a 沿顺时针方向依次是立板 b、立板 c、立板 d；立板 b 由两块 150mm×75mm×12mm 的板材组成，焊缝基本符号 Y 标在实线上，说明坡口方向与指引线方向一致，并且指引线所指直线与底板平行，所以属于 2G 位置板对接单面焊双面成形；立板 c 同样由两块 150mm×75mm×12mm 的板材组成，指引线所指实线与底板垂直，所以是 3G 位置板对接单面焊双面成形；立板 d 是一块板材，尺寸为 150mm×150mm×12mm；上盖板尺寸与立板 d 相同。

2. 组对点固

首先把两块底板、两块立板 b 和两块立板 c，分别组对成一个水平基准面，在组对时两板之间预留 2~3mm 的间隙，不做反变形，点固焊缝在焊缝两侧，坡口内部，长度不超过 20mm，如图 2-3-5 所示；然后用划针或者油漆笔在底板上划出立板的位置，如图 2-3-6 所示。

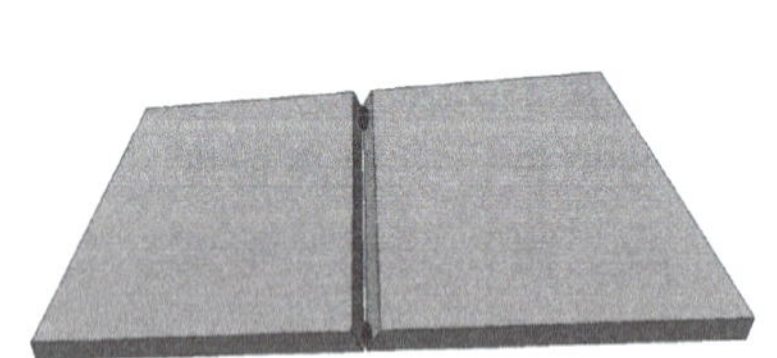

图 2-3-5　方形压力容器板对接组对示意图

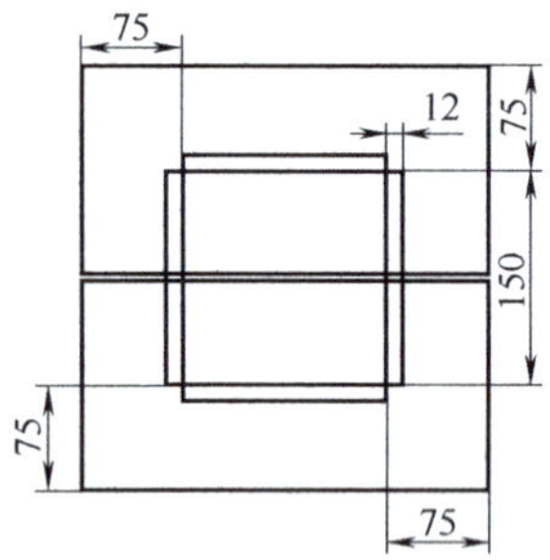

图 2-3-6　底板上划线示意图

具体装配顺序按表 2-3-1 进行。

方形压力容器装配解析

装配方式	由于方形压力容器机构比较复杂，底板、立板 b、立板 c 分别由两块板材对接而成，所以装配方式选择由部件组装成结构，先用板材零件组装成底板、立板 b、立板 c，形成部件，然后再进行整体组装。
板对接装配技巧	在组装底板、立板 b、立板 c 时，如果没有水平操作台，可用上盖板作为水平操作台，进行组装，如下图所示，以保证两块板材在同一水平面上。 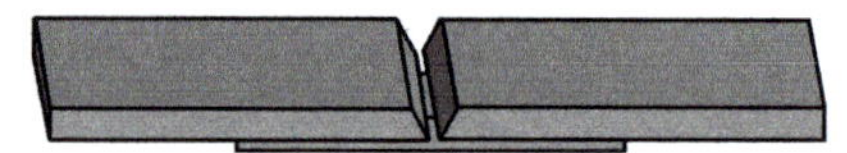
组对顺序确定	首先装配的是底板与立板 d，因为立板 d 与底板焊缝相垂直，并且立板 d 是一个整体板材，点固后能增加底板的刚性，如表 2-3-4 中图 1 所示。 然后组对立板 a，因为立板 a 是一个整体板材，而立板 b 和立板 c 是两个零件组成的部件，我们选择最后组装。在组对立板 a 的过程中，要保证立板 a 在底板上的位置，还要保证立板 a 与立板 d 之间垂直，如表 2-3-4 中图 2 所示。 下一步组对立板 b 和立板 c。对比两块板材可以看出，立板 b 是横焊焊缝，并且立板 b 与底板焊缝相垂直，在组对时，立板 b 与底板接触的是一个整体的板材，比较容易组对，因此接下来组对立板 b，最后再组对立板 c。 组对上盖板时，方形压力容器的内部尺寸为 150mm×150mm，与上盖板外轮廓尺寸一致，组对过程中可选择在上盖板下端预留一根 ϕ2.5mm 的焊条，如下图所示，点固上盖板与立板 c 之间的点固焊缝，然后取出焊条，轻轻敲击上盖板，使上盖板边缘与立板 a 边缘重合，进行点固。

表 2-3-1　方形压力容器装配顺序图

1. 立板 d 与底板点固	2. 立板 a 点固	3. 立板 b 点固
4. 立板 c 点固	5. 上盖板点固	6. 管板对接点固

方形压力容器装配解析

组对顺序确定	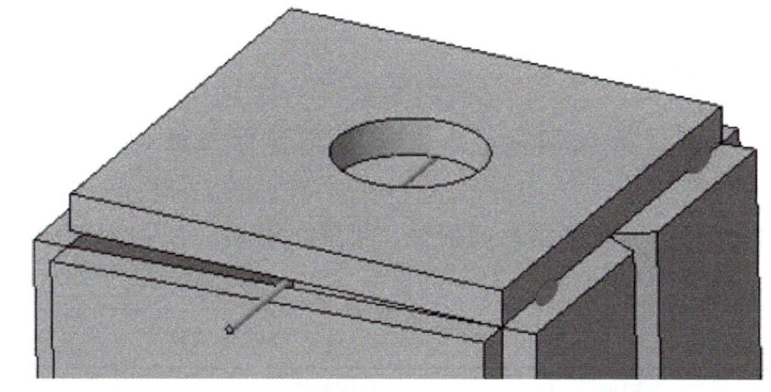 最后分别组对管材与立板 a 和上盖板。由于管径是 ϕ60mm，属于小径管，可选择点固两点，分别在管材的 12 点钟方向和 6 点钟方向，但是一般在比赛过程中，6 点钟方向不允许有点固焊缝，因此可以稍稍偏移一点点固，也可以只点固 12 点钟方向的焊缝，然后在 6 点钟方向进行起始焊接。

任务三测评

1. 知识测评

确定本任务关键词，按重要程度进行关键词排序并举例解读见表 2-3-2。

根据自己对重要信息的捕捉、排序、表达、创新和划分权重能力进行自评，满分 100 分。

表 2-3-2　方形压力容器装配知识测评表

序号	关键词	举例解读	评分自定
1			
2			
3			
4			
5			
总分			

2. 能力测评

对表 2-3-3 所列作业内容进行评判，操作规范即得分，操作错误或未操作得零分。

表 2-3-3　方形压力容器装配能力测评表

序号	能力点	配分	得分
1	装配基准面的选择	20	
2	制定装配顺序	30	
3	制定点固焊缝焊接参数	20	
4	合理控制装配精度	30	
总分		100	

3. 素养测评

对表 2-3-4 所列素养点进行评判，做到即得分，未做到得零分。

表 2-3-4　方形压力容器装配素养测评表

序号	素养点	配分	得分
1	防护用具穿戴标准	20	
2	装配前材料检查	20	
3	点固焊缝施焊	20	
4	点固焊缝焊后处理	20	
5	工具、量具等归位，清理工位	20	
总分		100	

4. 拓展训练

根据方形压力容器图样（见图 2-3-7）制定装配工艺。

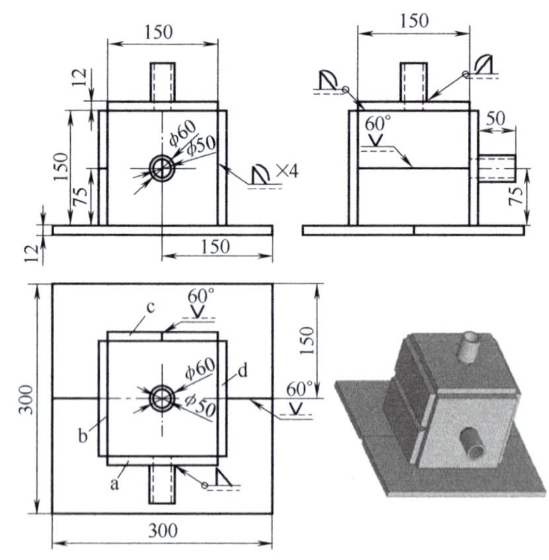

图 2-3-7　方形压力容器图样

任务四　焊接工艺制定及实施

职业活动

步骤一：识读焊接标注

按照图 2-4-1，确定焊缝位置及形式。

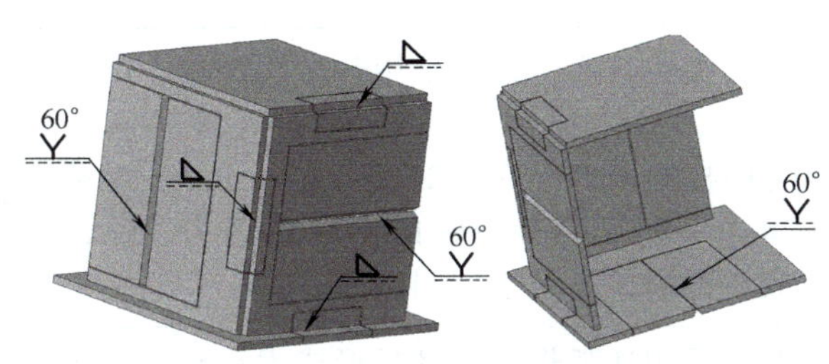

图 2-4-1　方形压力容器模拟焊缝标注

1. 确定焊缝数量和焊缝形式

通过图样分析，确定方形压力容器模拟器中需要镶嵌的焊缝共有六条，分别是板对接焊缝、T 形角焊缝、端接角焊缝。

2. 确定焊接位置

6 条焊缝中，板对接焊缝位于底板和两块立板中，焊接位置分别是 4G、3G 和 2G，T 形接头角焊缝焊接位置为（2F），端接角焊缝的焊接位置有 2 处，分别是 2F 和 3F。角焊缝焊接在项目一中已有讲述，下面主要讲述板对接单面焊双面成形焊接工艺编制。

步骤二：板对接单面焊双面成形焊接工艺编制

1. 焊前准备

1）工件材料为 Q235 钢板，具体尺寸如图 2-1-3 所示。

2）焊接材料选择 E5015 焊条，直径分别为 ϕ3.2mm 和 ϕ4.0mm，烘干温度为 350~400℃，保温 2h，随取随用。

3）焊机选择 ZX7-400 型焊机，直流反接。

4）焊前清理采用角磨机或钢丝刷清理工件坡口及坡口两侧各 20mm 范围内的油污、铁锈及其他污染物，直至露出金属光泽。

职业知识

焊缝尺寸符号解读

用来表示焊缝尺寸的要求的符号，称为焊缝尺寸符号。本项目中，基本符号 Y 上方标有 60°字样，表示坡口角度为 60°，坡口形状如右图所示。当指引线在焊缝背面时，基本符号要标注在虚线上，当指引线在焊缝正面时，基本符号标注在实线上。

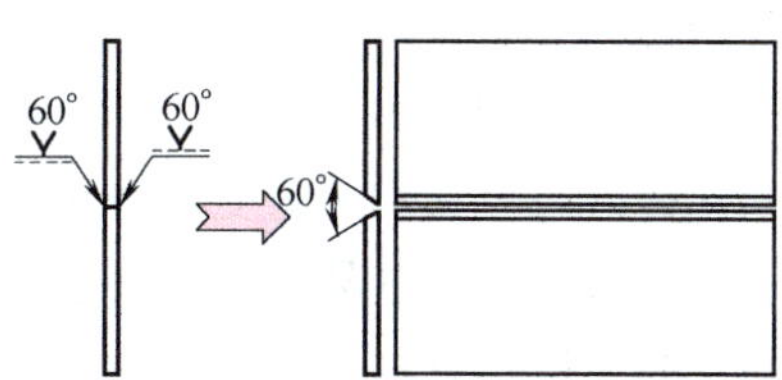

横焊（2G）单面焊双面成形焊接操作过程

打底层焊接	打底层焊接采用断弧焊法。组对好的工件间隙小的一端在下，从间隙小的一端向上施焊，焊条与水平方向的夹角为 90°，与垂直方向的夹角为 60°~80°。开始焊接时，由于工件两侧温度较低，可将焊条与垂直方向的夹角提高到 85°。	 横对接打底层焊接
填充层焊接	填充层采用两道，自下往上焊，焊条与下方母板约成 70°角，与前方母板夹角视电弧偏吹及熔渣流动情况而定，要保证一少部分电弧熔化下熔合线及下坡口，大部分电弧位于前一层焊道上。	 横对接填充层焊接
盖面层焊接	盖面层焊接时，与填充层一样采用多道焊。最下方一道焊接时焊条稍向下倾斜 85°~90°，焊条电弧的下边缘与下坡口边平齐，采用短弧直线运条法。	 横对接盖面层焊接

2. 焊接工艺分析

板对接横焊（2G）时，熔滴和熔池中熔化的金属受重力作用容易下淌，焊缝成形较困难，如果焊接参数选择不当或运条操作不当，则容易产生焊缝上侧咬边、焊缝下侧金属下坠、焊瘤、夹渣、未焊透等缺陷。为避免上述缺陷的产生，应采用短弧、多层多道焊接，并根据焊道的不同位置，及时调整焊条的角度和焊接速度，控制熔池和熔孔的尺寸，保证正反面焊缝成形良好。

板对接立焊（3G）时，是工件和焊缝都垂直于水平面的焊接位置，焊条熔化的液态金属和熔渣受重力作用容易下淌，加上熔渣的熔点低、流动性强，熔池金属和熔渣易分离，会造成熔池部分脱离熔渣的保护，当焊接电流选择不当或操作方法不当时，易产生焊瘤、未焊透和气孔等缺陷，且成形差。因此，焊接时须采用较小的焊接参数、短弧焊，适当地调整焊条倾角并采用相应的运条方法，控制熔池和熔孔的尺寸，保证正反面焊缝成形良好。

仰焊是各种位置焊接中最困难的一种，由于熔池倒悬在工件下面，熔滴和熔池金属在重力作用下更容易下淌而形成焊瘤，且背面焊缝容易下凹。为了控制熔池的大小和温度，减少和防止熔滴下淌，除采用较小的焊接参数外，操作时还要借助焊条的电弧吹力将熔滴向上“顶推”（有一个向上“捅”的动作）。

3. 焊接工艺卡编制（见表 2-4-1）

表 2-4-1 单面焊双面成形焊接工艺卡

焊接工艺卡		编号：
材料型号	Q235	
材料规格	横焊 300mm×124mm×12mm，两件 立焊 300mm×124mm×12mm，两件 仰脸焊 300mm×124mm×12mm，两件	
接头种类	对接	
坡口形式	Y 形	
坡口角度	60°	
钝边	0~1mm	
组对间隙	2~4mm	
焊接方法	111(SMAW)	
焊接设备	ZX7-400	立焊与仰焊

横焊（2G）单面焊双面成形焊接操作过程

焊接技巧	横焊操作时，由于熔融金属的重力作用，熔滴在向焊件过渡时容易偏离焊条轴线而向下偏斜，为避免熔池金属下溢过多，操作中焊条除保持一定的下倾角外，还可采用左焊法，即从右边向左边焊接。

立焊（3G）单面焊双面成形焊接操作过程

打底层焊接	采用灭弧法打底，接头采用热接法焊接。严格采用短弧，每分钟约 25~30 次，灭弧时间约 0.8s（即控制熔池存在的时间不能太长）。焊条向上顶深一些（保持较强的电弧穿透力，保证背面成形饱满，不至于下凹）。  立对接打底层焊接
填充层焊接	填充层采用连弧焊法，月牙形或锯齿形横向摆动。在施焊前，应将打底层的熔渣与飞溅清理干净，将焊接接头过高处打磨平整。焊条与工件的下倾角为 70°~80°，较打底层焊接稍小一些，以防止熔化金属由于重力作用而下淌，造成焊缝成形困难和形成焊瘤。  立对接填充层焊接
盖面层焊接	盖面层施焊前，应将前一层的熔渣和飞溅清除干净，施焊时的焊条角度、运条方式和接头方法与填充层相同，但焊条水平摆动幅度比填充层更大。  立对接盖面层焊接
焊接技巧	立焊时，应密切观察熔池形状，发现椭圆形熔池下部边缘从比较平直的轮廓逐步变为“鼓肚”圆时，表示熔池温度已稍高或过高，应立即灭弧，降低熔池温度，以避免产生焊瘤。打底层焊接在正常焊接时，熔孔直径约为所用焊条直径的 1.5 倍，将坡口钝边熔化 0.8~1.0mm，可保证焊缝背面焊透，同时不出现焊瘤。当熔孔直径过小或没有熔孔时，就有可能产生未焊透的缺陷。盖面层焊接焊条横向摆动以焊芯到达坡口边缘为止，使坡口边缘熔化 1~2mm，并且横向摆动的频率应比平位焊稍快，前进的速度也要均匀一致，以保证焊缝平整。

（续）

<table>
<tr><td>电源种类</td><td>直流</td><td rowspan="3">焊后热处理</td><td>种类</td><td>—</td><td>保温时间</td><td>—</td></tr>
<tr><td>电源极性</td><td>反接</td><td>加热方式</td><td>—</td><td>层间温度</td><td>—</td></tr>
<tr><td>焊接位置</td><td>2G</td><td>温度范围</td><td>—</td><td>测量方法</td><td>—</td></tr>
<tr><td colspan="7">焊接参数</td></tr>
<tr><td>焊层</td><td>焊材型号</td><td>焊材直径/mm</td><td>焊接电流/A</td><td>焊接电压/V</td><td colspan="2">焊接速度(cm/min)</td></tr>
<tr><td>横焊打底</td><td rowspan="3">E5015</td><td>ϕ3.2</td><td>100~110</td><td>20~24</td><td colspan="2">6~8</td></tr>
<tr><td>横焊填充</td><td>ϕ3.2</td><td>145~150</td><td>20~24</td><td colspan="2">8~12</td></tr>
<tr><td>横焊盖面</td><td>ϕ3.2</td><td>130~140</td><td>20~24</td><td colspan="2">8~12</td></tr>
<tr><td>立焊打底</td><td rowspan="3">E5015</td><td>ϕ3.2</td><td>90~110</td><td>20~24</td><td colspan="2">6~8</td></tr>
<tr><td>立焊填充</td><td>ϕ3.2</td><td>120~135</td><td>20~24</td><td colspan="2">8~12</td></tr>
<tr><td>立焊盖面</td><td>ϕ3.2</td><td>115~125</td><td>20~24</td><td colspan="2">8~12</td></tr>
<tr><td>仰焊打底</td><td rowspan="3">E5015</td><td>ϕ3.2</td><td>90~100</td><td>20~24</td><td colspan="2">6~8</td></tr>
<tr><td>仰焊填充</td><td>ϕ3.2</td><td>100~110</td><td>20~24</td><td colspan="2">8~12</td></tr>
<tr><td>仰焊盖面</td><td>ϕ3.2</td><td>90~100</td><td>20~24</td><td colspan="2">8~12</td></tr>
</table>

仰焊（4G）单面焊双面成形焊接操作过程

打底层焊接	采用灭弧法打底，接头采用热接法焊接。严格采用短弧，每分钟约25~30次，灭弧时间约0.8s（即控制熔池存在的时间不能太长）。焊条向上顶深一些（保持较强的电弧穿透力，保证背面成形饱满，不至于下凹）。
填充层焊接	填充层焊接采用“之”字形运条，也可采用月牙形运条。焊前必须将前道焊缝的焊渣清理干净，注意分清金属液和熔渣，并控制熔池的形状、大小和温度，使焊缝表面平整（焊接速度稍快，焊肉要薄，使之很快冷却不会形成焊瘤）。
盖面层焊接	与填充层焊接基本相同。焊接过程中应严格采用短弧，运条速度要均匀，焊条摆动的幅度和速度要均匀，在坡口边缘稍稍停顿，使坡口边缘融合良好，防止咬边、未熔合、焊瘤等缺陷出现。
焊接技巧	在焊接过程中，要记住，板对接仰焊是“捅”出来的。 仰焊时，熔池倒挂在工件下面，熔化金属因重力的作用容易下坠滴落，不易控制熔池的形状和大小，容易出现未焊透、夹渣和凹陷等缺陷。焊接时，必须采用短弧，选择合适的焊条角度，宜采用较小直径的焊条和较小的电流，电流比平焊时的电流小15%~20%，即严格控制热输入，尽量做到焊速快，熔池小，焊肉薄。 打底焊时，推荐使用灭弧法进行焊接操作（碱性焊条易采用直流正接进行打底焊，但容易产生气孔），焊接电流宜选择比正常焊接时稍大的电流，否则易产生粘连。形成熔孔后，焊条尽可能地向上顶——“捅”，始终保持1/2~2/3的电弧在背面燃烧，同时，新的熔池要覆盖前一个熔池的1/2，乃至更多。

任务四测评

1. 知识测评

确定本任务关键词，按重要程度进行关键词排序并举例解读，见表2-4-2。

根据自己对重要信息的捕捉、排序、表达、创新和划分权重能力进行自评，满分100分。

表2-4-2 方形压力容器焊接知识测评表

序号	关键词	举例解读	评分自定
1			
2			
3			
4			
5			
总分			

2. 能力测评

对表2-4-3所列作业内容进行评判，操作规范即得分，操作错误或未操作得零分。

表2-4-3 方形压力容器焊接能力测评表

序号	能力点	配分	得分
1	焊接标注符号识读	20	
2	制定焊接顺序	30	
3	焊接工艺卡编制	20	
4	掌握方形压力容器焊接技巧	30	
总分		100	

3. 素养测评

对表2-4-4所列素养点进行评判，做到即得分，未做到得零分。

表2-4-4 方形压力容器装配素养测评表

序号	素养点	配分	得分
1	防护用具穿戴标准	20	
2	点固焊缝焊前打磨处理	20	
3	焊条电弧焊安全操作规程	20	
4	焊后清渣处理不能破坏焊缝边成形	20	
5	工具、量具等归位，清理工位	20	
总分		100	

4. 拓展训练

按下图标注进行下料制备、自行编制焊接工艺并实施，板材材质为Q235，采用焊条电弧焊进行焊接。

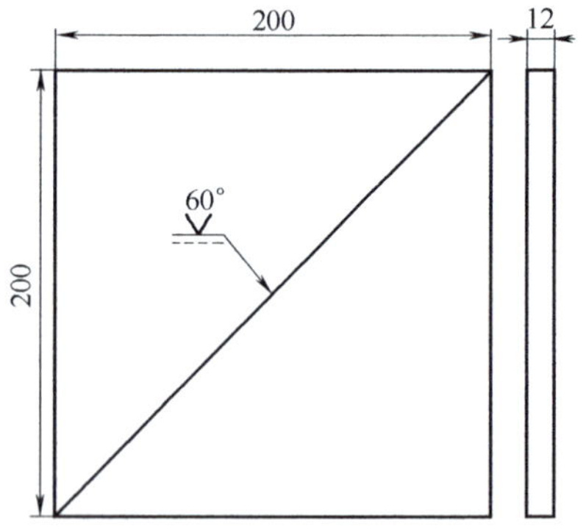

任务五 焊接检测

职业活动

步骤一：常见外部缺陷识别

1. 确定需要识别焊缝的数量及位置

方形压力容器模拟器需要检测的焊缝共有 5 条，分别是 2 条对接焊缝、1 条 T 形角焊缝和 2 条端接角焊缝。

2. 工具的准备

工具：需准备油漆笔进行否定项的标记；准备手电筒进行照明；准备放大镜进行观察焊缝外部缺陷。

步骤二：焊缝尺寸检测

1. 确定需要检测的焊缝

方形压力容器模拟器需要检测的焊缝共有 5 条，分别是 2 条对接焊缝、1 条 T 形角焊缝和 2 条端接角焊缝。

2. 工量具的准备

工具：需准备油漆笔进行尺寸的标记；准备手电筒进行照明；准备放大镜进行观察。

量具：焊缝检测尺、300mm 钢直尺。

3. 测量 T 形接头角焊缝、端接角焊缝、对接焊缝尺寸

使用焊缝检测尺和 300mm 钢直尺测量 2 条对接焊缝、1 条 T 形角焊缝、2 条端接角焊缝，并在钢板上进行标记。

4. 填写评分表

将 2 条对接焊缝、1 条 T 形角焊缝和 2 条端接角焊缝所测得的尺寸填在评分表相应的位置，通过评分标准相应的得分区间对本项目所焊的工件进行打分，见表 2-5-1。

职业知识

焊条电弧焊常见外部缺陷的成因和防止措施

外部缺陷名称	成因	防止措施
表面气孔	铁锈和水分是产生气孔的重要因素，如： 1）焊条未经很好烘干进行焊接 2）弧长增加空气侵入	1）焊前仔细清理焊件表面 2）严格按规定烘干焊条 3）低氢型焊条尽量采用短弧焊
咬边	1）焊接电流过大，电弧过长 2）坡口内填充量不足就进行表面焊 3）运条时，焊条摆动至焊缝两侧停顿时间少，运条角度不正确	1）正确选择焊接电流和焊接速度，采用短弧焊接 2）掌握正确的运条方法和运条角度 3）焊缝两侧要做适当停顿
表面夹渣	1）焊接电流太小以致液态金属和熔渣分不清 2）焊接速度过快，使熔渣来不及浮起 3）多层焊时清渣不彻底 4）焊条角度不正确	1）正确选用焊接电流及运条角度 2）焊件坡口角度不宜过小 3）多层焊时认真做好清理工作
焊瘤	1）焊接电流过大，焊接速度过慢 2）操作不熟练和运条不当	1）选择合适的焊接电流，控制熔池温度 2）采用正确的运条方法，焊缝中间运条应快，两侧运条应慢

表 2-5-1　工件焊缝评分表

工件号		评分员签名			合计得分（满分 100）		
检查项目	标准、分数	焊缝等级				测量数值	实际得分
		Ⅰ	Ⅱ	Ⅲ	Ⅳ		
角焊缝宽窄差	标准/mm	≤1	>1，≤1.5	>1.5，≤2	>2		
	分数	10	8	5	0		
咬边	标准/mm	0	深度≤0.5 且累计长度≤10	深度≤0.5 且累计长度>10，≤20	深度>0.5 或累计长度>20		
	分数	10	8	5	0		
转角焊缝宽窄差	标准/mm	≤1	>1，≤1.5	>1.5，≤2	>2		
	分数	10	8	5	0		
角焊缝焊脚尺寸	标准/mm	≥10，≤11	<10，>11 且累计长度≤10	<10，>11 且累计长度>10，≤20	<10，>11 且累计长度>20		
	分数	10	8	5	0		
对接焊缝宽窄差	标准/mm	≤1	>1，≤1.5	>1.5，≤2	>2		
	分数	10	8	5	0		
对接焊缝余高	标准/mm	0	≤3	>3，≤4	>4		
	分数	10	8	5	0		
表面气孔	标准	表面无气孔		表面有气孔			
	分数	10		0			
表面夹渣	标准	表面无夹渣		表面有夹渣			
	分数	10		0			
焊瘤	标准	无焊瘤		有焊瘤			
	分数	5		0			
焊缝下垂	标准	焊缝无下垂		焊缝有下垂			
	分数	5		0			
裂纹	标准	表面无裂纹		表面有裂纹			
	分数	10		0			

焊条电弧焊常见外部缺陷的成因和防止措施

外部缺陷名称	成因	防止措施
过烧	1）对焊件加热过度 2）间隙太大，焊接速度过慢 3）电弧在焊缝处停留时间过长	1）正确选择焊接电流和焊接速度 2）严格控制装配间隙
表面裂纹	热裂纹和冷裂纹多发生在焊接低合金高强度钢、耐热钢、不锈钢等金属材料时	1）选用低氢型的碱性焊条，以减少焊缝中氢的含量 2）严格遵守焊接材料的保管、烘焙和使用制度，谨防受潮 3）仔细清理坡口边缘的油污、水分和锈迹，减少氢的来源 4）选择合理的焊接参数和采用合适的焊接工艺措施

对接焊缝的检测方法

检测项目	检测方法	示意图
咬边深度	首先把高度尺对准零位，并紧固螺钉，然后使用咬边尺测量咬边深度，此时咬边尺的示值即为咬边深度	

步骤三：水压试验

水压试验一般包括试压准备、注水、排气、升压、保压、检查、排水卸压等过程。

1. 试压准备

（1）压力容器试压前准备　先对容器进行内、外部检查。外部有保温层或其他覆盖层的容器，为了不影响对器壁渗漏情况的检查，最好将这些遮盖层拆除。有金属或非金属衬里的容器，经检查后确认衬里良好无损，无腐蚀或开裂现象，可以不拆除衬里。将容器内部的残留物清除干净，特别是对与水接触后能引起对器壁产生腐蚀的物质必须彻底除净。

将容器的人孔、安全阀座孔（安全阀应拆下）及其他管孔用盖板封严，只在容器的最上部保留一个装有截止阀的接管，以便于容器装试验用水时容器内的空气由此排出，在容器的下部选择一个管孔作为进水孔。

（2）试压设备、辅具准备　试压泵准备。试压泵可以用手压泵或电动泵，但用电动泵时必须是试压专用泵，不能用一般的给水泵。为了准确测定容器的试验压力，还需用两个量程相同并经校正的压力表，压力表的量程在试验压力的 2 倍左右为宜，但不应选用低于 1.5 倍和高于 4 倍的试验压力。本项目压力容器的设计压力为 0.4MPa，试验压力为 0.5～0.75MPa。

试验介质准备。试验介质为清水，水的温度不低于 5℃（试验容器为碳钢材质），试验压力根据容器设计压力按 GB 150—2019《压力容器》中有关规定或设计图样上的规定来确定。

（3）试验安全准备　试验前，各连接部件的紧固螺栓必须装配齐全，并将两个量程相同、经过校正的压力表装在试验装置上便于观察的地方。

确保容器表面完全干燥。

试验现场应有可靠的安全防护装置。停止与试验无关的工作，疏散与试验无关的人员。

2. 注水、排气

试验装置装设妥善后，将装设在容器最高处的排气阀打开，起动试压泵向容器内注满水，将容器内的空气完全排出后，关闭排气阀。

对接焊缝的检测方法

检测项目	检测方法	示意图
余高	首先咬边深度尺对准零，并紧固螺钉，然后滑动高度尺与焊缝最高点接触，此时高度尺的示值即为焊缝余高	
焊缝宽度	先将主尺测量角紧靠焊缝一边，然后旋转多用尺的测量角使其靠紧焊缝的另一边，此时多用尺上的示值即为焊缝宽度	

耐压试验概述

1. 耐压试验的目的

耐压试验是指锅炉及其他受压容器，在经过焊缝外观检验、焊后热处理、力学性能试验、接头无损探伤检验合格后，将水、油、气等流体介质充入其内腔，慢慢加压至一定压力并保压一定时间，以检验其宏观强度、结构的可靠性及焊缝的致密性的一种焊接质量检验方法。

2. 耐压试验的分类

按试验充填介质的性质不同，耐压试验可分为液压试验和气压试验（项目七详述）两种类型。在压力容器质量检验过程中，耐压试验应考虑试验时容器有破坏的可能性，而且耐压试验的压力要比它的最高使用压力高，因此，容器在耐压试验时破裂的可能性要比使用时破裂的可能性更大。为了减轻容器在耐压试验时破裂所造成的破坏，耐压试验的加压介质应优先选用液体。因此，一般情况下耐压试验采用液压试验，但对不允许有微量残留液体或者由于结构原因不能充满液体的容器，则需要进行气压试验。

3. 升压、保压及检查

试验时开动试压泵使水压缓慢上升，达到规定的试验压力后，关闭直通阀保持压力 30min，在此期间容器上应该无漏水现象，或压力表读数应保持不变。然后降至工作压力并保持足够长的时间，对所有焊缝和连接部位进行检查。在试验过程中，应保持容器观察表面的干燥，如发现焊缝有水滴或水雾出现，表明焊缝有泄漏（压力表读数下降），应做标记，卸压后修补，修好后重新做上述试验。如果容器在试验压力下，关闭所有进、出水的阀门，其压力值保持不变，也没有发现异常的声响和残余变形，则为合格。

4. 排水卸压

容器检查完毕后，即可打开容器下部的排水阀，排水卸压。排水时，容器顶部的排气阀应打开。试压的水应全部排放干净，不应把装满水的容器长时间地密闭放置，特别是在气温变化悬殊的情况下，以免容器内的水因温度变化而膨胀，产生较大的压力。

容器排完水后，应打开各孔盖，让容器自然通风干燥。如果容器的工作介质遇水后会对器壁产生腐蚀，或有其他特殊要求的容器，则放水后应将内壁彻底烘干。

5. 合格标准

水压试验后的压力容器，符合下列条件为合格：

1）无渗漏。

2）无可见的变形。

3）试验过程中无异常的响声。

4）对抗拉强度规定值下限大于或等于 540MPa 的材料，表面经无损检测抽查未发现裂纹。

3. 水压试验

由于水的来源和使用都比较方便，又具有进行液压试验所需的各种性能，因而水常被用作液压试验的加压介质，液压试验也常被称为水压试验。

（1）试验介质及要求　供试验用的液体一般为洁净的水，需要时也可采用不会导致发生危险的其他液体。试验时液体的温度应低于其闪点或沸点。奥氏体型不锈钢制容器用水进行液压试验后，应将水渍清除干净，当无法达到这一要求时，应控制水的氯离子含量不超过 25mg/L。

对于采用 GB/T 713—2014《锅炉和压力容器用钢板》中规定的锅炉和压力容器用钢，例如，优质碳素结构钢 Q245R、低合金高强钢 Q345R 和正火 13MnNiMoR 钢制造的压力容器，其液压试验的液体温度不得低于 5℃；其他钢种制造的压力容器，液压试验的液体温度应按照图样规定确定，一般不得低于 15℃。如果由于板厚等因素造成材料脆性转变温度升高，则需相应提高液体温度。其他材料制造的压力容器液压试验温度按设计图样规定。铁素体型钢制低温压力容器在液压试验时，液体温度应高于壳体材料和焊接接头两者夏比冲击试验规定温度中的高值再加 20℃。

（2）试验压力　试验压力是进行水压试验时规定容器应达到的压力，其值反映在容器顶部的压力表上。水压试验时试验压力为

$$p_t=(1.25\sim1.5)p \quad (2\text{-}5\text{-}1)$$

p_t——容器的试验压力，MPa；

p——容器的设计压力，MPa。

在确定试验压力时应注意以下事项：

1）容器铭牌上规定有最大允许工作压力时，公式中应以最大允许工作压力代替设计压力。

2）立式容器（正常工作时容器轴线垂直于地面）卧置（容器轴线处于水平位置）进行水压试验时，其试验压力应为按式（2-5-1）确定的值再加上容器立置时圆筒所承受的最大水柱静压力。容器的试验压力（水压试验时为立置和卧置两个压力值）应标在设计图样上。

（3）试验应力校核　耐压试验是在高于设计压力（或最大工作压力）的情况下进行的，所以在进行试验前应对容器在规定的试验压力下的强度进行理论校核，满足要求时才能进行耐压试验的实际操作。水压试验时，要求容器在试验压力下产生的最大应力不超过圆筒材料在试验温度（常温）下屈服强度的 90%。

任务五测评

1. 知识测评

确定本任务关键词，按重要程度进行关键词排序并举例解读，见表 2-5-2。

根据自己对重要信息的捕捉、排序、表达、创新和划分权重能力进行自评，满分 100 分。

表 2-5-2　焊接检测知识测评表

序号	关键词	举例解读	评分自定
1			
2			
3			
4			
5			
总分			

2. 能力测评

对表 2-5-3 所列作业内容进行评判，操作规范即得分，操作错误或未操作得零分。

表 2-5-3　焊接检测能力测评表

序号	能力点	配分	得分
1	否定项识别	20	
2	焊接检测尺认识	20	
3	焊缝的尺寸测量	30	
4	水压试验	30	
总分		100	

3. 素养测评

对表 2-5-4 所列素养点进行评判，做到即得分，未做到得零分。

表 2-5-4　法兰工件焊接素养测评表

序号	素养点	配分	得分
1	防护用具穿戴标准	20	
2	焊接检测前焊件处理	20	
3	焊条电弧焊安全操作规程	20	
4	焊接检测内容执行是否存在偏差	20	
5	工具、量具等归位，清理工位	20	
总分		100	

4. 拓展训练

（1）焊缝检测尺有哪几部分组成？

（2）焊接结构成品检验主要检测哪些内容？

（3）水压试验的检测步骤和要求有哪些？

坚守岗位的“高铁焊接大师”——大国工匠之焊工李万君（男，1968年出生，中共党员，现任中车长客股份公司高级技师）

一、工人劳模怀抱热爱与执着

1987年8月，19岁的李万君职高毕业，被分配到长春客车厂电焊车间水箱工段。一年后，当初和他一起入厂的28个伙伴，25个离了职。李万君留了下来。师傅们都说这孩子黏人，问问题太细。厂里要求每人每月焊100个水箱，他总会多焊20个；厂里两年发一套工作服，可他一年得磨破四五套。

入厂第二年，李万君在车间技能比赛中夺冠。1997年，他首次代表长客公司参加长春市焊工大赛，作为最年轻的选手，三种焊法、三个焊件、三个第一轻松收入囊中。此后，经常与不同单位焊接高手切磋的李万君技艺越来越精湛，并顺利考取了碳钢、不锈钢焊接等6项国际焊工（技师）资格证书，成为全能型焊工。20m外，只要听到焊接声，李万君就能判断出电流和电压的大小、焊缝的宽窄、焊接质量如何，绝无差错。

二、首席技师传承技能与精神

2008年，中车长春轨道客车股份有限公司（简称长客股份公司）引进德国西门子350km/h高速动车组技术，但与之相匹配的大量高技能工人却一时难求。德国人提供的转向架焊接试验片，只有李万君一人能焊出来。为了新项目，公司成立了新产品车间，抽调高素质人员，还从技校招来了400多名学生由李万君培训，要求短时间内迅速形成生产能力。

德国的工艺标准是全新的，李万君从头学起，常常彻夜不眠，思考如何将复杂的工艺操作过程分解成具体的步骤教给学员。最终，400多名学员全部提前半年考取了国际焊工资格证书。

现在，这些经过李万君培训的员工已成为380km/h动车组的生产主力，也使长客股份公司焊接技术整体水平和欧洲西门子实现同步。

三、大国工匠追求极致与创新

2007年，作为全国铁路第六次大提速的主力车型，250km/h动车组在长客股份公司试制生产。列车转向架横梁与侧梁间的接触环口，是承载整车约50t重量的关键受力点，按常规焊法焊接段数多，接头易出现不熔合的缺陷，质量无法保证，一时间成为阻碍生产的拦路虎。

经过1个月的反复钻研摸索，李万君总结出“构架环口焊接七步操作法”，一枪焊完整个环口。

中国高铁搭载着中国梦提速，而高速度更要有高质量做保证。为了做到这一点，李万君编辑了图文并茂的《焊接典型质量问题汇编》，制定了《转向架铆焊工标准操作手册》，提炼出《焊接艺术化标准》，让严谨的制造态度成为焊工标准规范的操作习惯。他随时发现生产上的问题，创新工艺，填补了我国氩弧焊焊接转向架环口等方面的空白，以高超技能和实践经验完善大国制造。

项目三　H 形钢制作

学习目标

1. 能够掌握 H 形钢的制作流程。
2. 能够根据图样确定坡口的形式及尺寸。
3. 能够通过焊接顺序控制焊后变形及应力。
4. 能够掌握二氧化碳气体保护焊的焊接特点及应用。
5. 能够掌握梁、柱结构焊接检测方法。

项目描述

H 形钢是现代建筑结构、桥梁结构以及电站建设中广泛采用的一种型材，具有构造美观、经济、断面力学性能及稳定性能好等特点，成为钢结构的主要架构模式。H 形钢由翼板和腹板组成，大部分通过焊接制造。在焊接过程中，控制焊接变形成为关键的问题。本项目选择 H 形钢制作为载体，能够体现二氧化碳气体保护焊的焊接效率优势，并且载体选择了两种坡口形式，便于学生对坡口形式不同的角焊缝进行比较。

H 形钢

项目计划

根据 H 形钢的制作要求，将本项目分成 5 个加工任务。任务一图样识读：小组成员利用 2 学时完成图样的识读与零件图的绘制，明确加工任务。任务二焊前工件制备：小组成员利用 2 学时完成工件制备任务，本项目涉及的原材料主要是板材，选用的材质为 Q235，板材下料及坡口加工采用半自动火焰切割机，学生分组进行工艺编制并实施。任务三部件装配与点固：小组成员利用 2 学时进行装配，由于焊缝长度较长，焊后其变形量较大，所以要整体装配后进行焊接，装配采用划线装配法进行装配。任务四焊接工艺制定及实施：小组成员利用 18 学时完成本任务的内容，根据结构特点，要考虑到焊接变形的控制等问题，编制焊接工艺并实施。任务五焊接检测：小组成员利用 6 学时进行焊接检测，根据缺陷提出返修工艺。本项目具体学时分配如图 3-1 所示。

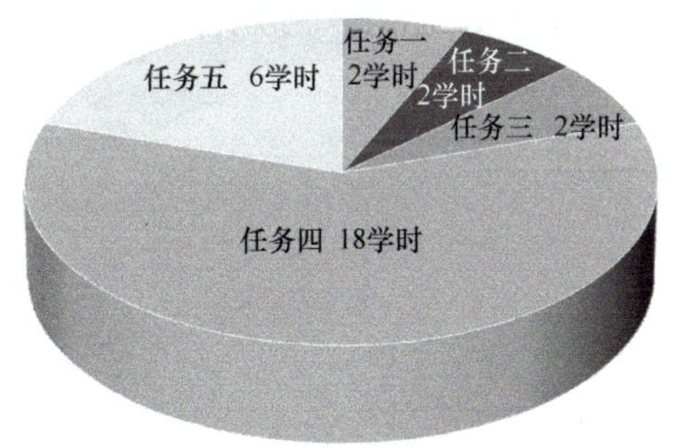

图 3-1　学时分配

任务一　图样识读

职业活动

步骤一：根据图样绘制零件图

本项目采用翼板厚度为 6mm、腹板厚度为 12mm 的板材进行制作，以便让学生直观观察焊后变形的形式，也便于讲解焊接变形的控制。图 3-1-1 所示为 H 形钢的三视图。

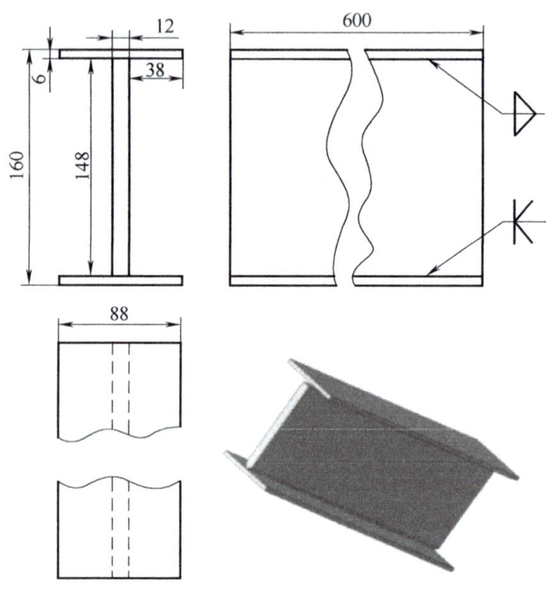

图 3-1-1　H 形钢三视图

1. 通过识读三视图，确定焊前下料数量

通过图 3-1-1 能够确定 H 形钢制作需要的板材共 3 块，其中 2 块翼板的尺寸相同，尺寸均为 600mm×88mm×6mm；腹板 1 块，尺寸为 600mm×150mm×12mm。记录尺寸，绘制零件图。

职业知识

H 形钢

定义	H 形钢是断面形状类似于大写拉丁字母 H 的一种经济断面型材，又叫万能钢梁、宽缘（边）工字钢或平行翼缘工字钢。H 形钢的腹板和翼缘板，又分别称为腰部和边部。H 形钢是一种截面面积分配更加优化、强重比更加合理的经济断面高效型材。由于 H 形钢的各个部位均以直角排布，因此 H 形钢在各个方向上都具有抗弯能力强、施工简单、节约成本和结构重量轻等优点，应用非常广泛。右上图为 H 形钢与工字钢的区别。 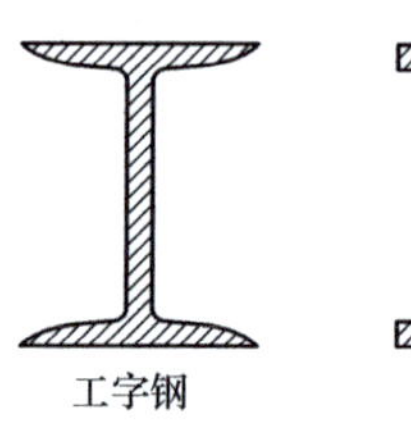 工字钢 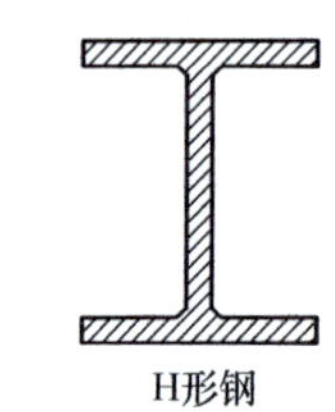 H形钢
特点	H 形钢的翼缘内外侧平行或接近于平行，翼缘端部呈直角，因此又称为平行翼缘工字钢。H 形钢的腹板厚度比腹板同样高的普通工字钢小，翼缘宽度比腹板同样高的普通工字钢大，因此又称为宽缘工字钢。由形状所决定，H 形钢的截面模数、惯性矩及相应的强度均明显优于同样重量的普通工字钢。用在不同要求的金属结构中，不论是承受弯曲应力、压力负荷、偏心负荷都显示出它的优越性能，可较普通工字钢大大提高承载能力，节约金属 10%～40%。 

2. 零件图绘制

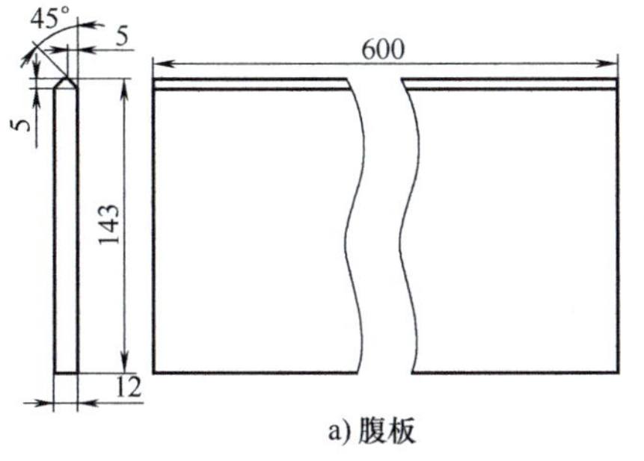

a) 腹板

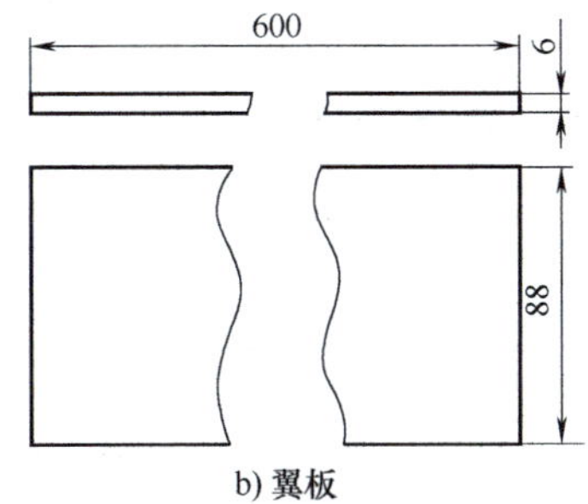

b) 翼板

图 3-1-2 零件图

步骤二：确定工作任务

1. 根据图样及材料确定下料工艺

根据图样能够确定板材外轮廓属于长方形，只有腹板需要开单边 K 形坡口，所以采用半自动火焰切割机下料。由于板材宽度较小，长度较大，火焰切割后会产生较大变形，下料后需要复检。

2. 制定装配工艺

H 形钢属于对称结构，在装配过程中应是先装配后焊接，即先装配成工字形并定位焊后再进行焊接。不应边装配边焊接，即不能先焊成 T 形断面再装另一翼板，最后焊成完整的工字形，因为这样做变形大、工序多、生产周期长。

3. 制定焊接工艺

本项目采用的焊接方法是 135（二氧化碳气体保护焊实心焊丝焊接），根据板材的厚度选择焊丝直径、焊接电流等相应参数，制定焊接工艺卡，教师检查无误后进行施焊。

4. 焊后检测

根据工件的结构及焊缝的位置，制定焊接检测工艺。

H 形钢

用途	H 形钢应用广泛，主要用于：各种民用和工业建筑结构；各种大跨度的工业厂房和现代化高层建筑，尤其是地震活动频繁地区和高温工作条件下的工业厂房；要求承载能力大、截面稳定性好、跨度大的大型桥梁；重型设备；高速公路；舰船骨架；矿山支护；地基处理和堤坝工程；各种机器构件。
分类	按产品的翼缘宽度分为宽翼缘、中翼缘和窄翼缘 H 形钢。宽翼缘和中翼缘 H 形钢的翼缘宽度 *B* 大于或等于腹板高度 *H*。窄翼缘 H 形钢的翼缘宽度 *B* 约等于腹板高度 *H* 的 1/2。
	按产品用途分为 H 形钢梁、H 形钢柱、H 形钢桩、极厚翼缘 H 形钢梁。有时也将平行腿槽钢和平行翼缘丁字钢也列入 H 形钢的范围。一般以窄翼缘 H 形钢作为梁材，以宽翼缘 H 形钢作为柱材，据此又有梁型 H 形钢和柱型 H 形钢之称。
	按生产方式分为焊接 H 形钢和轧制 H 形钢。
	按尺寸规格大小分为大、中、小号 H 形钢。通常将腹板高度 *H* 在 700mm 以上的产品称为大号、300～700mm 的称为中号，小于 300mm 的称为小号。

任务一测评

1. 知识测评

确定本任务关键词，按重要程度进行关键词排序并举例解读，见表 3-1-1。

根据自己对重要信息的捕捉、排序、表达、创新和划分权重能力进行自评，满分 100 分。

表 3-1-1　H 形钢图样分析知识测评表

序号	关键词	举例解读	评分自定
1			
2			
3			
4			
5			
总分			

2. 能力测评

对表 3-1-2 所列作业内容进行评判，操作规范即得分，操作错误或未操作得零分。

表 3-1-2　H 形钢图样分析能力测评表

序号	能力点	配分	得分
1	H 形钢尺寸测量	20	
2	H 形钢零件图绘制	30	
3	制定 H 形钢制作任务	30	
4	材料制备方法的合理选择	20	
总分		100	

3. 素养测评

对表 3-1-3 所列素养点进行评判，做到即得分，未做到得零分。

表 3-1-3　H 形钢图纸分析素养测评表

序号	素养点	配分	得分
1	绘图过程中的空间想象能力	20	
2	三视图识读的熟练程度	20	
3	一丝不苟、严谨的工作作风(尺寸测量中的误差)	20	
4	尺规等绘图工具使用的熟练程度	20	
5	徒手作图的熟练程度	20	
总分		100	

4. 拓展训练

试根据下图绘制三视图。

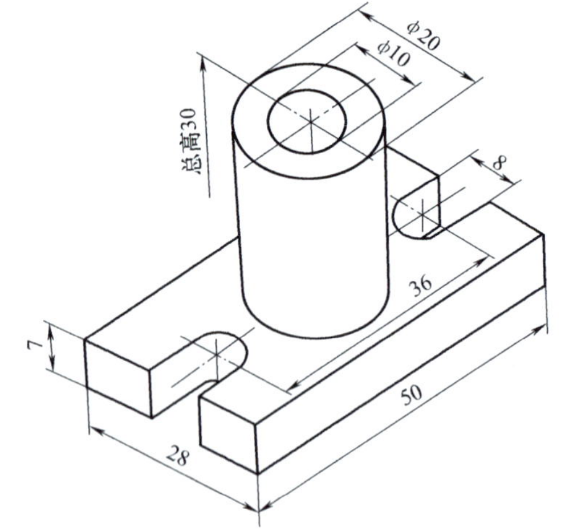

任务二　焊前工件制备

职业活动

步骤一：下料准备工作

1. 材料检查

施工前操作人员预先熟悉零件图样（图 3-1-2），确定下料尺寸，根据下料清单要求，确定材质为 Q235，其厚度分别为 12mm 和 6mm；确定下料数量，在板材上合理排料。

2. 半自动火焰切割机设备检查

下料前设备开机运行，查看设备工作是否正常；检查氧气、混合气体的阀门，压力表和燃气胶管是否完好，连接是否紧密可靠；在整个气割过程中设备应全部运转正常，并确保安全的条件下才能运行切割工作，而且在气割过程中应注意保持。

3. 检验及标识工具

钢直尺、卷尺、石笔、记号笔、焊缝检验尺等。

步骤二：半自动火焰切割机操作

1. 确定下料尺寸

H 形钢共有 3 块板材组成，其中 2 块翼板的尺寸是相同的，尺寸为 600mm×88mm×6mm；腹板 1 块，尺寸为 600mm×150mm×12mm，并且腹板一侧需要加工单边 K 形坡口。

2. 气割参数

气割工艺参数主要包括割炬型号和切割氧压力、气割速度、预热火焰能率、割嘴与工件间的倾斜角、割嘴距工件表面的距离等。

采用火焰切割小车进行切割时，主要涉及的参数见表 3-2-1。

表 3-2-1　切割参数

割嘴号	切割氧孔径/mm	切割厚度/mm	割缝半径/mm	预热时间/s	切割速度/(mm/min)	气体压力/MPa	
						氧气	乙炔
0#	0.8	6	1	8~10	530~480	0.2~0.4	>0.03
1#	1		1.2		560~500	0.2~0.4	>0.03

职业知识

钢材变形的原因

轧制引起变形	钢材在轧制过程中可能产生残余应力而变形。例如，在轧制钢板时，由于轧辊沿长度方向受热不均匀、轧辊弯曲、轧辊间隙不一致，而使板料在宽度方向的压缩不均匀，导致长度方向延伸不相等而产生变形。 热轧厚钢板时，由于金属的良好塑性和较大的横向刚度，延伸较多的部分克服了相邻延伸较少部分的作用，因而产生了板材的不均匀伸长。
运输堆放产生变形	焊接结构使用的钢材，均是较长、较大的钢板和型材，如果吊装、运输和存放不当，钢材就会因自重而产生弯曲、扭曲和局部变形。
下料过程中引起的变形	钢材在划线以后，一般要经过气割、剪切、冲裁、等离子弧切割等工序。而气割、等离子弧切割过程是对钢材的局部进行加热而使其分离的过程。对钢材的不均匀加热必然会产生残余应力，进而导致钢材产生变形，尤其是在气割窄而长的钢板时，边上的一条钢板弯曲得最明显。在剪切、冲裁等工序时，由于工件的边缘受到剪切，必然产生很大的塑性变形。

钢材的矫正原理

钢材在厚度方向上可以假设是由多层纤维组成的，如图 3-2-1 所示。钢材平直时，各层纤维长度都相等，即 $ab=cd$。钢材弯曲后，各层纤维长度不一致，即 $a'b'\neq c'd'$。可见，钢材的变形就是其中一部分纤维与另一部分纤维长短不一致造成的。矫正是通过采用加压或加热的方式进行的，其过程是把已伸长的纤维缩短，把缩短的纤维拉长。最终使钢板厚度方向的纤维长度趋于一致。

（续）

割嘴号	切割氧孔径/mm	切割厚度/mm	割缝半径/mm	预热时间/s	切割速度/(mm/min)	气体压力/MPa	
						氧气	乙炔
0#	0.8	12	1	12~15	430~380	0.2~0.4	>0.03
1#	1		1.2		460~400	0.2~0.4	>0.03

3. 切割操作

1）打开电源开关，使小车行走，割嘴运行的轨迹应与切割划线重合，否则应调整导轨或钢板。

2）打开乙炔气阀，点火后再打开预热氧气阀，调节火焰的功率或类型，待火焰将钢板加热到约970℃时，打开切割氧气阀，调好压力后打开电源开关或推上离合器，再开始切割。

注意：打开乙炔气阀后应立即点火，以防可燃气体外泄，造成危险。切割结束时，应依次关闭切割氧气阀、预热氧气阀、乙炔气阀，最后关闭小车的电源开关。

步骤三：气割后检查及矫正

火焰切割后的板材由于受热不均匀会产生变形，使表面产生不平、弯曲、扭曲、波浪等变形缺陷，这些都将影响工件和产品的质量，因此必须对变形板材进行矫正和预处理。

1. 气割后检查

按照图3-1-2所示尺寸进行检测，需要保证板材的外观尺寸与图样要求一致。由于板材切割长度较大，容易产生变形，但是板材会随着厚度的增加而提高自身的刚性，本项目所用板材的厚度为12mm和6mm，一般不会产生波浪变形，大多数会产生局部弯曲变形和收缩变形，如图3-2-1a所示。

2. 板材矫正

图3-2-1a显示的是弯曲变形，其中f表示挠度，δ表示板厚，一般情形下，挠度f的大小与板厚δ有直接关系，在1000mm范围内，当$\delta \geq$ 14mm时，要求挠度$f \leq 1$mm，当$\delta <$14mm时，挠度$f \leq 1.5$mm，如果超过这个范围就需要进行矫正。弯曲变形矫正常常采用机械矫正或者手工矫正。

钢材的矫正

矫正就是将变形的钢材在外力作用下产生塑性变形（永久性变形），使钢材中局部收缩的纤维拉长，伸长的纤维缩短，达到金属各部分的纤维长度均匀，以消除表面不平、弯曲、扭曲和波浪变形等变形缺陷，从而获得正确的形状。钢材的矫正可以在冷态或热态下进行。冷态矫正简称冷矫形，热态矫正简称热矫形。经常采用的方法有手工矫正、机械矫正、火焰矫正和高频热点矫正四种。矫正方法的选用，与工件的形状、材料的性能和工件的变形程度有关，同时也与制造厂所用设备有关。

钢材的矫正方法

手工矫形	手工矫正是采用手工工具，对已变形的钢材施加外力，以达到矫正变形的目的。手工矫正由于矫正力小，劳动强度大，效率低，所以常用于矫正尺寸较小的薄板钢材。手工矫正时，根据刚度大小和变形情况不同，有反向变形法和锤展伸长法。
机械矫正	因为手工矫正的作用力有限，劳动强度大，效率低，表面损伤大，不能满足生产需要；冷作用的轧制钢材和工件的变形情况都比较有规律，所以许多钢材和工件一般采用机械方法进行矫正。机械矫正是利用三点弯曲使构件产生一个与变形方向相反的变形，而使结构件恢复平直。机械矫正使用的设备有专用设备和通用设备。专用设备有钢板矫正机、圆钢与钢管矫正机、型钢矫正机、型钢撑直机等；通用设备指一般的压力机、卷板机等。
火焰矫正	火焰矫正法是利用火焰对钢材的伸长部位进行局部加热，使其在较高温度下发生塑性变形，冷却后收缩而变短，从而使构件变形得到矫正。火焰矫正操作方便灵活，所以应用比较广泛。 火焰矫正的原理：火焰矫正是采用火焰对钢材的变形部位进行局部加热，利用钢材热胀冷缩的特性，使加热部分的纤维在四周较低温度的阻碍下膨胀，产生压缩塑性变形，冷却后纤维缩短，使纤维长度趋于一致，从而使变形得以矫正。

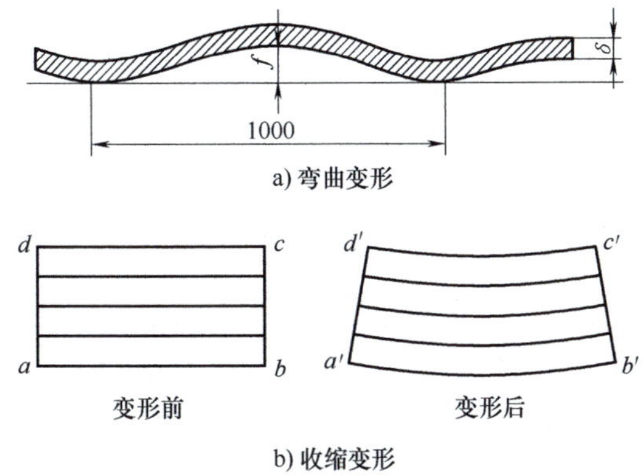

a) 弯曲变形

b) 收缩变形

图 3-2-1 变形示意图

图 3-2-1b 显示的是收缩变形，产生这种变形主要原因是 cd 端为割口，受热后产生了收缩，而 ab 端由于没有受热，保持原尺寸，这样就产生了图中所示的伞形。矫正一般采用火焰矫正进行。

步骤四：焊前清理

焊前清理参照项目一任务二中焊前清理操作。

本项目中采用的矫正方法

针对弯曲变形矫正	本项目在下料过程中产生弯曲变形的主要原因是两侧气割过程中受热较大，产生收缩变形，从而引起的弯曲变形，如右图所示。 这种情况的弯曲变形，板材中心部位并没有产生收缩，由于板材刚性较大，从而产生了弯曲变形。在矫正过程中可采用手工矫形反向变形法进行矫正，矫正过程中锤击位置如右图所示，板材中心处可降低锤击力度。 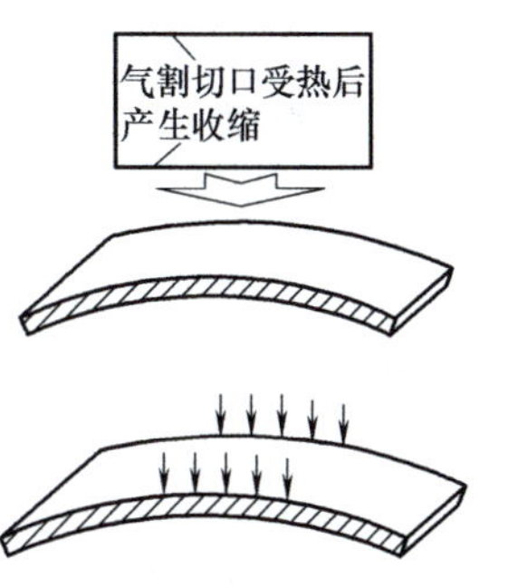
针对收缩变形矫正	本项目在下料过程中产生收缩变形的主要原因是板材一侧气割过程中受热较大，产生收缩变形，从而引起如右图所示变形。 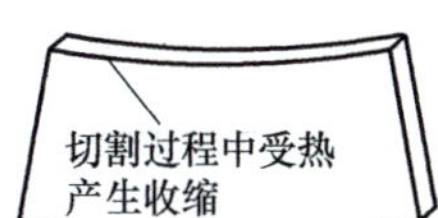 这种情况的收缩变形可采用两种方法进行矫正。一种方法是采用手工矫形，板材平放时，锤击弯曲凹部，或竖起锤击弯曲的凸部，如右图所示，会使收缩部分产生拉伸变形。但是随着板厚的增加，手工矫形会越来越困难。 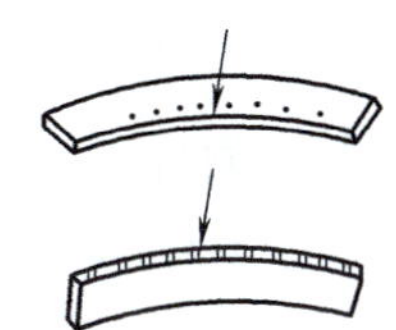 另一种方法是采用火焰加热方式进行矫正，使没有产生收缩变形的一侧产生收缩变形，从而使板材两侧尺寸一致。具体加热方式如下图红色虚线所示。 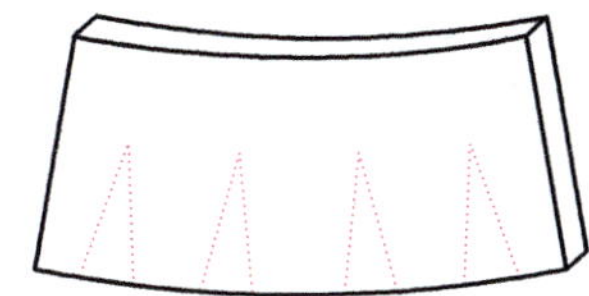

任务二测评

1. 知识测评

确定本任务关键词，按重要程度进行关键词排序并举例解读，见表 3-2-2。

根据自己对重要信息的捕捉、排序、表达、创新和划分权重能力进行自评，满分 100 分。

表 3-2-2　H 形钢零件制备知识测评表

序号	关键词	举例解读	评分自定
1			
2			
3			
4			
5			
总分			

2. 能力测评

对表 3-2-3 所列作业内容进行评判，操作规范即得分，操作错误或未操作得零分。

表 3-2-3　H 形钢零件制备能力测评表

序号	能力点	配分	得分
1	气割工艺制定	20	
2	气割火焰调整	30	
3	半自动火焰切割机操作	30	
4	焊前清理	20	
总分		100	

3. 素养测评

对表 3-2-4 所列素养点进行评判，做到即得分，未做到得零分。

表 3-2-4　H 形钢零件制备素养测评表

序号	素养点	配分	得分
1	防护用具穿戴标准	20	
2	材料切割之前检查	20	
3	半自动火焰切割机开机检查	20	
4	半自动火焰切割机安全操作规程	20	
5	工具、量具等归位，清理工位	20	
总分		100	

4. 拓展训练

简述下图中角焊缝焊接完成之后，易产生的焊接变形有哪些，如何进行矫正。

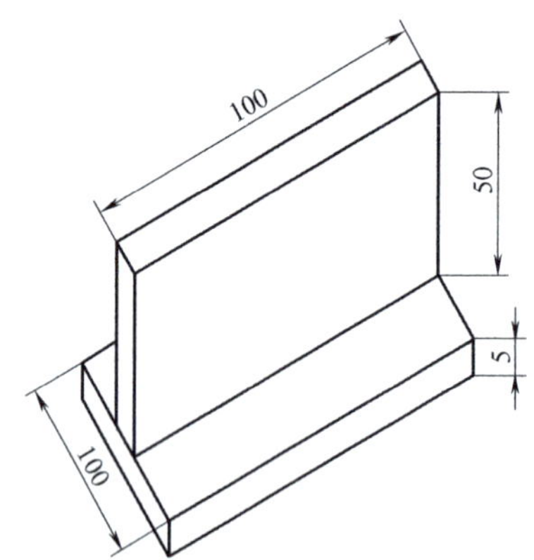

任务三　部件装配与点固

职业活动

步骤一：装配前的准备

1. 确定装配基准

根据图样进行结构分析，三维零件图见图 3-1-1。

结构中共有 3 块板材，在装配过程中，可设定下翼板为装配基准，在下翼板上确定腹板的位置，最后装配点固上翼板。

2. 装配现场和装配设备的选择

由于 H 形钢长度较长，项目中设定长度为 600mm，建议在水平操作平台上进行装配，如条件允许，可采用挡铁、垫铁等辅助工具，按图 3-3-1 所示进行装配。

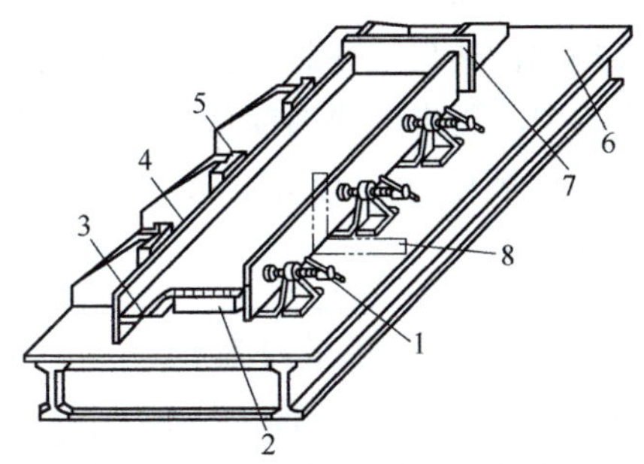

图 3-3-1　工字梁的装配

1—调节螺杆　2—垫铁　3—腹板　4—翼板
5、7—挡铁　6—平台　8—直角尺

3. 工量具的准备

工具：需准备油漆笔（划针或者石笔）进行划线。

量具：直角尺和卷尺。

设备：NBC-350 型半自动 CO_2 气体保护焊焊机。

4. 零件预检

根据图样要求，对板材尺寸、形状进行检测，确保装配工作顺利进行。

职业知识

装配夹具

定义及分类	装配夹具是指在装配中用来对零件施加外力，使其获得可靠定位的工艺装备，主要包括通用夹具和装配胎架上的专用夹具。装配夹具按夹紧力来源分为手动夹具和非手动夹具两大类。手动夹具包括螺旋夹具、楔条夹具、杠杆夹具、偏心轮夹具等；非手动夹具包括气动夹具、液压夹具、磁力夹具等。由于本项目采用手动夹具装配，因此主要介绍装配过程中常用的手动夹具。

H 形钢生产装配简介

根据生产数量确定装配方法	当单件生产时，可以采用手工装焊，其生产率比较低，质量不能保证且与操作工人技术水平有很大关系。
	在批量不大、规格较多的情况下，可以采用一些通用的工艺装备装焊，能大大提高生产率与生产质量。
	在品种单一、规格尺寸变化不大的大批量生产时，可以采用机械化或自动化水平更高的流水作业，每道工序由专门的机械完成，物料和半成品的传送则用轮子传送机构等，能达到较高的产品质量和良好的规模经济效益。

步骤二：装配流程

1. 根据装配要求划线

在图 3-1-1 中的标注中可以看出，处于 2F 位置（平角焊）开单边 K 形坡口，处于 4F 位置（仰角焊）并没有开坡口，在装配过程中需要注意。

装配过程中以下翼板为基准，按图 3-1-1 俯视图中的虚线尺寸，在下翼板表面用划针或者油漆笔确定腹板在下翼板上的位置。

2. 下翼板与腹板组对

组对 H 形钢时，先组对下翼板与腹板，组成 T 形接头。由图 3-1-1 可知，下翼板的尺寸为 600mm×88mm×6mm，立板尺寸为 600mm×148mm×12mm，装配过程中，点固焊缝焊接位置如图 3-3-2 所示，由于焊缝长度较长，点固焊缝设置成三点，分别是两侧和中间部位，点固长度不超过 20mm，装配过程中要保证腹板与翼板垂直。因为开 K 形坡口，所以可不预留焊缝间隙。

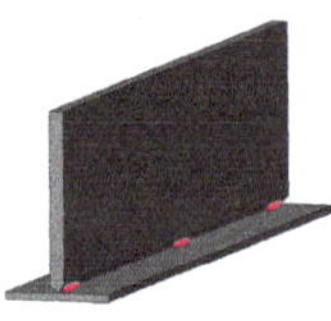

图 3-3-2 下翼板与腹板装配

图 3-3-3 上翼板划线位置

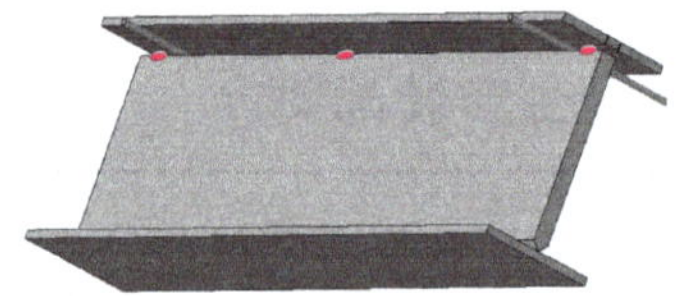

图 3-3-4 上翼板与腹板装配

3. 上翼板与腹板装配

腹板上部没有加工坡口，所以组对上翼板一定要预留间隙 1～2.5mm，并且为了方便确定上翼板与腹板之间的位置关系，要在上翼板边缘划线，如图 3-3-3 中黑色线条所示，这样能直接观察腹板与上翼板之间的位置关系。

组对过程为了保证预留间隙的尺寸，可在上翼板与腹板之间预留两段焊丝或焊条，如图 3-3-4 所示，必须保证上翼板边缘划线位置与腹板边缘在同一条线上，还要保证上翼板与腹板垂直，然后按照图 3-3-4 所示位置，点固 H 形钢截面边缘一侧，把焊丝或焊条取出，进行微调上翼板，使其与下翼板平行，最后点固所有定位焊焊缝。

H 形钢手工装焊

<table>
<tr>
<td>腹板直立装配法</td>
<td>
当腹板高度不大时，可采用腹板直立装配法，如下图所示。
先在两块翼板上画出与腹板连接处的轮廓线，然后沿轮廓线外缘一侧把一排定位器 4 用定位焊固定在一块翼缘板 1 上，距轮廓线另一侧稍远并与 4 相对应处焊接一排挡块 5，在 4、5 之间插入腹板 2，为了使腹板能直立在翼缘板上，需要在 2、5 之间逐个插入相应宽度的楔块 6，并用锤敲击 6 使 2 靠紧 4，同时用直角尺校正垂直度后，用临时撑杆 7 保持腹板的正确位置，1 与 2 及 7 与 1、2 之间均用定位焊暂时固定。另一块翼缘板的装配可按相似的方法进行，将已装配好的 T 形构件翻转后立在另一块翼缘板的上面。装配工作应从工字形梁的中间逐步向两端或从工字形梁的一端向另一端按顺序进行。全部装配并定位焊后拆去所有定位器等临时用零件，以便进行焊接。
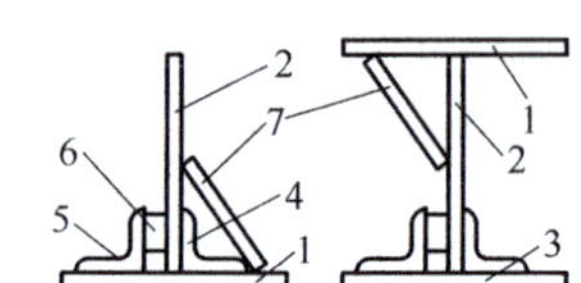

腹板直立装配法示意图
1、3—翼板　2—腹板　4—定位器
5—挡块　6—楔块　7—撑杆
</td>
</tr>
<tr>
<td>腹板横卧装配法</td>
<td>
腹板较高时，可以采用横卧装配法（如下图所示）。此法仍先在两块翼缘板上画出与腹板连接处的轮廓线，在翼缘板 1、3 上的腹板轮廓线外缘焊上定位器 4，并把它装配到平放在表面水平的平台 8 上的腹板边缘处，然后用适当的压夹器压紧翼缘板与腹板间的空隙，并校正它们之间的垂直度，最后用定位焊固定它们彼此的位置。
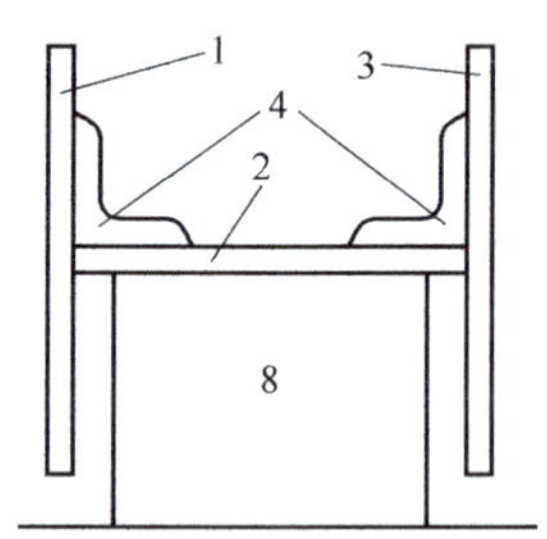

腹板直立装配法示意图
1、3—翼板　2—腹板
4—定位器　8—装配平台
</td>
</tr>
</table>

任务三测评

1. 知识测评

确定本任务关键词，按重要程度进行关键词排序并举例解读，见表 3-3-1。

根据自己对重要信息的捕捉、排序、表达、创新和划分权重能力进行自评，满分 100 分。

表 3-3-1 H 形钢装配知识测评表

序号	关键词	举例解读	评分自定
1			
2			
3			
4			
5			
总分			

2. 能力测评

对表 3-3-2 所列作业内容进行评判，操作规范即得分，操作错误或未操作得零分。

表 3-3-2 H 形钢装配能力测评表

序号	能力点	配分	得分
1	装配基准面的选择	20	
2	制定点固焊缝焊接参数	30	
3	装配过程中辅助设备的使用	20	
4	合理控制装配精度	30	
总分		100	

3. 素养测评

对表 3-3-3 所列素养点进行评判，做到即得分，未做到得零分。

表 3-3-3 H 形钢装配素养测评表

序号	素养点	配分	得分
1	防护用具穿戴标准	20	
2	装配前材料检查	20	
3	点固焊缝施焊	20	
4	点固焊缝焊后处理	20	
5	工具、量具等归位，清理工位	20	
总分		100	

4. 拓展训练

（1）简述装配夹具的定义、分类以及应用。

（2）简述 H 形钢手工装配的两种方法。

任务四　焊接工艺制定及实施

职业活动

步骤一：识读焊接标注

按照图 3-4-1，确定焊缝位置及形式。

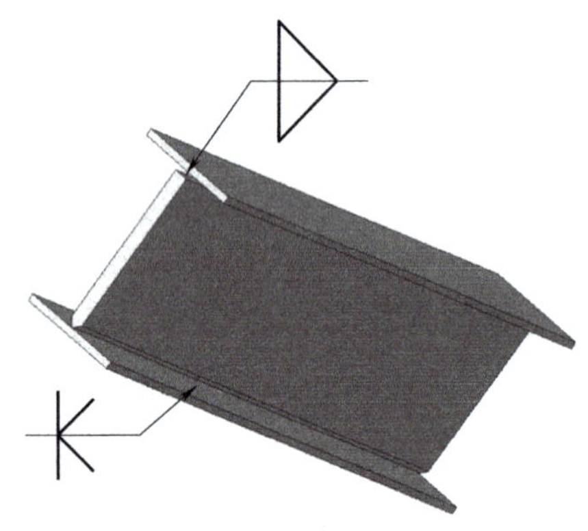

图 3-4-1　H 形钢焊缝标注示意图

1. 确定焊缝数量和焊缝形式

通过图样分析可以确定，焊接 H 形钢需要焊接 4 条焊缝，均为角焊缝。

2. 确定焊接位置

4 条角焊缝中，处于 2F 位置（平角焊）有 2 条对称的焊缝，处于 4F 位置（仰角焊）有 2 条对称的焊缝。

步骤二：CO_2 气体保护焊实心焊丝角焊缝焊接工艺编制

1. 焊前准备

1）工件材料为 Q235 钢板，具体尺寸如图 3-1-1 所示。

2）焊接材料选择 ER50-6 焊丝，直径为 $\phi1.2$mm；CO_2 气体纯度要求达到 99.5%。

3）焊机选择 NB-350 型焊机，直流反接。

4）焊前清理采用角磨机或钢丝刷清理工件坡口及坡口两侧各 20mm 范围内的油污、铁锈及其他污染物，直至露出金属光泽。

职业知识

焊缝符号 K 表示含义

焊缝基本符号一般表示的是焊缝横截面的外观形状特征，焊缝符号 K 属于基本符号 V 的组合，焊缝开坡口的形式如下图左侧所示。

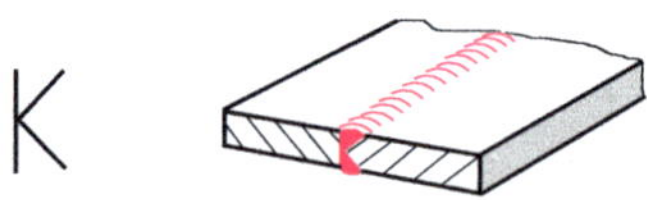

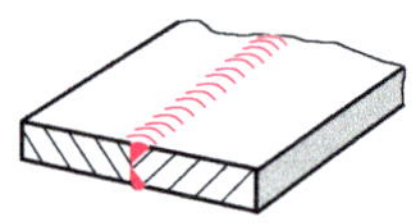

在本项目中，坡口属于 K 形，但是还预留的一个 2mm 的钝边，在标注过程中可以表示为上图右侧所示。

对称焊缝标注过程中允许省略虚线

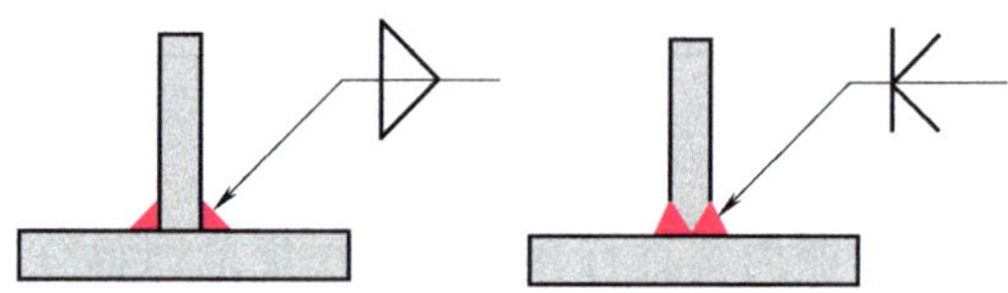

焊缝尺寸符号解读

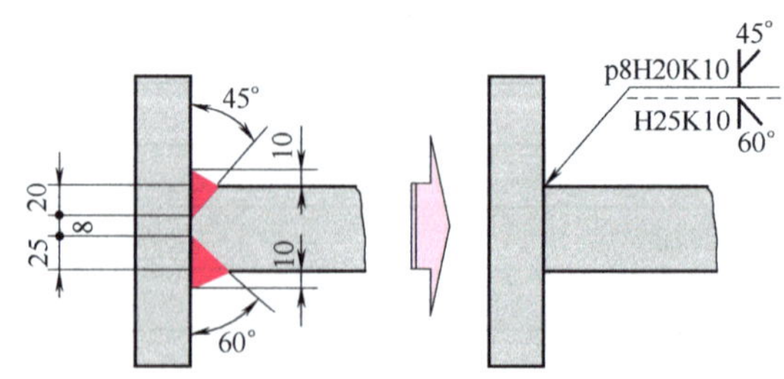

2. 焊接工艺分析

T形接头焊缝属于非熔透型焊缝，要求焊接接头根部有一定的熔合深度，焊脚对称，凸度尽量为零。但实际操作中会有一定难度，这是由于T形接头焊缝在三个方向上散热，比对接接头所需的热输入大，需要较大的焊接电流来施焊，特别是在焊脚较大时，根部不易焊透，平板焊脚偏大，焊缝下垂，易产生应力集中；立板咬边，表面成形难以控制。因此，应采用两层三道焊完成焊缝，第一层采用较大的焊接参数，以确保根部熔合；第二层采用较小的焊接参数，以确保焊缝平滑对称，无咬边缺陷。

仰角焊是角焊缝中最难的一种操作。焊接过程中，熔池倒悬在角焊缝根部，液态金属受重力作用易下坠，从而易形成焊瘤，并且焊缝在三个方向上散热，比对接接头所需的焊接热输入大，需要较大的焊接电流来施焊。在焊接过程中，熔池温度越高，焊接电弧越长，上述现象就越严重且易烫伤焊工，给操作带来困难。此外，飞溅物还容易堵塞焊枪喷嘴。操作时焊工的位置应选好，以减少飞溅物的影响且便于操作。

3. 焊接工艺卡编制（见表3-4-1）

表3-4-1 平角焊 CO_2 气体保护焊实心焊丝焊接工艺卡

焊接工艺卡		编号：				
材料型号	Q235					
材料规格	翼板：600mm×88mm×6mm 腹板：600mm×148mm×12mm 两件					
接头种类	T形					
坡口形式	K形、I形					
坡口角度	45°					
钝边	0~2mm					
组对间隙	0~2mm					
焊接方法	135(GWAM)					
保护气体	CO_2					
焊接设备	NB-350					
电源种类	直流	焊后热处理	种类	—	保温时间	—
电源极性	反接		加热方式	—	层间温度	—
焊接位置	2F		温度范围	—	测量方法	—

平角焊 CO_2 气体保护焊实心焊丝焊接操作过程

焊道分布

将焊接工件固定在焊接操作台上，使底板处于水平放置。在定位焊的另一侧施焊，采用左向焊法，焊接层次为两层三道，焊道分布示意图如右图所示。

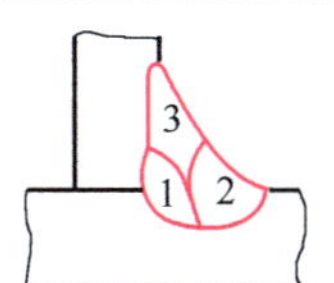

打底层焊接

在距离右端15~20mm处引燃电弧，迅速回焊到右端稍做停顿，此时焊丝对准平板距分角线1mm左右，焊丝与水平板之间的夹角为40°~50°，如下图焊丝角度及位置所示。焊丝的前倾角为10°~25°，如下图焊丝的前倾角所示。

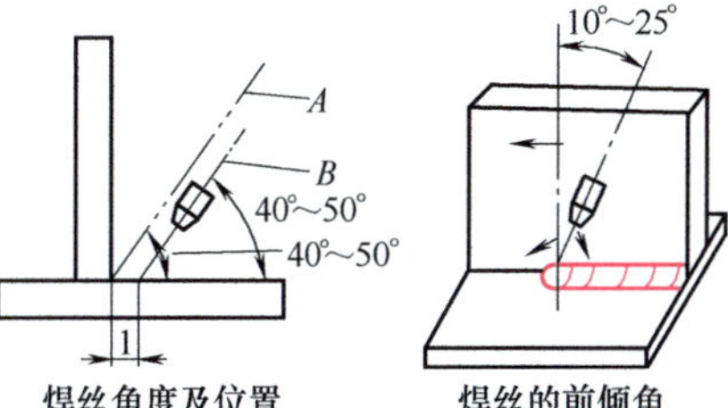

焊丝角度及位置　　焊丝的前倾角

由于 CO_2 气体保护焊熔敷效率高，要求运枪平稳，可双手持枪。打底层焊道焊脚为3~4mm，如下图所示。

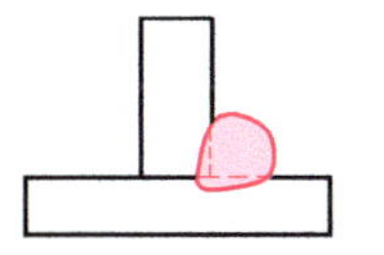

凸形焊道过大，不合格焊道

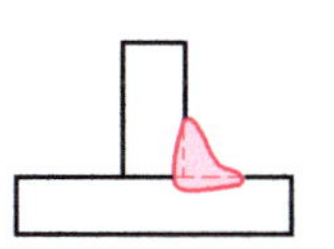

凹形焊道，理想焊道

焊接运弧过程中要注意运弧摆动方向，因为它直接影响焊缝成形，如右图所示。

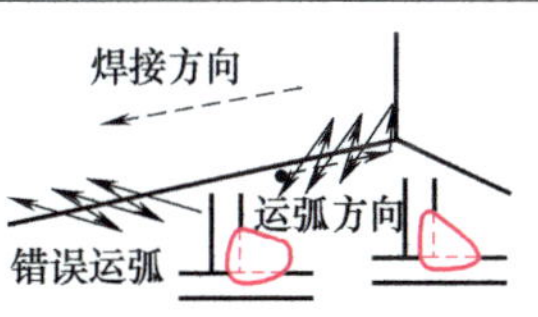

盖面层焊接

清除打底层氧化物及玻璃体杂质，避免产生夹渣缺陷。为了获得过渡圆滑的焊道，采用左焊法焊接上、下两道盖面。焊接第一道时，焊丝对准打底层焊道下焊趾，以小斜圆圈方式运枪，焊丝与水平板之间的夹角为50°，

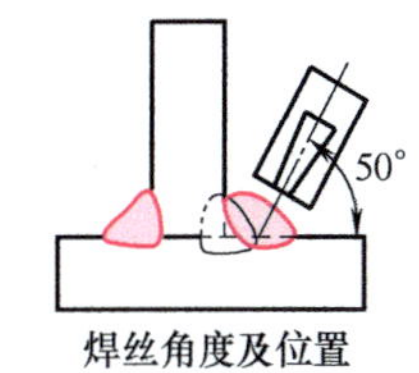

焊丝角度及位置

（续）

焊层	焊材型号	焊材直径/mm	焊接电流/A	焊接电压/V	气体流量/(L/min)	干伸长度/mm
		焊接参数				
平角打底	ER50-6	ϕ1.2	160~180	21~23	12~15	12~18
平角盖面			140~150	21~23	12~15	12~18
仰角打底	ER50-6	ϕ1.2	130~150	18~20	15~20	12~18
仰角盖面			120~140	20~22	15~20	12~18

平角焊 CO_2 气体保护焊实心焊丝焊接操作过程

盖面层焊接

焊丝前倾角为10°~20°。焊接过程中摆动幅度要大小一致，使熔池覆盖打底层焊道2/3，1/3的熔池在平板上；焊接速度要适宜；斜圆圈摆动时斜度要稍大，以保证与平板熔合良好；下焊趾与立板距离应相等，且平滑过渡，避免焊趾出现应力集中，如右图所示。

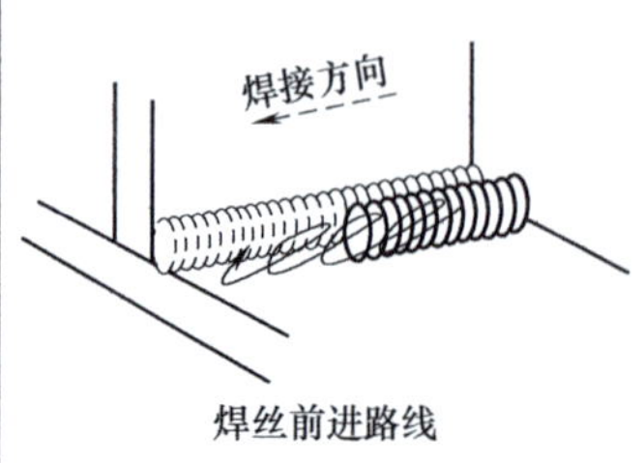

焊丝前进路线

焊接第二道时采用直线往返方式，进三退二，焊丝与平板之间的夹角为40°；焊丝对准上一道焊趾，熔池覆盖打底层焊道1/3~1/2的宽度；注意控制焊接速度，往返运弧，返回时适当停顿一下，以填满熔池，避免产生咬边缺陷；使焊道截面成等腰三角形，焊脚为6mm，如右图所示。

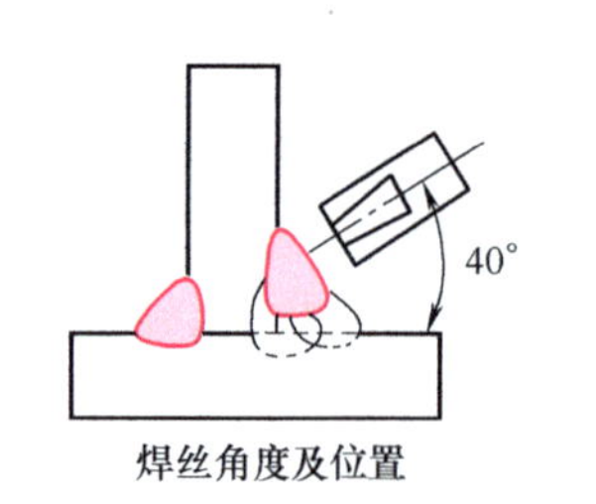

焊丝角度及位置

焊接过程中应根据熔池温度及熔合状态，随时调整焊枪角度、摆动形式、摆动幅度、焊接速度等，使焊道宽度各处相等、焊趾圆滑、焊道与焊道间熔合良好，焊道截面形状如下图所示。

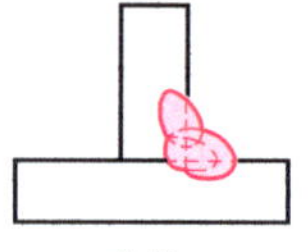
合格

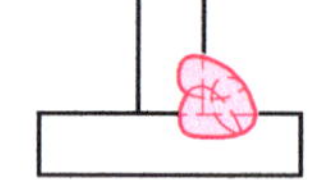
不合格，余高过高

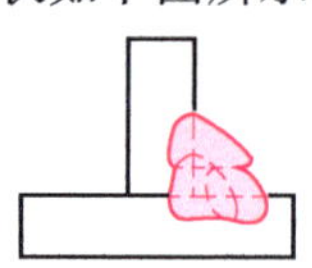
不合格，道间沟槽深

焊接技巧

施焊过程中要灵活掌握焊接速度，防止产生未熔合、气孔、咬边等缺陷。

熄弧时禁止突然断开电源，在弧坑处必须稍做停留填满弧坑，以防止产生裂纹和气孔。

当板厚不同时，应使电弧偏向厚板一侧，正确调整焊枪角度，以防止产生咬边、焊缝下垂等缺陷。

仰角焊与平角焊操作相似，不再重复讲解。

GMAW-T形接头仰角焊

任务四测评

1. 知识测评

确定本任务关键词，按重要程度进行关键词排序并举例解读，见表 3-4-2。

根据自己对重要信息的捕捉、排序、表达、创新和划分权重能力进行自评，满分 100 分。

表 3-4-2 H 形钢焊接知识测评表

序号	关键词	举例解读	评分自定
1			
2			
3			
4			
5			
总分			

2. 能力测评

对表 3-4-3 所列作业内容进行评判，操作规范即得分，操作错误或未操作得零分。

表 3-4-3 H 形钢焊接能力测评表

序号	能力点	配分	得分
1	焊接标注符号识读	20	
2	制定 H 形钢焊接顺序	30	
3	焊接工艺卡编制	20	
4	掌握 H 形钢焊接技巧	30	
总分		100	

3. 素养测评

对表 3-4-4 所列素养点进行评判，做到即得分，未做到得零分。

表 3-4-4 H 形钢装配素养测评表

序号	素养点	配分	得分
1	防护用具穿戴标准	20	
2	点固焊缝焊前打磨处理	20	
3	CO_2 气体保护焊安全操作规程	20	
4	预防焊接变形采用措施	20	
5	工具、量具等归位，清理工位	20	
总分		100	

4. 拓展训练

按下图标注进行下料组对，板材材质为 Q235，采用 CO_2 气体保护焊进行焊接，自行编制焊接工艺并实施。

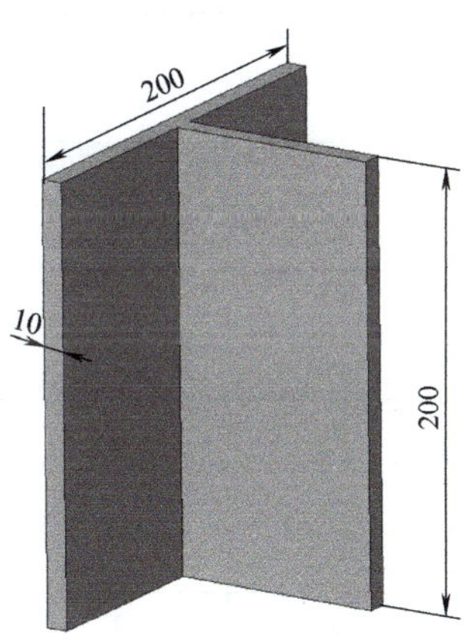

任务五 焊接检测

职业活动

步骤一：检测准备

1）保证检测环境光照充足。

2）HJC40 焊缝检测尺、白色油漆笔、角焊缝评分表。

3）需要检测的工件。

步骤二：焊缝尺寸检测

1. 检测焊缝尺寸

本任务中焊缝尺寸检测主要是测量焊缝外观尺寸是否符合图样标注尺寸或技术标准规定的尺寸。本任务四道焊缝均为角焊缝，在检测过程中，需要进行角焊缝的尺寸测量。

角焊缝尺寸的检测：角焊缝需要测量焊脚尺寸 K_1、K_2 及 ΔK，角变形、错边量等内容，详细见角接焊缝评分表。

2. 填写评分表（表 3-5-1）

表 3-5-1 角焊缝外观检查项目及评分表

工件号		评分员签名			合计得分（满分 30）		
检查项目	标准、分数	焊缝等级				测量数值	实际得分
		Ⅰ	Ⅱ	Ⅲ	Ⅳ		
焊角尺寸 K_1	标准/mm	6~7	>7，≤ 8	>8，≤9	>9		
	分数	5	3	2	0		
焊角尺寸 K_2	标准/mm	6~7	>7，≤ 8	>8，≤9	>9		
	分数	5	3	2	0		
焊角直线度 K_1	标准/mm	≤1	>1，≤2	>2，≤3	>3		
	分数	5	3	2	0		

职业知识

焊接变形的种类

焊接过程中焊件产生的变形称为焊接变形。焊接变形有纵向收缩变形、横向收缩变形、角变形、弯曲变形、扭曲变形和波浪变形等共六种，见下表。

焊接变形分类表

类型		示意图	说明
板平面内的变形	横向收缩变形		垂直焊接方向的收缩变形
	纵向收缩变形		焊接方向的收缩变形
板平面外的变形	角变形		在板厚方向由于焊接而使温度分布不均匀时，沿板厚方向横向收缩不同，使板件在焊缝中心线处发生弯曲变形，又叫角变形
	弯曲变形		焊接方向偏心收缩引起的变形
	波浪变形		在薄板焊接时，由于焊接产生的压缩残余应力，使板件出现因压缩弯曲形成的变形
	扭曲变形		细长构件，纵向焊缝的横向收缩不均匀或备料与组装质量不良，使构件绕自身轴线扭转

其中焊缝的纵向收缩变形和横向收缩变形是基本的变形形式，在不同的焊件上，由于焊缝的数量和位置分布不同，这两种变形又可表现为其他几种不同形式的变形。

（续）

工件号		评分员签名			合计得分（满分30）		
检查项目	标准、分数	焊缝等级				测量数值	实际得分
		Ⅰ	Ⅱ	Ⅲ	Ⅳ		
焊角直线度 K_2	标准/mm	≤1	>1，≤2	>2，≤3	>3		
	分数	5	3	2	0		
角变形	标准/mm	≤1	>1，≤2	>2，≤3	>3		
	分数	5	2	1	0		
错边量	标准/mm	≤0.5	>0.5，≤1	>1，≤1.5	>1.5		
	分数	5	2	1	0		

步骤三：T形角焊接头弯曲试验

通过弯曲试验，评定T形接头角接焊缝的质量等级，以检验焊接接头拉伸面上的塑性和存在的缺陷。

1. 试样准备

将焊好的工字梁剪裁成如图3-5-1所示的形状和尺寸的试件4个，每副试件做两个弯曲试样，其中2和4是弯曲试样，1和3是备用试样。

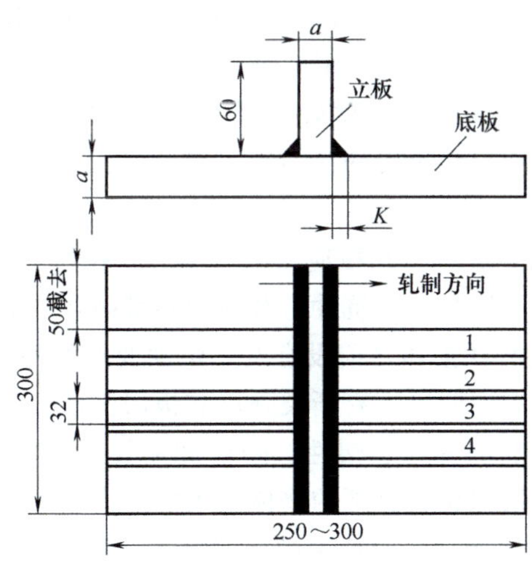

图3-5-1 试件的形状和尺寸

焊件产生纵向收缩变形的焊缝位置

焊件焊后沿平行于焊缝长度方向上产生的收缩变形称为纵向收缩变形。当焊缝位于焊件的中性轴上或数条焊缝分布在相对中性轴的对称位置上，焊后焊件将产生纵向收缩变形。

焊件产生弯曲变形的焊缝位置

如果焊件上的焊缝不位于焊件的中性轴上，并且相对于中性轴不对称（上下、左右），则焊后焊件将会产生弯曲变形。如果焊缝集中在中性轴下方（或下方焊缝较多），则焊件焊后将产生上拱弯曲变形；相反，如果焊缝集中在中性轴上方（或上方焊缝较多），则焊件焊后将产生下凹弯曲变形；如果焊件相对焊件中性轴左、右不对称，则焊后将产生旁弯。焊件产生弯曲变形的焊缝位置见下表。

焊件产生弯曲变形的焊缝位置

图例	说明
	Y形坡口，焊缝不在焊件的中性轴上，重心在焊件中性轴上侧，焊后容易产生角变形
	钢板卷圆后对接，焊缝位于焊件中性轴上侧，焊后产生下凹弯曲变形
	焊缝位于焊件中性轴上侧，焊后产生下凹弯曲变形
	T形梁，焊缝位于焊件中性轴下侧，焊后产生上拱弯曲变形

2. 试验设备与辅具准备

1）液压万能材料试验机。

2）专用弯曲装置。

3. 试验过程

1）试验应在室温下进行，试验前要检查试验机工作是否正常。

2）检查试样的外观质量，是否存在严重的烧伤、尺寸不合格等缺陷，否则，重新取样加工。

3）按照试样登记编号对试样进行核对，并做好记录。

4）把专用弯曲装置固定在试验机上。

5）试样的立板应夹持在导向块的槽内，试样的底板平放在支辊上，通过压头均匀并连续地向试样施加压力，直到弯曲角 α 与 β 之和达到 120°（如图 3-5-2 所示）或试样完全断裂为止。压头下降速度不大于 30mm/min。

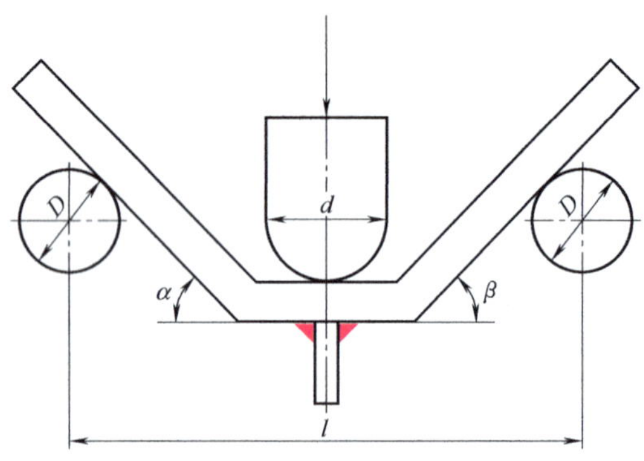

图 3-5-2 试验过程

4. 试验结果处理与评定

（1）试验结果处理 出现下列情况之一时，试验结果无效，允许在原试件上取样重试。

1）试样存在焊接缺陷。

2）试验过程中试验机或专用弯曲装置发生故障。

3）试验人员操作失误。

（2）试验结果评定

1）当任一试样的试验结果不满足相应技术条件要求时，可在原试件上再取两个试样复试一次，复试结果均应满足技术条件。

（续）

图例	说明
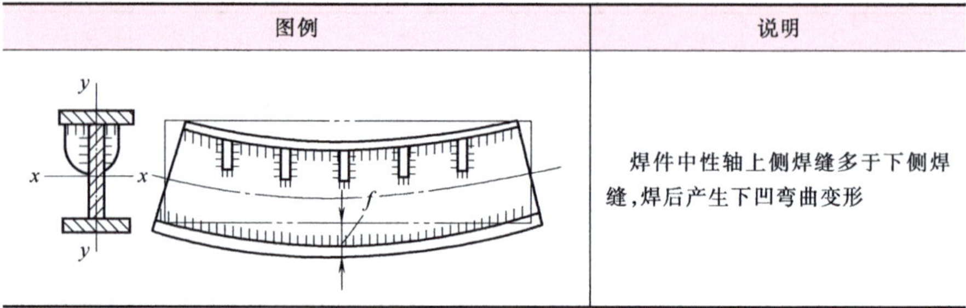	焊件中性轴上侧焊缝多于下侧焊缝，焊后产生下凹弯曲变形

注：表图中，f 为挠度，用以表示弯曲变形量的大小。

力学性能试验概述

力学性能试验通常是指在不同环境（温度、介质、湿度）下，利用外加载荷对试件或焊件进行拉伸、弯曲、冲击、硬度、疲劳和断裂韧性等试验时所表现出的力学特征，一般包括强度、弹性、塑性、韧性、脆性、硬度、疲劳强度等性能指标。

1. 力学性能指标

（1）强度 指金属材料在静载荷作用下抵抗永久变形或断裂的能力，它包括比例极限、屈服强度、抗拉强度或持久极限等。

（2）屈服点或屈服应力 指金属的应力水平。在屈服点以上，当外加载荷撤除后，金属的变形仍然存在，金属材料发生了塑性变形。

（3）弹性 指金属材料在外力消失时，能使材料恢复原先尺寸的特性。钢材在到达弹性极限前的变形是弹性变形。

（4）塑性 指金属材料在载荷作用下产生永久变形而不破坏的能力。塑性变形发生在金属材料承受的应力超过弹性极限之后，当载荷去除时材料保留了一部分变形。

（5）韧性 指金属材料在拉应力的作用下，在发生断裂前有一定塑性变形的特性，表征金属材料抵抗冲击载荷而不被破坏的能力。

（6）脆性 材料在损坏之前没有发生塑性变形的特性，与韧性和塑性相反。脆性材料没有屈服点，有断裂强度和极限强度，且二者几乎一样。

（7）硬度 是材料弹性、塑性、强度和韧性等力学性能的综合指标，表示金属材料表面抵抗比它更硬的物体压入的能力。

（8）疲劳强度 指材料对疲劳破坏的抗力，即在无限多次交变载荷作用下而不破坏的最大应力。

2）试验后应检查试样的破坏情况，对照表 3-5-2 所示的破坏类型进行评级。

表 3-5-2　破坏类型评定等级及说明

等级	破坏示意图	破坏情况说明
0	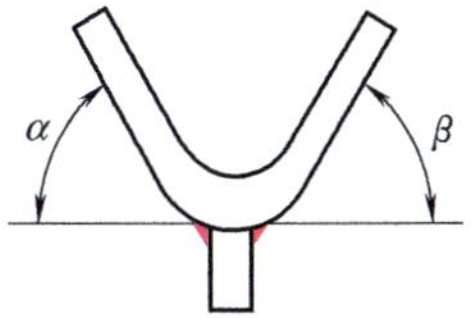 α　β	弯至 120°+5°（α+β）时，无破裂
1	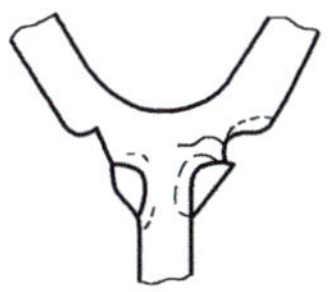	裂纹在角焊缝的焊趾端发生，并沿着熔合区或热影响区扩展而不进入母材
2	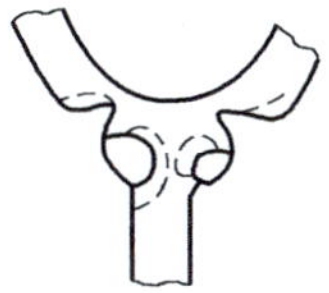	裂纹在角焊缝的焊趾端发生，并沿着熔合区或热影响区扩展一短距离后再进入母材或直接进入母材，但裂纹扩展较缓慢
3	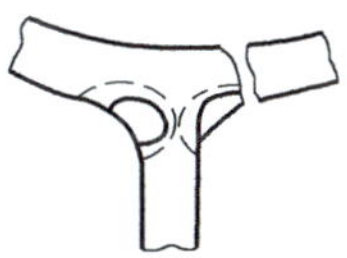	裂纹在角焊缝的焊趾端突然或急剧地发生并直接或垂直扩展进入母材

（9）延展性　指材料在拉应力或压应力的作用下，在断裂前承受一定塑性变形的特性。

2. 力学性能试验分类

（1）拉伸试验　在指定的温度下，材料处于单向、均匀的拉应力状态下的一种试验方法，用于测定焊接接头或焊缝金属的抗拉强度、屈服强度、伸长率和断面收缩率等力学性能指标，评定焊缝或焊接接头的强度和塑性性能。拉伸试验除了检验焊接接头（包括焊缝金属、熔合区、热影响区等）及焊件的强度和塑性之外，还要测定焊缝金属的伸长率等指标，以鉴定焊接材料的性能。

另外，可以通过高温短时拉伸试验来测定耐热钢焊接接头在高温条件下的瞬时强度和塑性指标。为了了解长期在高温下工作的耐热钢焊接接头的性能，还需要进行高温持久强度拉伸试验。

（2）弯曲试验（冷弯试验）　是测定焊接接头弯曲时塑性的一种检验方法，也是检验表面质量的一种方法。它以一定形状和尺寸的试样，在室温条件下被弯曲到出现第一条大于规定尺寸的裂纹时的弯曲角度作为评定标准。冷弯试验可以反映焊接接头各区域的塑性差别，检验焊接接头能否经受一定的冷变形加工，同时还可考核熔合区的熔合质量和检验焊接缺陷，背弯易于发现焊缝根部缺陷。

（3）冲击试验　用来测定焊缝金属或焊件热影响区在受冲击载荷时抵抗折断的能力（韧性）以及脆性转变温度。根据需要可以做常温冲击、低温冲击和高温冲击试验，后两种试验需把冲击试样冷却或加热至规定温度下进行。冲击试样的断口情况对接头是否处于脆性状态的判断很重要，常常被用于宏观和微观断口分析。

（4）硬度试验　利用压头在被测表面留下的清晰压痕来评定硬度大小，间接判断材料的焊接性，了解区域偏析和近缝区的淬硬倾向。常见的硬度为布氏硬度 HBW、维氏硬度 HV 和洛氏硬度 HRC。利用试验压力和压痕面积计算硬度的试验方法有布氏硬度试验和维氏硬度试验；在一定试验压力下，利用压痕深度计算硬度的试验方法为洛氏硬度试验。

（5）疲劳试验　用来测定焊接接头或焊缝金属在对称交变载荷作用下的强度，它常以在一定交变载荷作用下断裂时的应力 σ 和循环次数 N 来表示。疲劳强度试验根据受力不同，可分为抗压疲劳试验、弯曲疲劳试验和冲击疲劳试验等。

（6）断裂韧性试验　用具有裂纹的试样来测定材料抵抗裂纹开裂和扩展能力的一种试验方法。

任务五测评

1. 知识测评

确定本任务关键词，按重要程度进行关键词排序并举例解读，见表 3-5-3。

根据自己对重要信息的捕捉、排序、表达、创新和划分权重能力进行自评，满分 100 分。

表 3-5-3　焊接检测知识测评表

序号	关键词	举例解读	评分自定
1			
2			
3			
4			
5			
总　分			

2. 能力测评

对表 3-5-4 所列作业内容进行评判，操作规范即得分，操作错误或未操作得零分。

表 3-5-4　焊接检测能力测评表

序号	能力点	配分	得分
1	否定项识别	30	
2	焊接检测尺的使用	40	
3	角焊缝的尺寸测量	30	
总分		100	

3. 素养测评

对表 3-5-5 所列素养点进行评判，做到即得分，未做到得零分。

表 3-5-5　H 形钢焊接素养测评表

序号	素养点	配分	得分
1	防护用具穿戴标准	20	
2	焊接检测前焊件处理	20	
3	熔化极气体保护焊安全操作规程	20	
4	焊接检测内容执行是否存在偏差	20	
5	工具、量具等归位，清理工位	20	
总分		100	

4. 拓展训练

（1）焊缝检测尺分几部分？主要用途有哪些？

（2）长度方向与焊缝轴线近似平行的非球形的长气孔属于什么气孔？

（3）力学性能指标有哪些？

大国工匠的故事

"稳、准、匀"——"焊接巧匠"高凤林的故事之一（中国高技能人才楷模，中国航天科技集团公司第一研究院特种熔融焊接特级技师）

高凤林进入技校时，老师就说："如果有一天，你们中的哪一位能够成为火箭发动机的焊工，那就是我们当中的英雄了。"两年后，高凤林竟被破格分到火箭发动机车间工作，而且是发动机车间的书记、工段长、组长一起看中的。

与许多学生一样，高凤林第一次拿起焊枪时也很不顺手，并被突然闪出的弧光吓了一跳，结果下意识一提焊枪，连焊条都掉了。他放下面罩，关掉电源，一屁股坐在地上，半天没有再动一下。等回过神来，他拿出一支笔和笔记本，在上面认真地记录着什么，接着去看师傅的操作，再去看其他师傅的操作，然后回到自己工位上先模拟操作一遍，想一想，又模拟一遍，又在纸上写几下，再模拟一遍。最后可以操作了：打开电源，拿起面罩和焊枪，深吸一口气，高凤林焊下了人生中的第一条焊缝。而这恰好被路过的工段长看见，他好奇地拿起高凤林的笔记本，只见上面写着：焊接操作规程……自己操作时的心理变化……师傅和同学们的操作特点……最后是三个大大的字和三个大大的惊叹号——"稳！""准！""匀！"。

工段长心里暗暗叫好：这个学生了不得，第一次实习就知道自己思考、感悟焊接的基本要领，是个好苗子。放下本子，工段长看了眼高凤林焊的焊缝，叹了口气，然后拿起焊枪在旁边焊了一道焊缝就走了。高凤林看了看两道截然不同的焊缝，沉默了……实习期间，高凤林几乎将所有的时间都用在车间里，做了车间里几乎所有的杂事，成了车间几乎所有师傅的徒弟。别的同学打球、玩耍，他却手握红砖，伸直胳膊独自站在烈日下，任由汗水在脸上、身上肆意流淌……

后来，他成了"中国十大高技能人才楷模"之一。

项目四　焊接工位操作架制作

学习目标

1. 能够掌握焊接图样中标注的含义。
2. 能够根据图样划分部件并制定加工任务。
3. 能够掌握控制整体焊接结构尺寸的工艺措施。
4. 能够合理制定熔化极气体保护焊药芯焊丝焊接工艺。
5. 能够掌握结构件焊接检测方法。

项目描述

焊接工位操作架是焊工进行焊接操作训练的基础平台，同时在实际生产中起到辅助工装夹具的作用，有利于焊接平稳操作和减轻劳动强度。根据国家职业标准对焊接培训及焊工大赛考核项目规定，焊接工位操作架需要满足板材夹持的四个位置（平焊、立焊、横焊、仰焊）、管材夹持的三个位置（垂直、水平和斜45°位置）的焊接。本项目以焊接工位架为载体，融入了管板对接、角接等多种焊缝的焊接方法，能够让学生掌握结构件制造的全部流程。

焊接工位操作架

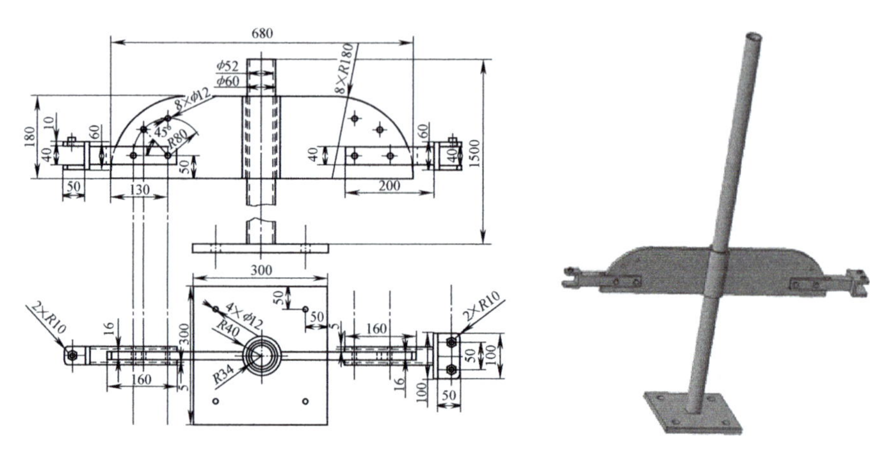

项目计划

根据焊接工位操作架的制作要求，将本项目分成5个加工任务。任务一图样识读：小组成员利用2学时完成装配图的识读与零件图的绘制，明确加工任务。任务二焊前工件制备：小组成员利用2学时完成工件制备任务，本项目涉及的原材料主要是板材与管材，选用材质为Q235，板材下料及坡口加工采用半自动火焰切割机，管材下料采用无齿锯，方管加工采用数控线切割机，学生分组进行工艺编制并实施。任务三部件装配与点固：小组成员利用2学时进行装配，由于焊缝长度小，板材与管材厚度大，焊后变形量较小，并且结构相对复杂，可将其分解为若干个部件，采取先焊接后组装的方式。任务四焊接工艺制定及实施：小组成员利用18学时完成本任务的内容，根据结构特点，要考虑到焊接变形的控制等问题，编制焊接工艺并实施。任务五焊接检测：小组成员利用6学时进行焊接检测，根据缺陷提出返修工艺。本项目具体学时分配如图4-1所示。

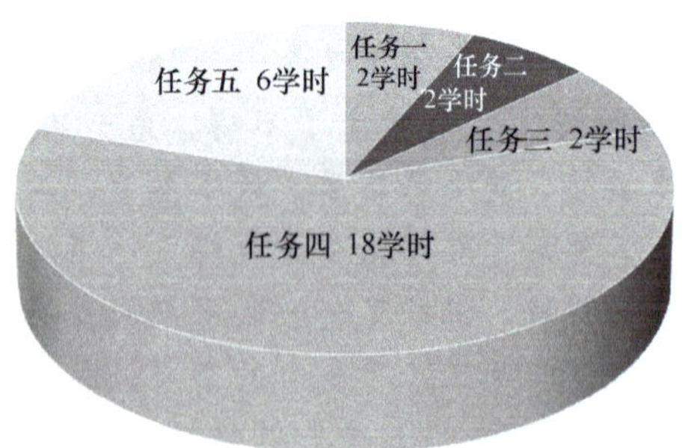

图4-1　学时分配

任务一　图样识读

职业活动

步骤一：根据图样绘制零件图

本项目底座采用厚度为 20mm 板材，横梁采用厚度为 16mm 板材，支管采用 ϕ60mm×5mm 的管材，套管采用 ϕ80mm×6mm 的管材，夹具采用 40mm×40mm×5mm 的方管和厚度为 10mm 的板材进行制作。

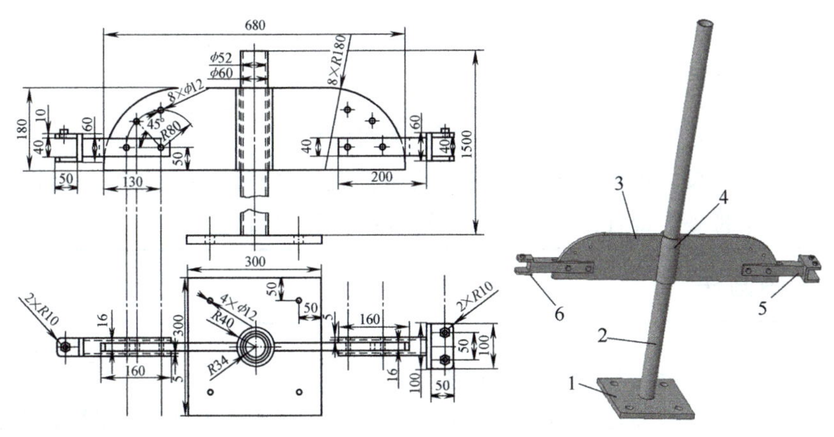

图 4-1-1　焊接工位操作架

1—底座　2—支管　3—横梁　4—横梁套管　5—板材夹具　6—管材夹具

1. 通过图样划分部件，确定下料尺寸以及数量

通过图 4-1-1 能够确定焊接工位操作架可以分解为 4 个部件，分别为底座与支管构成焊接工位架主体、横梁与横梁套管构成横梁主体、管材夹具和夹板夹具。

焊接工位架主体：底座尺寸为 300mm×300mm×20mm，支管采用长度为 1500mm，ϕ60mm×5mm 的管材。

横梁主体：横梁板材尺寸为 300mm×180mm×16mm×2 块，横梁套管采用长度为 180mm，ϕ80mm×6mm 的管材。

管材夹具：方管尺寸为 40mm×40mm×5mm，长度为 200mm，板材尺寸为 60mm×40mm×10mm 一块，50mm×40mm×10mm 两块。

职业知识

装配图

定义	装配图是表达机器或部件的工作原理、运动方式、零件间的连接及其装配关系的图样，它是生产中的主要技术文件之一。 在对现有的机器和部件检修工作中，装配图是必不可少的技术资料。在技术革新、技术协作和商品市场中，也常用装配图样体现设计思想、交流技术经验和传递产品信息。 装配图的作用与内容
作用	在产品或部件的设计过程中，一般是先设计画出装配图，然后再根据装配图进行零件设计，画出零件图；在产品或部件的制造过程中，先根据零件图进行零件加工和检验，再依据装配图所制定的装配工艺规程将零件装配成机器或部件；在产品或部件的使用、维护及维修过程中，也经常要通过装配图来了解产品或部件的工作原理及构造。
简介	装配图是表达机器或部件的图样，主要表达其工作原理和装配关系。在机器设计过程中，装配图的绘制位于零件图之前，并且装配图与零件图的表达内容不同，它主要用于机器或部件的装配、调试、安装、维修等场合，也是生产中的一种重要的技术文件，具有较强的逻辑性。

板材夹具：方管尺寸为40mm×40mm×5mm，长度为200mm，板材尺寸为60mm×40mm×10mm一块，50mm×40mm×10mm两块。

记录尺寸，绘制零件图。

2. 零件图绘制（见表4-1-1）

表4-1-1 焊接工位操作架零件图汇总

部件	零件	数量	图样
焊接工位架主体	底座 001	1	300；20；300；50；50；4×φ12
	支管 002	1	1500；R30；R26
横梁主体	横梁板材 003	2	180；4×φ12；R180；R80；45°；50；130；300
	横梁套管 004	1	180；2×φ12；φ80；φ68

装配图

内容	一组视图 一组视图正确、完整、清晰地表达产品或部件的工作原理、各组成零件间的相互位置和装配关系及主要零件的结构形状。
	必要的尺寸 标注出反映产品或部件的规格、外形、装配、安装所需的必要尺寸和一些重要尺寸。
	技术要求 在装配图中用文字或国家标准规定的符号注写出该装配体在装配、检验、使用等方面的要求。
	零件、部件序号、标题栏和明细栏 按国家标准规定的格式绘制标题栏和明细栏，并按一定格式将零、部件进行编号，填写标题栏和明细栏。

装配图画法

装配图规定画法	接触面与配合面的画法 零件间接触面、配合面的画法：相邻接触面和配合面，只画一条轮廓线。两零件表面不接触时，无论间隙大小，均要画成两条轮廓线。  装配图画法的一般规定
	装配图中剖面符号的画法 装配图中相邻两个金属零件的剖面线，必须以不同方向或不同的间隔画出。 同一零件的剖面线方向、间隔必须完全一致。
	剖面符号画法 装配图中，对于紧固件及轴、球、手柄、键、连杆等实心零件，若沿纵向剖切且剖切平面通过其对称平面或轴线时，这些零件均按不剖绘制。如需表明零件的凹槽、键槽、销孔等结构，可用局部剖视表示。

（续）

部件	零件	数量	图样
管材夹具	方管 005	1	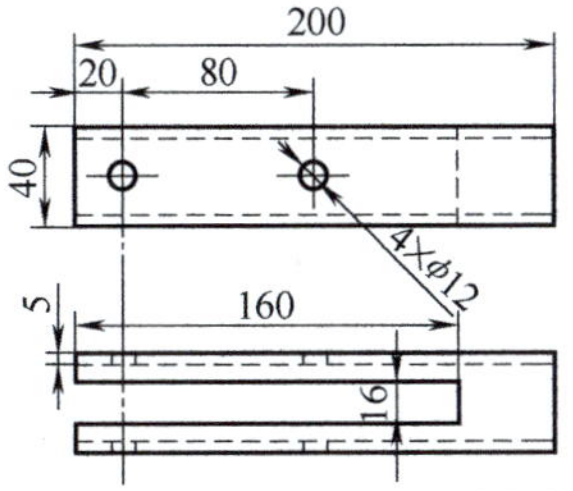
	板材 006	1	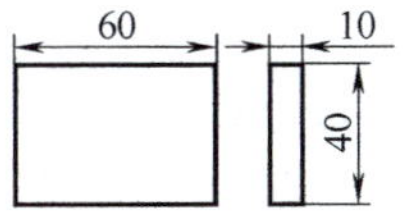
	板材 007	1	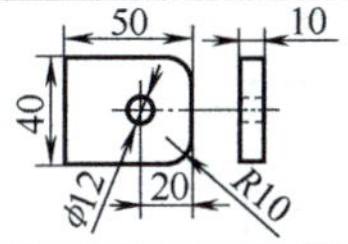
	板材 008	1	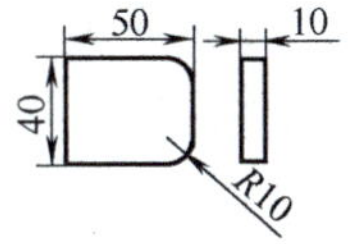
板材夹具	方管 009	1	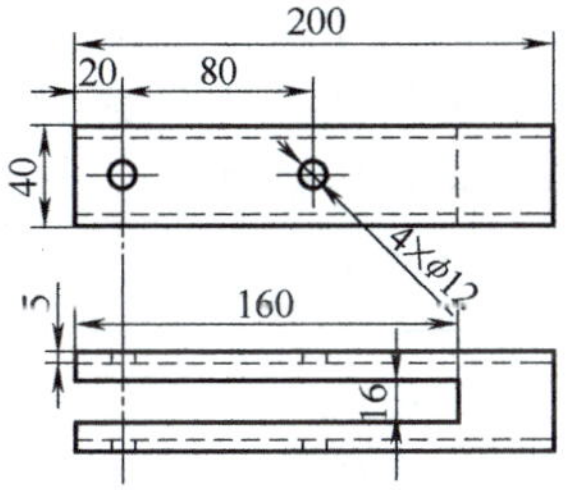
	板材 010	1	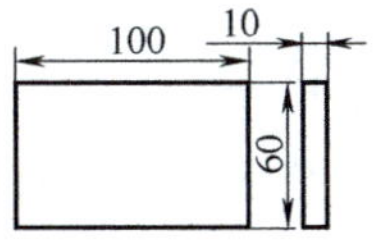
	板材 011	1	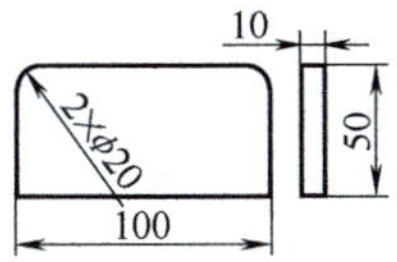

装配图画法

特殊画法	拆卸画法 在装配图的某一视图中，为表达一些重要零件的内、外部形状，可假想拆去一个或几个零件后绘制该视图。
	假想画法 在装配图中，为了表达与本部件存在装配关系但又不属于本部件的相邻零、部件时，可用双点画线画出相邻零、部件的部分轮廓。在装配图中，当需要表达运动零件的运动范围或极限位置时，也可用双点画线画出该零件在极限位置处的轮廓。
	单独表达某个零件的画法 在装配图中，当某个零件的主要结构在其他视图中未能表示清楚，而该零件的形状对部件的工作原理和装配关系的理解起着十分重要的作用时，可单独画出该零件的某一视图。
	简化画法 在装配图中，对于若干相同的零、部件组，可详细地画出一组，其余只需用点画线表示其位置即可。 在装配图中，零件的工艺结构，如倒角、圆角、退刀槽、拔模斜度、滚花等均可不画。
	夸大画法 在装配体中常遇到一些很薄的薄片、细丝的弹簧、零件间很小的间隙和锥度较小的锥销、锥孔等，若按它们的实际尺寸画出来就很不明显，因此在装配图中允许它们夸大画出。
	展开画法 为了表示部件传动机构的传动路线及各轴之间的装配关系，可按传动顺序沿轴线剖开，将其展开画出。

装配图画法绘制技巧

拟定表达方案	选择主视图 画装配图时，部件大多按工作位置放置。主视图方向应选择反映部件主要装配关系及工作原理的方位，主视图的表达方法多采用剖视的方法。

（续）

部件	零件	数量	图样
板材夹具	板材012	1	2×ϕ20　2×ϕ12　10　50　100

步骤二：确定工作任务

1. 根据图样及材料确定下料工艺

根据零件图的绘制能够确定，本项目需要的板材外轮廓规整，可采用数控火焰切割机进行下料；圆管和方管采用无齿锯进行切割，方管内部切割采用线切割加工；所有孔采用钻床加工。

2. 制定装配工艺

焊接工位操作架结构稍复杂，先将其分解为前面所述的四个部件进行焊接，最后进行组装。

3. 制定焊接工艺

本项目采用的焊接方法是136（药芯焊丝熔化极气体保护焊），根据板材的厚度选择焊接电流、焊接电压等相应参数，制定焊接工艺卡，教师检查无误后进行施焊。

4. 焊后检测

根据工件的结构及焊缝的位置，制定焊接检测工艺。

装配图画法绘制技巧

拟定表达方案	选择其他视图 其他视图的选择以进一步准确、完整、简便地表达各零件间的结构形状及装配关系为原则，因此多采用局部剖、拆去某些零件后的视图、断面图等表达方法。
装配图画图步骤	第一步：选比例，定图幅，画出作图基准线。
	第二步：在基本视图中画出各零件的主要结构部分。
	第三步：绘制部件中的连接、密封等装置的投影。
	第四步：标注必要的尺寸，编序号，填写明细表和标题栏，写技术要求。
装配图需要标注的五种必要尺寸	特征尺寸 特征尺寸是表示装配体的性能或规格的尺寸，这类尺寸是在装配体设计前就已确定的。
	装配尺寸 装配尺寸是与装配体质量有关的尺寸。它包括：配合尺寸，它是表示两个零件之间配合性质的尺寸，一般用配合代号注出；相对位置尺寸，它是表示相关联的零件或部件之间较重要的相对位置尺寸。
	安装尺寸 将装配体安装到其他部件或地基上时，与安装有关的尺寸。
	外形尺寸 表示装配体的总长、总宽和总高的尺寸。
	其他重要尺寸 对实现装配体的功能有重要意义的零件结构尺寸或者运动件运动范围的极限尺寸。

任务一测评

1. 知识测评

确定本任务关键词，按重要程度进行关键词排序并举例解读，见表 4-1-2。

根据自己对重要信息的捕捉、排序、表达、创新和划分权重能力进行自评，满分 100 分。

表 4-1-2　焊接工位操作架图样分析知识测评表

序号	关键词	举例解读	评分自定
1			
2			
3			
4			
5			
总分			

2. 能力测评

对表 4-1-3 所列作业内容进行评判，操作规范即得分，操作错误或未操作得零分。

表 4-1-3　焊接工位操作架图样分析能力测评表

序号	能力点	配分	得分
1	焊接工位操作架尺寸测量	20	
2	焊接工位操作架零件图绘制	30	
3	制定焊接工位操作架制作任务	30	
4	材料制备方法的合理选择	20	
总分		100	

3. 素养测评

对表 4-1-4 所列素养点进行评判，做到即得分，未做到得零分。

表 4-1-4　焊接工位操作架图样分析素养测评表

序号	素养点	配分	得分
1	绘图过程中的空间想象能力	20	
2	三视图识读的熟练程度	20	
3	一丝不苟、严谨的工作作风（尺寸测量中的误差）	20	
4	尺规等绘图工具使用的熟练程度	20	
5	徒手作图的熟练程度	20	
总分		100	

4. 拓展训练

试根据下图绘制三视图。

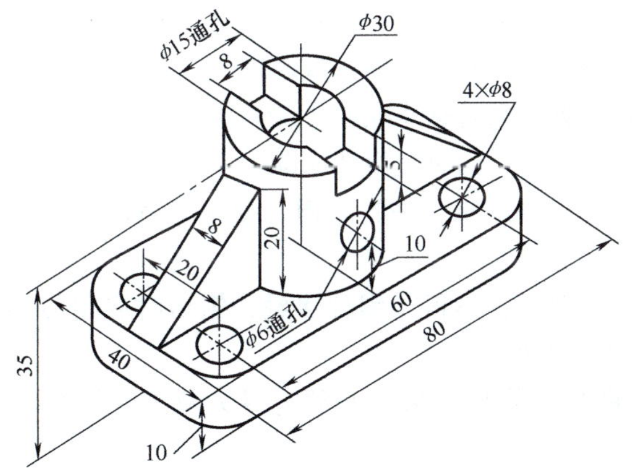

任务二　焊前工件制备

职业活动

步骤一：下料准备

1. 材料检查

施工前操作人员预先熟悉零件，见表 4-1-1，确定下料尺寸以及数量，根据下料清单要求，确定材质为 Q235。本项目焊前工件制备对细节精度要求较高，例如孔径的尺寸，方钢开槽加工尺寸等，为了保证加工尺寸精度，板材外轮廓采用数控火焰切割机切割，圆管和方管采用无齿锯切割，开孔采用钻床加工，方钢开槽采用数控线切割加工。

2. 数控火焰切割机设备检查

参照项目一任务二中数控火焰切割机设备检查内容。

3. 无齿锯操作前准备工作

1）无齿锯使用前，应认真检查各部件是否松动，锯片有无残缺和裂纹。

2）无齿锯安全防护罩要牢固可靠。

3）使用无齿锯必须使用漏电保护器。

4）操作者应确保劳保防护用品佩戴齐全，戴好防护镜或面罩类用品。

5）切割使用时，锯片前要用木板遮挡，以防止锯片破碎伤人。

6）酒后禁止进行无齿锯作业。

7）无齿锯不用时，应及时切断电源。

8）锯件时要放置平稳，夹持牢固，锯件不得超过规定范围。严禁脚踩锯件。

9）无齿锯起动前，不得与锯件接触，锯切时应用力均匀，不可用力过猛，锯切过程中不得停止。

10）更换锯片与管理无齿锯必须有专人负责，轴孔不适合不得勉强安装。

4. 钻床操作前准备工作

1）检查线路、电源开关（绿色为起动按钮，红色为停止按钮）是否正常，各操作手柄、旋扭是否在正确位置，操纵是否灵活，安全装置是否齐全、可靠，周围安全通道是否通畅。

职业知识

台式钻床

台式钻床简称台钻，是指可安放在作业台上，主轴竖直布置的小型钻床。台式钻床钻孔直径一般在 13mm 以下，一般不超过 25mm。其主轴变速一般通过改变 V 带在塔型带轮上的位置来实现，主轴进给靠手动操作。

台式钻床

台式钻床的组成部分

主轴架的前端是主轴，后端是电动机。主轴与电动机之间由 V 带传动。

主轴的下端有锥孔，用以安装钻头或钻夹头。主轴转速可通过改变 V 带在带轮上的位置来调节。台式钻床主轴的进给是手动的。

立柱用以支持主轴架及工作台，也是调节主轴架及工作台高度的导向柱。

工作台用于装夹工件。

机座用于支持台式钻床的其他部分。

此外，还有锁紧手柄、锁紧螺钉；定位环，用以固定主轴架及主轴架定位。

台式钻床钻孔直径一般在 13mm 以下，最小可以加工直径小于 1mm 的孔。由于加工的孔径较小，台式钻床的主轴转速一般较高，最高的转速接近 10000r/min。台式钻床小巧灵活，使用方便，主要用于加工小型零件上的各种小孔，在仪表制造、钳工和装配中用得最多。

2）仔细检查钻夹头、钻套，不可松动，根据加工材料的孔径、材质，选用合适的钻头。

3）装夹钻头，用钻夹头专用扳手旋转钻夹头外壳，把钻头塞入钻夹头，并使钻头处于中心位置，然后用钻夹头专用扳手顺时针方向旋紧钻头；对于锥柄钻头，可以通过变径套或直接装入主轴锥孔。

4）将工作台升到合适高度后通过锁紧手柄可靠固定，要保证工作台避空处正对钻头。

5）将工件通过平口钳等可靠固定到工作台上。

6）如有异常需报告生产主管，请维修人员进行维修。

5. 数控线切割操作前准备工作

1）开机之前检查各丝杠、螺母、拖板导轨及各传动部件，如需清洗，使用干净煤油清洗。将滚珠保持架放在导轨的中间位置，在全行程上摇动手柄，手感轻重一致即可（在未松开拖板锁紧机构时，切不可摇动手柄）。

2）将框式水平仪放置在 Y 向拖板上，利用床身底部的调整螺钉调整机床的安装水平，在纵、横方向偏差均不得超过 0.04/1000mm，最后检查有无空脚。

3）按机床润滑要求润滑各部位。

4）检查各电器部件是否松动，如发现松动必须将其固定牢固。如有断线和部件脱落，应及时通知设备管理维修人员。

5）数控线切割机床控制电源采用的是三相四线制，额定电压为 380V±10%，50Hz，24V 电源及控制器输入额定电压为 220V±10%，50Hz。应注意电源电压须控制在额定电压的±10%范围内，必要时，可增设交流稳压器。

6）高频电源的负极要接在线架的导电块上，不允许接在其他地方。

7）机床的保护接地点，必须按规定接好接地线，以防发生事故。

8）置各控制开关处于关闭位置，正确连接控制器、高频脉冲电源、24V 电源及机床各插头座，并检查是否连接可靠。

6. 检验及标识工具

钢直尺、卷尺、石笔、记号笔、焊缝检验尺等。

台式钻床安全操作规程

台式钻床转速及张紧力的调节

使用前要检查钻床各部件是否正常。

钻头与工件必须装夹紧固，不能用手握住工件，以免钻头旋转引起伤人事故以及设备损坏事故。

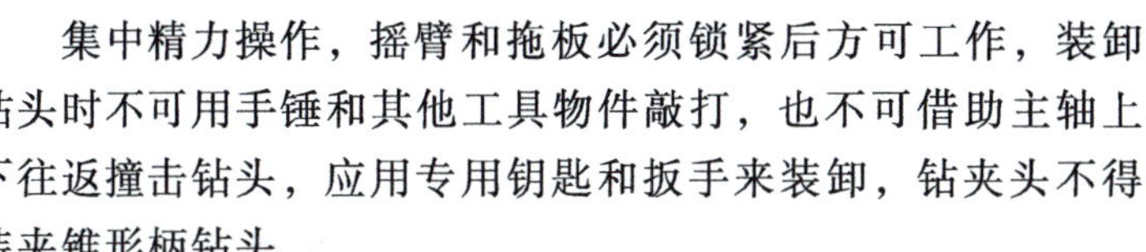

集中精力操作，摇臂和拖板必须锁紧后方可工作，装卸钻头时不可用手锤和其他工具物件敲打，也不可借助主轴上下往返撞击钻头，应用专用钥匙和扳手来装卸，钻夹头不得装夹锥形柄钻头。

钻薄板需加垫木板，当钻头快要钻透工件时，要轻施压力，以免折断钻头、损坏设备或发生意外事故。

钻头在运转时，不能戴手套操作，禁止用棉纱和毛巾擦拭钻床及清除铁屑。工作结束后钻床必须擦拭干净，切断电源，零件堆放及工作场地保持整齐、整洁。

电火花线切割加工原理

电火花线切割加工也是通过电极和工件之间脉冲放电时的电腐蚀作用，对工件进行加工的一种工艺方法。加工原理如下图所示。在加工中，线电极以一定的速度不断地运动（即走丝运动），工件安装在工作台上，由数控伺服电动机驱动，在 X、Y 坐标方向实现切割进给，使线电极沿着加工轨迹对工件进行切割加工。电蚀产物则由循环流动的工作液带走。

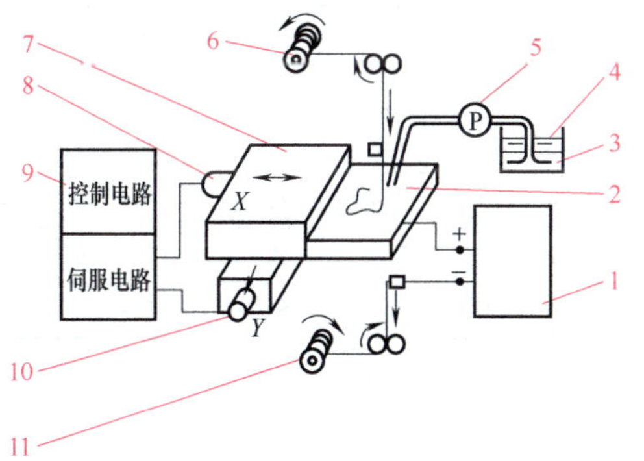

1—脉冲电源　2—工件　3—工作液　4—去离子水　5—泵　6—放丝卷筒　7—工作台　8—X 轴电动机　9—数控装置　10—Y 轴电动机　11—收丝卷筒

步骤二：数控火焰切割机操作

1. 绘制图样编辑程序

表 4-1-1 所绘制的零件图中，需要采用数控火焰切割的是底座 001、横梁板 003、板材 006、板材 007、板材 008、板材 010、板材 011 和板材 012。利用软件绘制出板材的轮廓图样，用 U 盘导入数控火焰切割机转换成切割程序。

2. 上料

在进行火焰切割时，将钢板吊至气割平台上，调整钢板单边两端头与导轨的平行距离差在 5mm 范围内。

3. 编程

将拷贝好的程序插入 USB 接口中，打开程序，检查程序图名称是否与下料清单中的图样相符合；调整割枪的距离，确定后拖量，选择合理的切割参数（切割参数包括割嘴号、气体压力、切割速度和预热火焰的能量等，见表 4-2-1），同时检查割嘴气体的通畅性。

表 4-2-1　切割参数

割嘴号	切割氧孔径/mm	切割厚度/mm	割缝半径/mm	预热时间/s	切割速度/(mm/min)	气体压力/Pa	
						氧气	乙炔
0#	0.8	5~10	1	10-13	600~450	0.2~0.4	>0.03
1#	1.0	10~20	1.2	12~15	480~380	0.2~0.4	>0.03
2#	1.2	20~30	1.4	14~17	400~320	0.25~0.45	>0.03
3#	1.4	30~50	1.7	16~19	350~380	0.25~0.45	>0.03
4#	1.6	50~70	2	18~25	300~240	0.3~0.5	>0.04
5#	1.8	80~90	2.2	24~32	260~200	0.3~0.5	>0.04
6#	2.0	90~120	2.4	21~42	210~170	0.4~0.6	>0.04
7#	2.4	120~160	2.9	40~60	180~140	0.5~0.8	>0.05
8#	2.8	160~200	3.3	50~80	160~200	0.6~0.9	>0.05

4. 切割前清理

气割前去除钢材表面的污垢、油脂等，并在下面留出一定的空间，以利于熔渣的吹出。气割时，割炬的移动应保持匀速，割件表面距离焰心尖端以 2~5mm 为宜，距离太近会使切口边沿熔化，太远热量不足，易使切割中断。

数控电火花线切割加工机床的组成

数控电火花线切割加工机床主要由机械装置、脉冲电源、工作液供给系统和数控系统组成。

<table>
<tr><td rowspan="2">机械装置</td><td>工作台：数控线切割机床常采用 X、Y 轴移动工作台，又称为十字工作台，主要功用是安装工件并相对线电极进行插补运动。工作台由驱动电动机、导轨与拖板、丝杠传动副工作台面和工作液盛盘等组成。</td></tr>
<tr><td>走丝机构：分为快走丝机构和慢走丝机构。
快走丝机构的电极丝整齐地卷绕在储丝筒上，储丝筒由电动机带动，电极丝从储丝筒一端经丝架上的上导轮定位后，穿过工件，再经过下导轮返回到储丝筒另一端。加工时，电极丝在上、下导向轮之间做高速往返运动。
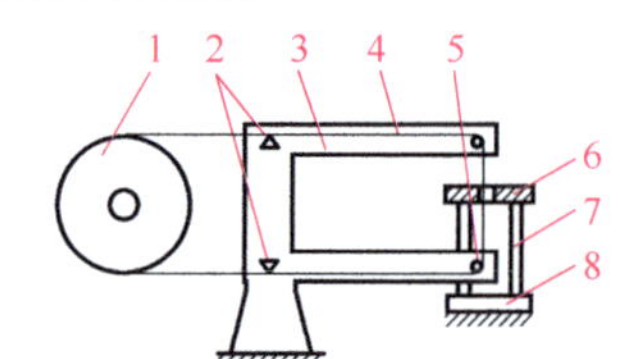

1—储丝筒　2—导向器　3—丝架　4—线电极　5—导轮　6—工件　7—夹具　8—工作台
慢走丝机构的电极丝只做单向运动，电动机带动供丝筒转动，电极丝只一次性通过加工区域，已用过的电极丝被收丝轮绕在废丝轮上。如右图所示。
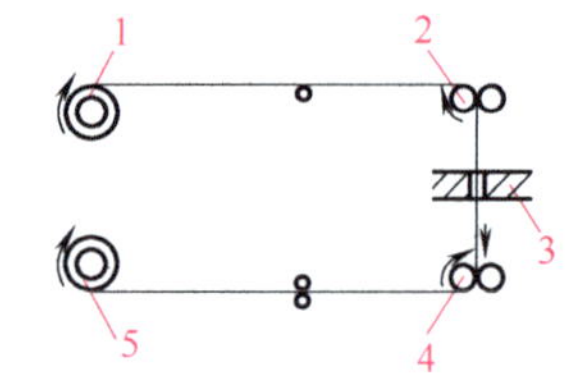

1—供丝筒　2—张力轮　3—工件　4—速度轮　5—收丝筒</td></tr>
<tr><td>脉冲电源</td><td>脉冲电源是数控线切割机床重要的组成部分，是决定线切割加工工艺指标的关键部件。</td></tr>
<tr><td>工作液供给系统</td><td>工作液供给系统主要由电泵、液箱、管路、阀（开关）、喷嘴及过滤器等组成。喷嘴设置在线架的上、下导轮处，带有压力的工作液从上、下喷嘴同时喷向工件，水柱包围着加工区域的电极丝。用过的工作液经回收管路及过滤装置后，流回液箱中循环使用。</td></tr>
</table>

5. 切割操作

开始切割，时刻注意切割状态并对首件切割工件进行自检，合格后方能进行批量切割。在进行厚板气割时，割嘴与工件表面保持垂直，待整个断面割穿后移动割嘴转入正常气割，气割将要到达工件终点时应略放慢速度，使切口下部完全割断。

步骤三：钻床操作

1. 确定转孔位置及尺寸

表 4-1-1 所绘制的零件图中，需要钻孔的零件是底座 001、横梁板 003、横梁套管 004、方管 005、方管 009、板材 007 和板材 012。

2. 转床操作步骤

按照表 4-1-1 所示零件图中开孔的位置以及孔径，在工件上用样冲标记转孔的中心位置，用样冲标记时一次成型，禁忌重复标记。标记后用平口钳加紧工件，工件下方用木皮等垫实，如图 4-2-1 所示。

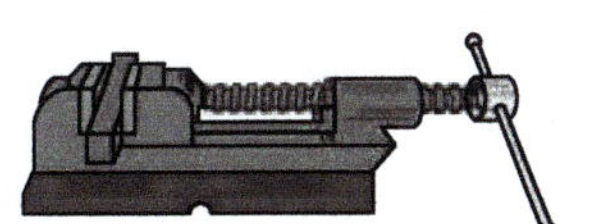

图 4-2-1　平口钳夹持工件示意图

将绿色起动按钮按下，机床主轴运转，低速运转 3~5min 检查主轴转动方向，确认正常后方可开始工作；选择旋转速度和进给速度，转动进给手柄，在钻头刚接触工件时，要轻轻用力，以防工件转动或被甩出；钻头要匀速下降，孔即将钻穿时，要减小压力与进给速度；在钻孔操作过程中，要认真观察机床钻孔运转状态，视线不得离开工件；工件加工完毕，匀速转动进给手柄，使钻头抬高至顶部；按下红色停止按钮，切断电源，机床主轴停止运转；待主轴转动完全停止后，取下工件，并摆放整齐；利用钻夹头专用扳手取下钻头，并放置妥当。

步骤四：数控线切割操作

1. 开启机床

开启机床总电源开关 SQ，同时将控制器 24V 步进电源及高频电源三个开关也开启，此时控制面板上的三个指示灯皆亮，整台机床处于开启状态。

2. 编程

线切割加工过程为 *A-B-C-D*，如图 4-2-2 所示，由 *A* 点开始切割，至 *D* 点切割结束，编程过程中以直线的起点为原点建立直角坐标系，加工程序见表 4-2-2。

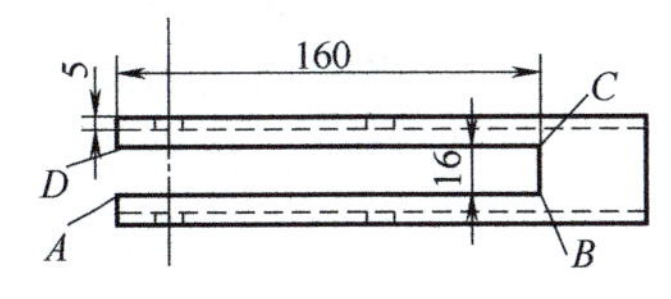

图 4-2-2　方管线切割加工示意图

数控系统	线切割数控装置除具有最基本的轨迹控制功能外，还具有加工过程的最优控制功能、操作自动化功能、故障分析及安全检查等功能。

数控电火花线切割程序编制

数控电火花线切割机床可以使用线切割机床专用的 3B、4B 程序格式编程，也可以使用自动编程语句进行编程。其中，4B 格式与 3B 格式比较，4B 程序格式在圆弧程序（或引导线程序）中增加了圆弧半径 *R*（或锥度切割比例）及补偿标志 D 或 DD，从而增加了间隙补偿功能及锥度补偿功能，其余程序编制及计算与 3B 格式是基本相同的。我国生产的数控电火花线切割机床多数采用 3B 程序。

3B 指令编程

程序格式

程序编制必须符合一定的格式，3B 指令是一种使用分隔符的程序段格式，具体见下表。

3B 程序格式

B	X	B	Y	B	J	G	Z
分隔符	*X* 坐标值	分隔符	*Y* 坐标值	分隔符	计数长度	计数方向	加工指令

其中　B——分隔符，它的作用是将 X、Y、J 的数码分隔开；

X——*X* 轴坐标的绝对值，单位为 μm；

Y——*Y* 轴坐标的绝对值，单位为 μm；

J——加工线段的计数长度，单位为 μm；

G　加工线段计数方向，分为按 *X* 方向记数（G_X）和按 *Y* 方向计数（G_Y）；

Z——加工指令。

坐标系

坐标系采用 *XOY* 平面直角坐标系。加工不同的基本轨迹（直线或圆弧）时，应取不同的坐标原点，但 *X*、*Y* 坐标轴的方向不变，只是坐标平移。加工斜线 *ab* 时，如右图所示，坐标原点取在斜线的起点 *a*；加工圆弧 *bc* 时，坐标原点取在圆心 O_1；加工直线 *cd* 时，坐标原点取在直线的起点 *c*。

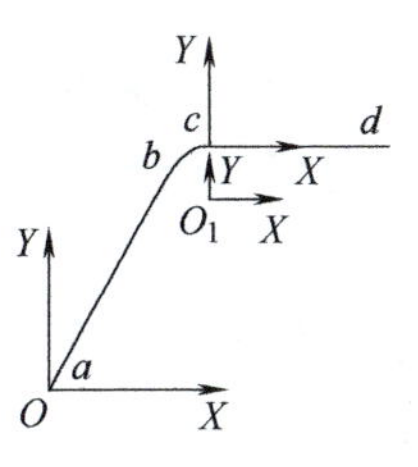

表 4-2-2　线切割加工程序表

序号	加工段	B	X	B	Y	B	J	G	Z
1	*A*→*B*	B	1600000	B	0	B	1600000	GX	L1
2	*B*→*C*	B	0	B	160000	B	160000	GY	L2
3	*C*→*A*	B	1600000	B	0	B	1600000	GX	L3

将编好的 3B 格式程序输入控制器。

3. 工件装夹找正

用螺钉和夹板直接把工件装夹在台面上，如图 4-2-3 所示的悬臂式支撑。由于工件的装夹要求不高，可借助直角尺，使工件的侧边与工作台的 *Y* 轴平行。

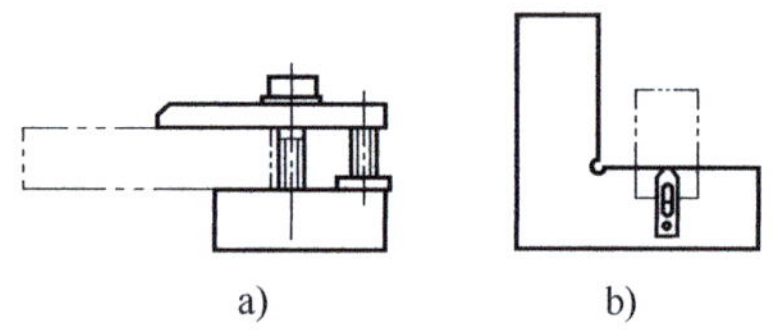

图 4-2-3　工件装夹示意图

4. 穿电极丝

电极丝穿装好时应紧钼丝 1～2 遍，紧丝时用力要均匀。

5. 起动运丝电动机

按下高频电源绿色开关，起动运丝电动机。

6. 打开冷却泵调节喷水量

打开冷却泵时应先把阀门调至关闭状态，然后逐渐加大调至上、下喷水柱包容电极丝即可。

7. 开高频选择电参数

用户可根据对切割效率或表面粗糙度等要求来选择，电极丝切入时应把脉冲间隔相位拉开，待切入稳定时再调节脉冲间隔，使加工电源满足要求。

3B 指令编程

计数与计数方向

选取 X 拖板方向进给总长度进行计数的称为计 X，用 G_X 表示；选取 Y 拖板方向进给总长度来进行计数的称为计 Y，用 G_Y 表示。为了保证加工精度，必须正确选择计数方向。如下图 a 所示，当被加工的斜线在阴影区域内，计数方向取 G_Y，否则取 G_X；如下图 b 所示，当圆弧的加工终点落在阴影部分，计数方向取 G_X，否则取 G_Y。

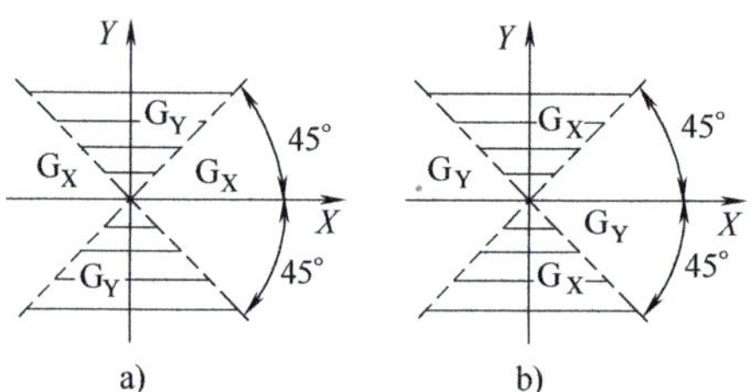

计数长度

数码 J 表示某一个加工轨迹从起点到终点在计数方向拖板移动的总距离，称为计数长度。换句话说，计数长度就是被加工圆弧（或直线）在计数方向上投影长度总和。计数长度的计算，如下图所示。

（1）X、Y、J 数值均以 μm 为单位。程序编制的计算误差应小于 1μm。

（2）加工指令 Z 共有 16 种，如下图所示，确定了被加工圆弧（或直线）的性质。

a)　　b)

当被加工的斜线在Ⅰ、Ⅱ、Ⅲ、Ⅳ象限时，分别用 L1，L2，L3，L4 表示，如下图 a 所示。对于平行坐标轴方向的直线段，为了区别于一般的斜线，称其为直线。根据进给方向，直线加工指令的选择按下图 d 的规定，且此时程序中应取 X＝Y＝0。

当被加工的圆弧在Ⅰ、Ⅱ、Ⅲ、Ⅳ象限，加工按顺时针方向运动时，分别用 SR1、SR2、SR3、SR4 表示，如下图 b 所示；当被加工的圆弧在Ⅰ、Ⅱ、Ⅲ、IV 象限，加工按逆时针方向运动时，分别用 NR1、NR2、NR3、NR4，如下图 c 所示。

8. 开始加工

将控制柜上的波段开关旋到自动加工档，启动程序运行，即开启 X、Y 的进给开关；进入切割时，调节电位计旋钮，观察机床电源表使指针稳定。

9. 加工结束

加工结束时，应先关闭脉冲电源，接着关闭水泵电源，最后关闭运丝筒开关。

步骤五：焊前清理

1. 火焰切割工件焊前清理

参照项目一任务二中火焰切割后工件清理内容。

2. 钻床加工工件焊前清理

钻孔后的工件一般正面不需清理，但是工件背面会有毛刺，如图 4-2-4 所示。若毛刺不清理，在装配过程中会影响装配精度。要求不高时可采用角磨机或直磨机进行打磨清理；要求精度高时，钻孔后可更换直径较大的钻头在表面适当扩孔，可加工出一个小倒角。

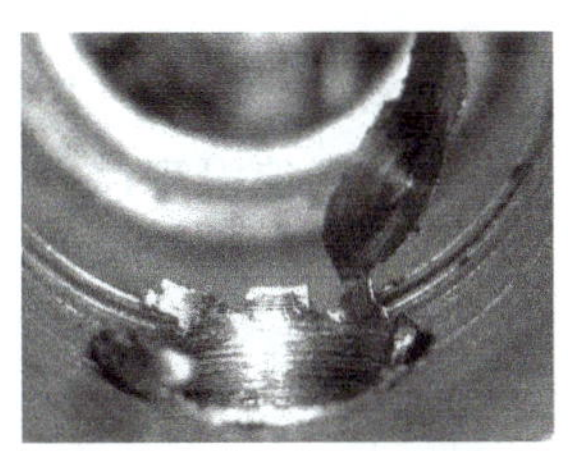

图 4-2-4　钻孔后工件背面切口

3B 指令编程

计数长度

圆弧可能跨越几个象限，此时加工指令应由起点所在的象限和圆弧走向来决定。例如圆弧加工上图 a 中圆弧 *AB* 时，加工指令为 NR4；圆弧加工上图 b 中的圆弧 *AB* 时，加工指令为 SR4。

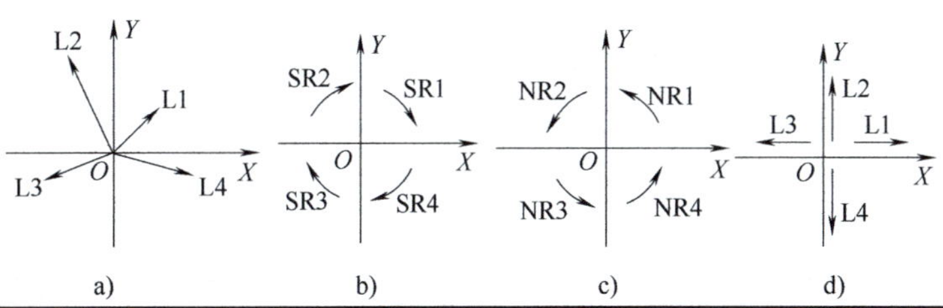

加工编程示例

从 *A* 点开始，按箭头方向切割如右图所示图形，试编写 3B 程序。

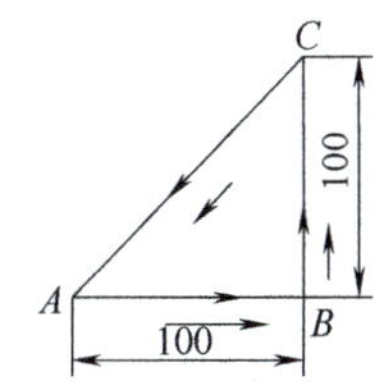

1）加工直线 *A*→*B* 的编程。坐标原点取在起点 *A*，终点 *B* 的坐标为 XB = 100000，YB = 0。因为 |XB| > |YB|，所以取 G = GX，J = |XB| = 100000。由于直线 *AB* 与+*X* 轴重合，所以取加工指令 Z 为 L1。故程序为：B100000 B0 B100000 GX L1。

2）加工直线 *B*→*C* 的编程。坐标原点取在起点 *B*，终点 *C* 的坐标为 XC=0，YC=-100000。因为|XC|<|YC|，所以取 G=GY，J=| YC| =100000。由于直线与+*Y* 轴重合，所以取加工指令 Z 为 L2。

故程序为 ：B0 B100000 B100000 GY L2。

3）加工直线 *C*→*A* 的编程。坐标原点取在起点 *C*，终点 *A* 的坐标为 Xe=-100000，Ye=-100000。因为 | Xe | = | Ye | ，*CA* 在第三象限，所以取 G=GY，J= | Ye | =100000。由于直线 *CA* 位于第三象限，所以取加工指令 Z 为 L3。

故程序为 B100000 B100000 B100000 GY L3。整个工件的加工程序如下表所列。

序号	加工段	B	X	B	Y	B	J	G	Z
1	*A*→*B*	B	1000000	B	0	B	1000000	GX	L1
2	B→C	B	0	B	1000000	B	1000000	GY	L2
3	*C*→*A*	B	1000000	B	1000000	B	1000000	GX	L3

任务二测评

1. 知识测评

确定本任务关键词，按重要程度进行关键词排序并举例解读，见表 4-2-3。

根据自己对重要信息的捕捉、排序、表达、创新和划分权重能力进行自评，满分 100 分。

表 4-2-3　焊接工位架零件制备知识测评表

序号	关键词	举例解读	评分自定
1			
2			
3			
4			
5			
总分			

2. 能力测评

对表 4-2-4 所列作业内容进行评判，操作规范即得分，操作错误或未操作得零分。

表 4-2-4　焊接工位架零件制备能力测评表

序号	能力点	配分	得分
1	钻床操作	20	
2	无齿锯操作	20	
3	数控火焰切割机操作	30	
4	数控线切割操作	30	
总分		100	

3. 素养测评

对表 4-2-5 所列素养点进行评判，做到即得分，未做到得零分。

表 4-2-5　焊接工位架零件制备素养测评表

序号	素养点	配分	得分
1	防护用具穿戴标准	20	
2	材料切割之前检查	20	
3	数控线切割机开机检查	20	
4	数控线切割机安全操作规程	20	
5	工具、量具等归位，清理工位	20	
总分		100	

4. 拓展训练

材料：45 钢淬火，厚度：10mm，板材，不考虑钼丝直径和放电间隙，按 *O-E-A-B-C-D-E-O* 的顺序切割，试编辑程序。

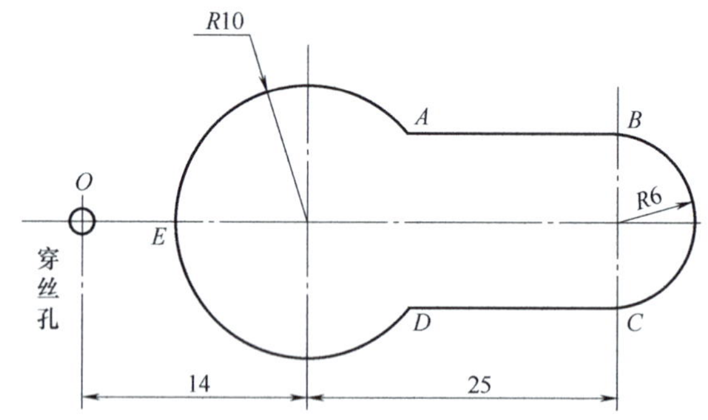

任务三　部件装配与点固

职业活动

步骤一：装配前的准备

1. 装配现场和装配设备的选择

由于本项目分成四个部件，因此可选择在水平操作平台上进行装配。

2. 工量具的准备

工具：准备油漆笔（划针或者石笔）进行划线。

量具：直角尺和卷尺。

设备：NB-350 型半自动 CO_2 气体保护焊焊机。

3. 零件预检

根据图样要求，对板材尺寸、形状进行检测，确保装配工作顺利进行。

步骤二：装配流程

1. 焊接工位架主体装配

焊接工位架主体包括底座 001 和支管 002 两个部件，具体尺寸见表 4-1-1。

装配时以底座 001 为基准，在底座中心处画出支管 002 外圆轮廓，按照划线定位装配法进行装配，点固焊缝为 3 处，分布在支管外圆的三等分点上，如图 4-3-1 所示。

图 4-3-1　焊接工位架主体点固装配示意图

2. 横梁主体装配

横梁主体包括横梁板材 003 和横梁套管 004 两个部件，具体尺寸见表 4-1-1。

装配时横梁套管 004 上面划线，分别画出两侧横梁板材的位置，要注意两侧横梁板材在同一平面上，并与横梁套管上开孔方向垂直；装配时可把横梁套管放置在水平平台上，然后把两侧横梁板材组对到相应位置。点固焊缝位置是板材与管材相接的两侧，一侧点固两条焊缝，焊缝长度要小于 20mm，如图 4-3-2 所示，共点固 8 条焊缝，最后把螺母点固在横梁套管开孔处。

职业知识

装配前准备

装配前的准备工作是装配工艺的重要组成部分。充分、细致的准备工作，是高质量、高效率地完成装配工作的有力保证。其通常包括如下几个方面。

熟悉图样工艺	熟悉产品图样和工艺规程，要清楚各部件之间的关系和连接方法，并根据工艺规程选择好装配基准和装配方法。
装配现场设备	装配现场和装配设备的选择：依据产品的大小和结构的复杂程度选择和安置装配平台和装配胎架。装配工作场地应尽量设置在起重设备工作区域内，对场地周围进行必要的清理，使之达到场地平整、清洁，通道通畅。
工量具的准备	装配中常用的工、量、夹具和各种专用吊具，都必须配齐并组织到场。此外，根据装配需要配置的其他设备，如焊机、气割设备、钳工操作台、风动砂轮等，也必须安置在规定的场所。
零部件预处理	产品装配前，对于从上道工序转来或从零件库中领取的零、部件都要进行核对和检查，以便于装配工作的顺利进行。同时，对零、部件连接处的表面进行去毛刺、除锈垢等清理工作。
划分部件	对于比较复杂的结构，往往是将其适当划分为若干个部件，部件装焊之后再进行总装，这样既可以提高装配焊接质量，又可以提高生产率，还可以减小焊接变形。为此，应将产品划分为若干部件。

装配过程中零件的定位方法

划线定位	划线定位就是在平台上或零件上划线，按线装配零件。通常用于简单的单件小批装配或总装时的部分较小零件的装配（在项目一中已经详细介绍）。

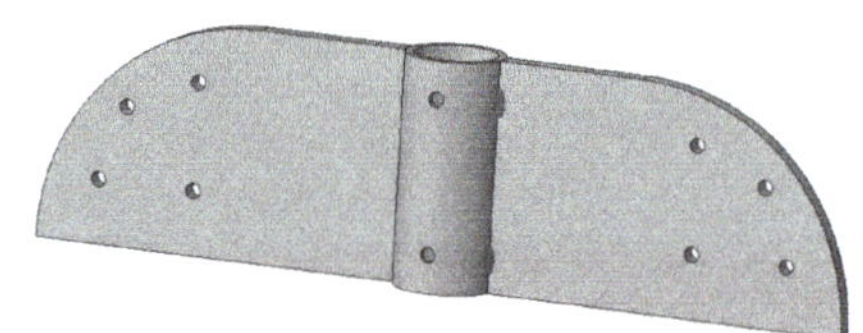

图 4-3-2　横梁主体点固装配示意图

3. 管材夹具装配

装配时以板材 006 位基准，首先装配板材 006 与板材 008。板材 006 立在水平平台上，板材 008 平放在水平平台上，要确保两板垂直，点固焊缝如图 4-3-3a 所示。然后点固板材 006 与板材 007，方法同前，如图 4-3-3b 所示。

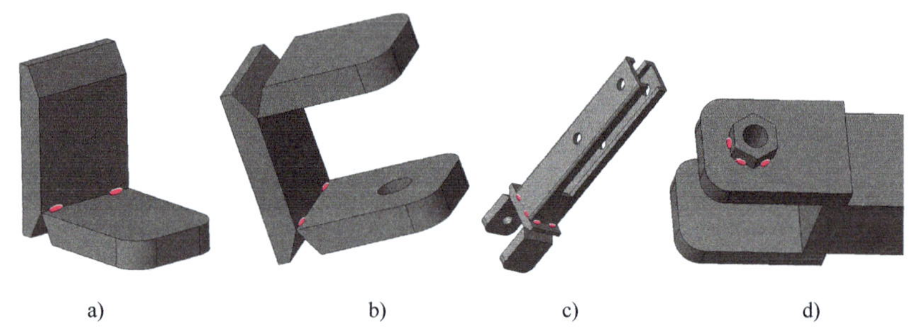

图 4-3-3　管材夹具点固装配示意图

在板材 006 上采用划针或者油漆笔划线，画出方管 005 在板材 006 上的具体位置，然后装配点固，如图 4-3-3c 所示。最后在板材 007 圆孔上点固螺母，管材夹具部件装配完成。板材夹具装配与管材夹具装配方法一致，不再重复叙述。

装配过程中零件的定位方法

销轴定位	它是利用零件上的孔进行定位。如果允许，也可以钻出专门用于销轴定位的工艺孔。由于孔和销轴的精度较高，因此定位比较准确。
挡铁定位	这种方法应用得比较广泛，可以利用小块钢板或小块型钢作为挡铁，取材方便。也可以使用经机械加工后的挡铁，可提高精度。挡铁的安置要保证构件重点部位（点、线、面）的尺寸精度，也要便于零件的装拆。
样板定位	它是利用样板来确定零件的位置、角度等的定位方法，常用于钢板之间的角度测量定位和容器上各种管口的安装定位。

工装定位装配法

样板定位装配法	它是利用样板来确定零件的位置、角度等的定位，然后夹紧并经定位焊完成装配的装配方法。常用于钢板与钢板之间的角度装配和容器上各种管口的安装。 右图所示为斜 T 形结构的样板定位装配。根据斜 T 形结构立板的斜度，预先制作样板，装配时在立板与平板接合线位置确定后，即以样板去确定立板的倾斜度，使其得到准确定位后施行定位焊。 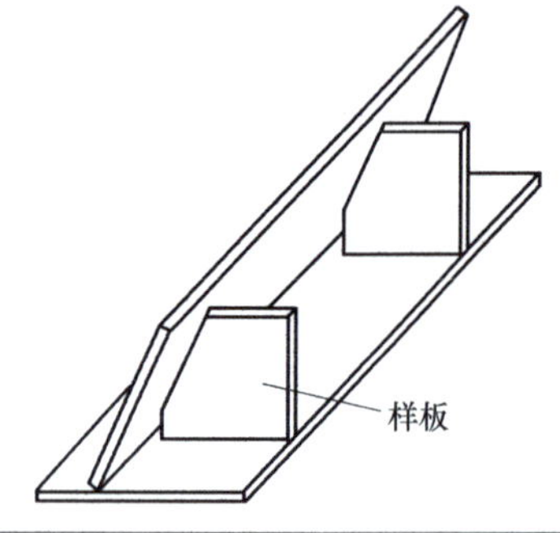
定位元件定位装配法	用一些特定的定位元件（如板块、角钢、销轴等）构成空间定位点，来确定零件位置，并用装配夹具夹紧装配。它不需要划线，装配效率高，质量好，适用于批量生产。 应当注意的是，用定位元件定位装配时，要考虑装配后焊件的取出问题。因为零件装配时是逐个分别安装上去的，自由度大，而装配完后，零件与零件已连成一个整体，如定位元件布置不适当时，则装配后焊件难以取出。

任务三测评

1. 知识测评

确定本任务关键词，按重要程度进行关键词排序并举例解读，见表4-3-1。

根据自己对重要信息的捕捉、排序、表达、创新和划分权重能力进行自评，满分100分。

表 4-3-1 焊接工位操作架装配知识测评表

序号	关键词	举例解读	评分自定
1			
2			
3			
4			
5			
总分			

2. 能力测评

对表4-3-2所列作业内容进行评判，操作规范即得分，操作错误或未操作得零分。

表 4-3-2 焊接工位操作架装配能力测评表

序号	能力点	配分	得分
1	焊接工位架部件划分	20	
2	制定焊接工位架部件装配工艺	30	
3	制定点固焊缝焊接参数	20	
4	合理控制装配精度	30	
总分		100	

3. 素养测评

对表4-3-3所列素养点进行评判，做到即得分，未做到得零分。

表 4-3-3 焊接工位架装配素养测评表

序号	素养点	配分	得分
1	防护用具穿戴标准	20	
2	装配前材料检查	20	
3	点固焊缝施焊	20	
4	点固焊缝焊后处理	20	
5	工具、量具等归位，清理工位	20	
总分		100	

4. 拓展训练

（1）简述装配前的准备工作及内容。

（2）简述装配过程中零件的定位方法。

任务四　焊接工艺制定及实施

职业活动

步骤一：识读焊接标注

按照图 4-4-1 工位架焊接标注图，确定焊缝位置及形式。

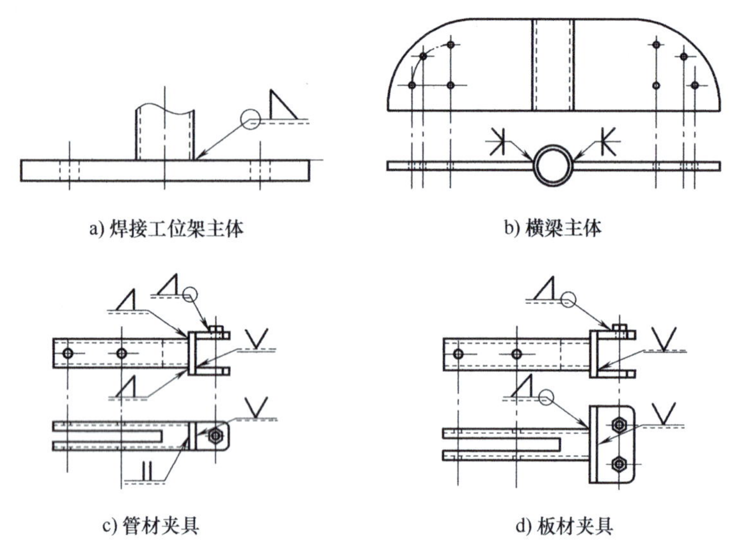

图 4-4-1　工位架焊接标注图

1. 确定焊缝数量和焊缝形式

通过图样分析能够确定，部件焊接工位架主体有 1 条角焊缝；横梁主体有 4 条角焊缝；管材夹具有 5 条角焊缝，分别是方管 005 与板材 006 组成的 2 条角焊缝，板材 007 与螺母组成的 1 条角焊缝，板材 007、板材 008 与板材 006 组成的 2 条角焊缝，另有 2 条由方管 005 与板材 006 组成的对接焊缝；板材夹具有 4 条角焊缝，分别是方管 009 与板材 010 组成的 1 条角焊缝，板材 011 与螺母组成的 1 条角焊缝，板材 011、板材 012 与板材 010 组成的 2 条角焊缝。

2. 确定焊接位置

焊接工位架主体是管板接头，焊接位置为平位（2F）。

职业知识

本项目中焊缝符号 K 的含义

在项目三中已经介绍了 K 形符号的表示含义，但是在本项目中 K 形符号表示含义有所不同。横梁主体板材与管外壁的结合如下图所示，类似于 K 形，所以标注基本符号 K。

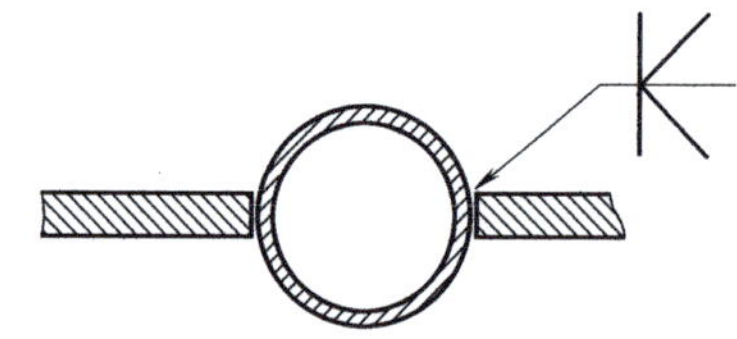

药芯焊丝熔化极气体保护焊板对接平角焊（2F）焊接操作过程

焊道分布	本项目夹具焊接中板板角接接头开坡口后，类似于板对接接头单面焊双面成形，将焊接工件固定在焊接操作台上，使板材处于水平位置，组对时可不留间隙。采用左向焊法，焊接层次为三层三道，焊道排列如图下图所示。 焊枪角度如下图所示。 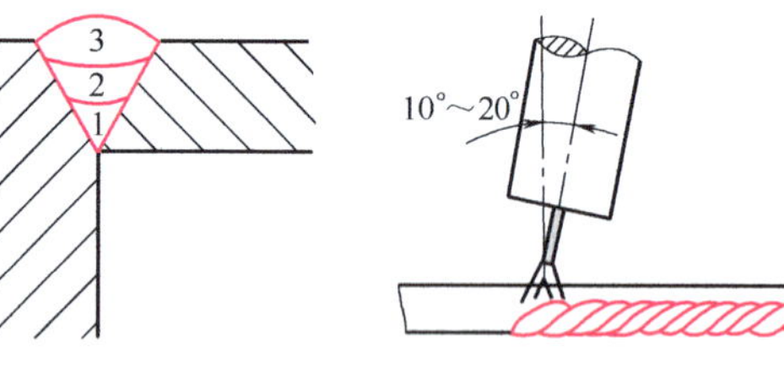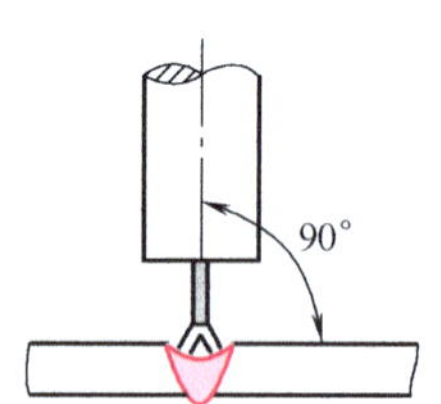
打底层焊接	在离工件右端定位焊焊缝约 20mm 坡口的一侧引弧，然后开始向左焊接打底层焊道，焊枪沿坡口两侧做小幅度横向摆动，并控制电弧在距底边 2~3mm 处燃烧，当坡口底部熔孔直径达 1~24mm 时，转入正常焊接。

横梁主体是管外壁焊接板材，属于角焊缝，焊接位置为（3F）。

管材夹具由于部件尺寸不大，施焊过程中可翻转，因此角焊缝的位置可以调节成平位（2F），对接焊缝的位置也可以调节成平位（1G）。

板材夹具焊缝位置与管材夹具相似。

步骤二：药芯焊丝熔化极气体保护焊板对接平角焊（2F）焊接工艺编制

1. 焊前准备

1）工件材料为 Q235 钢板，具体尺寸见表 4-1-1。

2）焊接材料选择焊丝牌号为 YJ502-1，直径 ϕ1.2mm，CO_2 气体纯度要求 99.5%。

3）焊机选择 NB-350 型焊机，直流反接。

4）焊前清理采用角磨机或钢丝刷清理工件坡口及坡口两侧各 20mm 范围内的油污、铁锈及其他污染物，直至露出金属光泽。

2. 焊接工艺分析

板板组成的角接头在管材夹具和板材夹具部件中，虽然属于角接头，但是开坡口后与板对接接头十分相似，焊缝位于空间水平位置，钢板下部悬空，造成熔池悬空，液体金属在重力和电弧吹力的作用下极易产生下坠。

3. 焊接工艺卡编制（见表 4-4-1）

表 4-4-1 药芯焊丝熔化极气体保护焊板对接平角焊（2F）焊接工艺卡

焊接工艺卡		编号：
材料型号	Q235	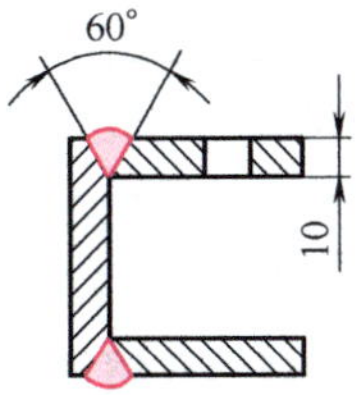
材料规格	60mm×40mm×10mm 一件 50mm×40mm×10mm 两件 100mm×60mm×10mm 一件 100mm×50mm×10mm 两件	60° 10
接头种类	角接	
坡口形式	Y 形	
坡口角度	60°	
钝边	0mm	
组对间隙	0mm	
焊接方法	136(FCAW)	
焊接设备	NB-350	

药芯焊丝熔化极气体保护焊板对接平角焊(2F)焊接操作过程

填充层焊接	彻底清理打底层焊渣，铲除接头高点和焊瘤，使打底层焊道平整。调节填充层焊接参数，在板材右端 20mm 处引弧，快速拉到最右端压低电弧稍做停顿，待形成熔池，锯齿摆动向左焊接。要控制好焊道厚度，如右图所示，焊接时不允许熔化棱边。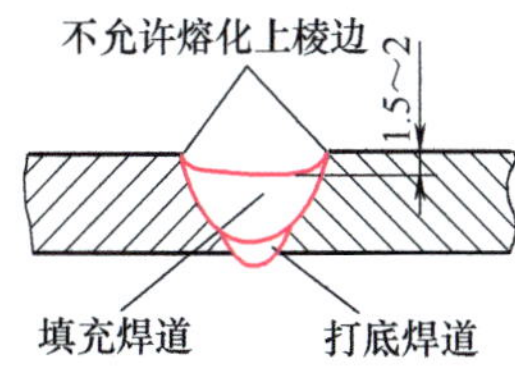
盖面层焊接	清理填充层焊道焊渣，调节盖面层焊接参数，控制层间温度约 100℃，与填充层焊接方法基本相同。焊丝摆动到坡口两侧时，焊丝对准坡口棱边，不要超过棱边，形成熔池后熔化棱边为 0.5~1mm。收弧时一定要填满弧坑，并且收弧弧长要短，以免产生弧坑裂纹。
焊接技巧	控制好熔池停留时间，停留时间过长时容易烧穿。正常熔池呈半圆形，若半圆形熔池被拉长，则为烧穿的前兆，此时应根据具体情况改变焊枪操作方式来防止烧穿。 注意焊接电流和焊接电压的配合。电弧电压过高，易引起烧穿，甚至灭弧；电弧电压过低，则在熔滴很小时就会引起短路，并产生严重飞溅。

药芯焊丝熔化极气体保护焊管板接头平角焊（2F）操作过程

焊道分布	在定位焊的另一侧施焊，采用左向焊法，焊接层次为两层三道，焊道排列如右图所示。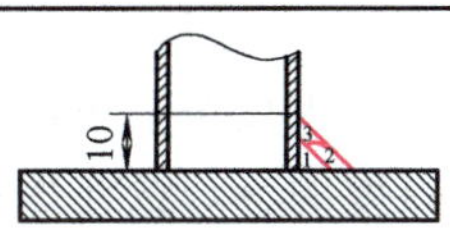
第一道焊接	在定位焊点上引燃电弧进行预热，由于底板厚度较大，应使焊丝与水平板的夹角为 45°~55°，如右图所示。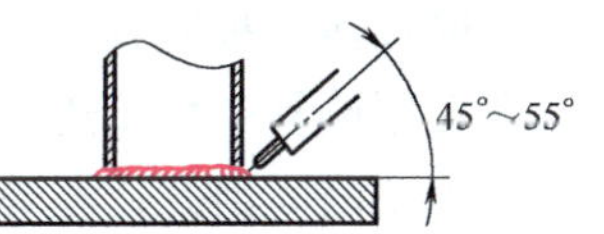 第一层焊接时，要正确调节焊接电流与电弧电压，使两者相互匹配，以获得完美的焊缝成形。注意调整焊枪与管、板之间的角度，应把焊丝送入角焊缝根部，以电弧能将管壁熔化为佳，同时保证板侧熔合良好。焊枪在焊接过程中随焊缝弧度位置的变化而变换角度焊丝可做微小摆动。认真观察熔池的温度，当熔池过大时，焊缝容易出现底板侧较宽、管壁侧较短的问题。 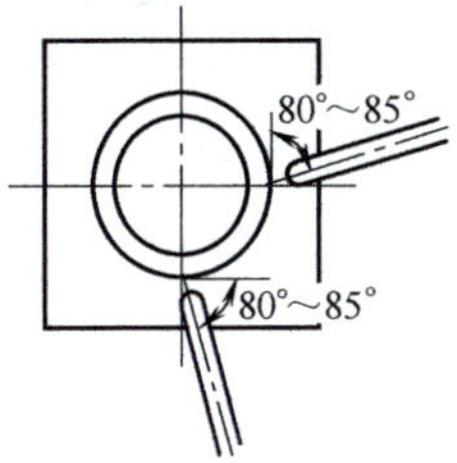 80°~85° 80°~85° 焊接过程中焊丝的前倾角为 80°~85°，如右图所示。

（续）

电源种类	直流	焊后热处理	种类	—	保温时间	—
电源极性	反接		加热方式	—	层间温度	—
焊接位置	2F		温度范围	—	测量方法	—
焊接参数						
焊层	焊材型号	焊材直径/mm	焊接电流/A	焊接电压/V	气体流量/(L/min)	干伸长度/mm
打底层	YJ502-1	ϕ1.2	140~150	21~23	12~15	12~18
填充层		ϕ1.2	160~180	23~24	12~15	12~18
盖面层		ϕ1.2	160~180	23~24	12~15	12~18

步骤三：管板接头平角焊（2F）和立角焊（3F）焊接工艺编制

1. 焊前准备

与步骤二焊前准备部分操作一致。

2. 焊接工艺分析

管板接头平角焊与板板平角焊不同，管板垂直固定平角焊时，焊缝是有弧度的，焊枪在焊接过程中随焊缝弧度位置变化而变换角度进行焊接。由于管壁较薄、板壁较厚，如果焊条角度或运条操作不当，焊件受热不均匀，则在管侧易产生咬边和焊缝偏下缺陷，在板侧易产生夹渣、未焊透和未熔合等缺陷。因此，在焊接操作中应采用较小的焊丝直径、适当的焊接电流、合适的焊接角度进行焊接。

立角焊焊缝处于空间位置，熔池受重力影响极易下淌，所以熔池温度不宜太高，焊接参数不宜太大，焊接过程中要根据装配间隙和熔池温度的变化情况，及时调整焊枪的角度、摆动幅度和焊接速度，控制熔池的尺寸，保证焊缝成形良好。

药芯焊丝熔化极气体保护焊管板接头平角焊（2F）操作过程

第二道焊接	第二道焊前应清除打底层焊渣，避免产生夹渣缺陷。焊接过程中，焊接电流应适当减小，电弧也可轻微摆动，以达到焊脚尺寸，要盖住第一层焊道1/2~2/3，并能够做出一个小平台，为第三层焊道施焊做准备；焊接过程中，应根据熔池温度及熔合状态，随时调整焊枪角度、摆动形式、摆动幅度、焊接速度等，使焊道宽度各处相等、焊趾圆滑、焊道与焊道间熔合良好。
第三道焊接	第三层焊接时，注意保持焊枪角度正确，防止管壁一侧产生咬边缺陷。电弧稍做摆动，使整个熔池的温度均衡、焊缝熔合良好、边缘平直。焊缝应宽窄一致、高低平整、波纹均匀。
焊接要点	施焊过程中要灵活掌握焊接速度，防止产生未熔合、气孔、咬边等缺陷；当板厚不同时，应使电弧偏向厚板一侧，正确调整焊枪角度，以防止产生咬边、焊缝下垂缺陷，控制好焊脚尺寸。  GMAW-平敷焊

药芯焊丝熔化极气体保护焊立角焊（3F）操作过程

焊缝层数	将焊接工件固定在焊接操作台上，使工件处于立焊位置。焊接方向为由下至上，焊接层次为打底一层、填充两层、盖面一层。焊道排列如右图所示。 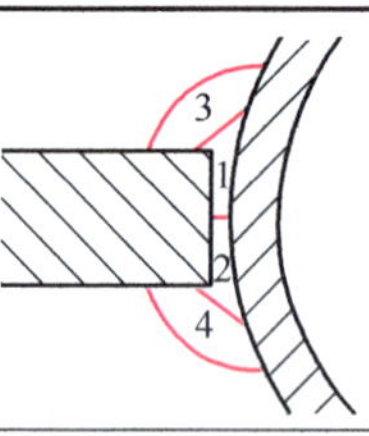
第一层焊接	焊接时，焊枪角度如右图所示，使焊丝接触下定位焊点，引燃电弧，并控制电弧在离底边2~3mm处燃烧。采用锯齿形左右摆动，保持焊丝在熔池前缘，并在坡口两侧稍做停顿，使其熔合良好。另侧熔池降温，避免因焊缝中间温度过高而使熔池下坠，造成焊缝中间凸起、两侧形成沟槽。 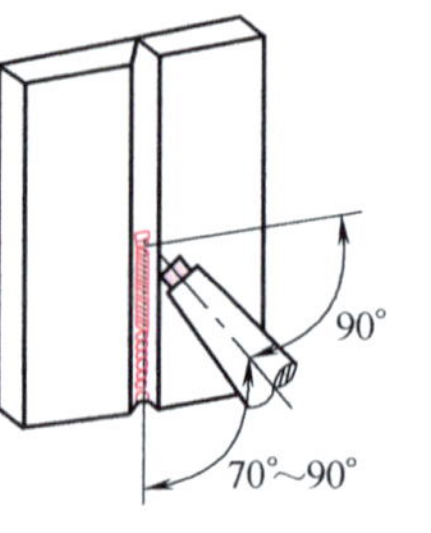

3. 焊接工艺卡编制（见表 4-4-2）

表 4-4-2　药芯焊丝熔化极气体保护焊管板接头平角焊（2F）和立角焊（3F）接工艺卡

焊接工艺卡		图示				
材料型号	Q235					
材料规格	300mm×300mm×20mm 一件 ϕ60mm×4mm×1500mm 一件 300mm×180mm×16mm 两件 ϕ80mm×6mm×180mm 一件					
接头种类	T 形					
坡口形式	I					
坡口角度	—					
钝边	—					
组对间隙	0~1mm					
焊接方法	136(FCAW)					
焊接设备	NB-350					
电源种类	直流	焊后热处理	种类	—	保温时间	—
电源极性	反接		加热方式	—	层间温度	—
焊接位置	2F		温度范围	—	测量方法	—

焊接参数							
焊层		焊材型号	焊材直径/mm	焊接电流/A	焊接电压/V	气体流量/(L/min)	干伸长度/mm
平角	第一道	YJ502-1	ϕ1.2	140~150	21~23	12~15	12~18
	第二道			100~120	17~20	12~15	12~18
	第三道			100~110	17~19	12~15	12~18
立角	打底层			120~140	19~22	12~15	12~18
	盖面层			110~130	18~21	12~15	12~18

药芯焊丝熔化极气体保护焊立角焊（3F）操作过程

第二层焊接	第二次焊接类似于填充层焊接，调试填充焊焊接参数，在工件底端开始焊填充层，焊枪的横向摆动幅度稍大于打底层焊接，注意熔池两侧的熔合情况，保证焊道表面平整且稍下凹，并使填充层的高度低于母材表面 1.5~2mm。
盖面层焊接	第三、四层焊接类似于盖面焊，调试好盖面层焊接参数后，从下端开始焊接，注意焊缝宽度及高度要一致。
焊接技巧	立焊时，应密切观察熔池形状，发现椭圆形熔池下部边缘从比较平直的轮廓逐步变为“鼓肚”圆时，表示熔池温度已稍高或过高，应立即灭弧，降低熔池温度，以避免产生焊瘤。打底层焊接在正常焊接时，熔孔直径约为所用焊条直径的 1.5 倍，将坡口钝边熔化 0.8~1.0mm，可保证焊缝背面焊透，同时不出现焊瘤。当熔孔直径过小或没有熔孔时，则有可能产生未焊透的缺陷。盖面层焊接焊条横向摆动以焊芯到达坡口边缘为止，使坡口边缘熔化 1~2mm，并且横向摆动的频率应比平位焊稍快，前进的速度也要均匀一致，以保证焊缝平整。

任务四测评

1. 知识测评

确定本任务关键词，按重要程度进行关键词排序并举例解读，见表 4-4-3。

根据自己对重要信息的捕捉、排序、表达、创新和划分权重能力进行自评，满分 100 分。

表 4-4-3　焊接工位操作架焊接知识测评表

序号	关键词	举例解读	评分自定
1			
2			
3			
4			
5			
总分			

2. 能力测评

对表 4-4-4 所列作业内容进行评判，操作规范即得分，操作错误或未操作得零分。

表 4-4-4　焊接工位操作架焊接能力测评表

序号	能力点	配分	得分
1	焊接标注符号识读	20	
2	制定焊接工位操作架焊接顺序	30	
3	焊接工艺卡编制	20	
4	掌握焊接工位操作架焊接技巧	30	
总分		100	

3. 素养测评

对表 4-4-5 所列素养点进行评判，做到即得分，未做到得零分。

表 4-4-5　焊接工位操作架装配素养测评表

序号	素养点	配分	得分
1	防护用具穿戴标准	20	
2	点固焊缝焊前打磨处理	20	
3	熔化极气体保护焊安全操作规程	20	
4	焊后清渣处理不能破坏焊缝边成形	20	
5	工具、量具等归位，清理工位	20	
总分		100	

4. 拓展训练

按下图标注进行下料组对，管材材质为 Q235，采用药芯焊丝熔化极气体保护焊进行焊接，焊接位置为垂直管对接，自行编制焊接工艺并实施。

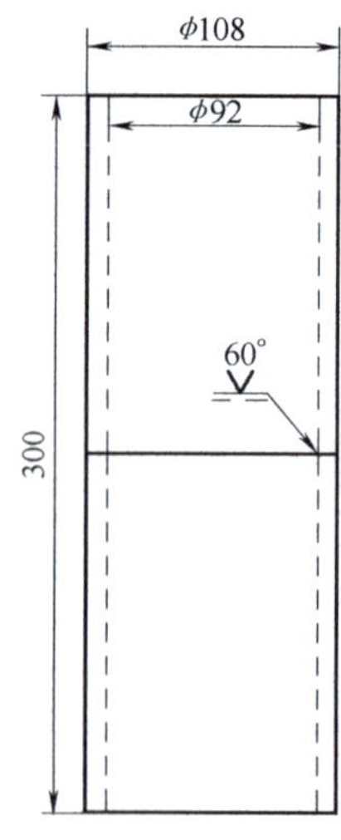

任务五　焊接检测

职业活动

步骤一：检测准备

（1）保证检测环境光照充足。

（2）HJC40 焊缝检测尺、白色油漆笔、焊缝评分表。

（3）需要检测的工件。

步骤二：焊缝尺寸检测

1. 检测焊缝尺寸

本任务中焊缝尺寸检测主要是测量焊缝外观尺寸是否符合图样标注尺寸或技术标准规定的尺寸。本任务有对接焊缝和角焊缝，在检测过程中，需要进行两部分的尺寸测量。

（1）对接焊缝尺寸的检测　对接焊缝需要测量余高、高低差、熔宽、焊缝宽窄差、背面凹陷、背面凸起、角变形及错边量等内容，详细见表 4-5-1 管对接焊缝评分表。

（2）角焊缝尺寸的检测　角焊缝需要测量焊脚尺寸 K_1、K_2 及 ΔK，焊缝直线度等内容，详细见表 4-5-2 管板角接焊缝评分表。

2. 检测工件的几何公差

由于本任务结构相对复杂，故将工件划分为若干部件，采用焊接后组装的形式，组装后需要检测焊接工位操作架的几何公差，详见表 4-5-3。

3. 填写评分表（表 4-5-1～表 4-5-3）

表 4-5-1　管对接焊缝评分表

<table>
<tr><td>工件号</td><td></td><td colspan="2">评分员签名</td><td colspan="2"></td><td>合计得分
（满分 35）</td><td></td></tr>
<tr><td rowspan="2">检查项目</td><td rowspan="2">标准、分数</td><td colspan="4">焊缝等级</td><td rowspan="2">测量
数值</td><td rowspan="2">实际
得分</td></tr>
<tr><td>Ⅰ</td><td>Ⅱ</td><td>Ⅲ</td><td>Ⅳ</td></tr>
<tr><td rowspan="2">焊缝余高</td><td>标准/mm</td><td>0～1</td><td>>1，≤2</td><td>>2，≤3</td><td>>3，<0</td><td rowspan="2"></td><td rowspan="2"></td></tr>
<tr><td>分数</td><td>5</td><td>3</td><td>1</td><td>0</td></tr>
</table>

职业知识

几何公差

焊接后的零件会有尺寸公差，因而构成零件几何特征的点、线、面的实际形状或相互位置与理想几何体规定的形状和相互位置就存在差异，这种形状上的差异就是形状公差，而相互位置的差异就是位置公差，这些差异统称为几何公差，见下表。

公差种类		特征项目	符号	有或无基准要求
形状公差	形状	直线度	⏤	无
		平面度	⏥	无
		圆度	○	无
		圆柱度	⌭	无
形状或位置公差	轮廓	线轮廓度	⌒	有或无
		面轮廓度	⌓	有或无
位置公差	定向	平行度	//	有
		垂直度	⊥	有
		倾斜度	∠	有
	定位	位置度	⌖	有或无
		同轴（同心）度	◎	有
		对称度	⌯	有
	跳动	圆跳度	↗	有
		全跳度	⌰	有

（续）

工件号		评分员签名		合计得分（满分 35）			
检查项目	标准、分数	焊缝等级				测量数值	实际得分
		Ⅰ	Ⅱ	Ⅲ	Ⅳ		
焊缝高低差	标准/mm	0~1	>1，≤2	>2，≤3	>3		
	分数	5	3	1	0		
焊缝宽窄差	标准/mm	0~1	>1，≤2	>2，≤3	>3		
	分数	5	3	1	0		
咬边	标准/mm	0	深度≤0.5且长度≤15	深度≤0.5长度>15，≤30	深度>0.5或长度>30		
	分数	10	6	2	0		
焊缝正面成形	标准	优	良	一般	差		
		成形美观，焊波均匀、细密，高低宽窄一致	成形较好，焊波均匀、平整	成形尚可，焊缝整齐	焊缝弯曲，高低、宽窄差别明显，成形较差		
	分数	10	8	6	0		

表 4-5-2　管板角接焊缝评分表

工件号		评分员签名		合计得分（满分 35）			
检查项目	标准、分数	焊缝等级				测量数值	实际得分
		Ⅰ	Ⅱ	Ⅲ	Ⅳ		
焊脚高度（K_1）	标准/mm	≥4.0，≤4.5	>4.5，≤4.0	>5.0，≤5.5	<4.0，>5.5		
	分数	5	3	1	0		
焊脚高度（K_2）	标准/mm	≥4.0，≤4.5	>4.5，≤4.0	>5.0，≤5.5	<4.0，>5.5		
	分数	5	3	1	0		

磁粉探伤原理

磁粉探伤（Magnetic Particle Testing，MT），又称磁粉检验或磁粉检测，属于无损探伤五大常规方法（射线探伤、超声探伤、磁粉探伤、渗透探伤和涡流探伤）之一。

铁磁性材料制成的工件被磁化后，其内部产生很强的磁感应强度，如果工件本身没有缺陷，则磁力线在其内部是均匀连续分布的。

工件中裂纹造成的不连续性会使磁力线发生畸变，裂纹中空气介质的磁导率远远低于工件的磁导率，因而使磁力线受阻，一部分磁力线被挤到缺陷的底部，一部分被排挤出工件的表面后再进入工件。如果这时在工件上撒上磁粉，漏磁场就会吸附磁粉，形成与缺陷形状相近的磁粉堆积——磁痕，如图 4-5-1 所示。通过磁痕可将漏磁场检测出来，并能确定缺陷的位置。磁痕的大小是实际缺陷的几倍或几十倍，因此容易被肉眼看见。

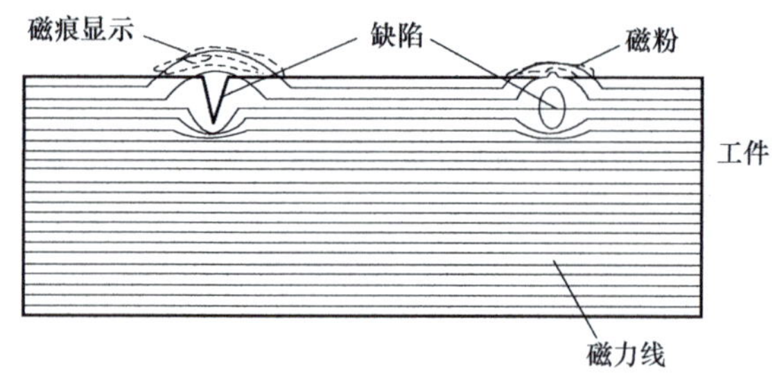

图 4-5-1　不连续性的漏磁场和磁痕分布

磁粉探伤的特点

1. 优点

1）可以直观显示缺陷的形状、位置和大小，并能大致确定缺陷的性质。

2）探伤灵敏度较高，可检出缺陷的最小宽度为 1μm。

3）适应范围广，几乎不受被检工件大小和形状的限制。

4）检测速度快，工艺简单，费用低廉。

（续）

工件号		评分员签名			合计得分（满分 35）		
检查项目	标准、分数	焊缝等级				测量数值	实际得分
		Ⅰ	Ⅱ	Ⅲ	Ⅳ		
ΔK	标准/mm	≤0.5	>0.5，≤1.0	>1.0，≤1.5	>1.5		
	分数	5	3	1	0		
咬边	标准/mm	0	深度≤0.5且长度≤10	深度≤0.5长度>10，≤20	深度>0.5或深度≤0.5，长度>20		
	分数	10	6	2	0		
焊缝成形	标准（处）	优	良	中	差		
	分数	10	6	3	0		

表 4-5-3　焊接工位操作架的几何公差

工件号		评分员签名			合计得分（满分 30）		
检查项目	标准、分数	焊缝等级				测量数值	实际得分
		Ⅰ	Ⅱ	Ⅲ	Ⅳ		
焊缝直线度	标准/mm	0~0.5	>0.5，≤1.0	>1.0，≤1.5	>1.5		
	分数	10	6	3	0		
焊缝平行度	标准/mm	0~0.5	>0.5，≤1.0	>1.0，≤1.5	>1.5		
	分数	10	6	3	0		
焊缝垂直度	标准/mm	0~0.5	>0.5，≤1.0	>1.0，≤1.5	>1.5		
	分数	10	6	3	0		

2. 局限性

1）只能用于检测铁磁性材料，如非合金钢、合金钢等制造的零件，不适用于检测奥氏体不锈钢、铜、铝、镁等非铁磁性材料。

2）只能发现表面和近表面缺陷，可探测的深度一般为 1~2mm，若采用低频（≤15Hz），当输出电压为 60V、电流为 200A 时，探伤深度可达 8mm。

3）深度方向的缺陷定量和定位困难。

4）对缺陷的取向有一定限制，一般要求磁场方向与缺陷主平面的夹角大于 20°，宽而浅的缺陷难以检出。

5）对工件表面要求较高，工件表面不得有油脂或其他能黏附磁粉的物质，且检测后常需退磁和清洗。

磁粉探伤的设备与器材

1. 磁粉探伤机

1）磁粉探伤机应能对工件完成连续磁化、施加磁粉、提供观察条件以及退磁等四道工序。如无必要可不带退磁装置。

2）磁粉探伤机应能适应工件的形状、尺寸、材质、表面状态，以满足对缺陷检测的要求，进而能有效、安全地进行探伤。

3）对接焊接接头磁粉检测一般使用磁轭式或交叉磁轭式磁粉探伤机，角接焊接接头磁粉检测可使用磁轭式或触头式磁粉探伤机，口径较小的管子对接焊缝也可采用带有磁化线圈的磁粉检测设备，管材或管件磁粉检测应使用磁化电流 1000A 以上的磁粉探伤机。

4）磁粉检测设备的电流表至少要半年校验一次。

5）当使用磁轭间距为 200mm 时，每个交流电磁轭至少应有 44N 的提升力；直流电磁轭（交叉磁轭）至少应有 177N 的提升力（磁极与工件表面间隙为 0.5 mm）。

2. 黑光辐照度及波长

当采用荧光磁粉检测时，使用的黑光灯在工件表面的黑光辐照度应不小于 1000μW/cm^2，黑光的波长应为 320~400nm，中心波长约为 365nm。

3. 照度计和黑光辐照计

照度计用于测量可见光的照度，黑光辐照计用于测量黑光的辐照度。照度计和黑光辐照计应至少每年校验一次。

步骤三：焊缝磁粉探伤

1. 磁粉探伤设备和器材的准备

磁粉探伤机；黑光灯；照度计和黑光辐照计；标准试片与磁场指示器；磁悬液喷壶；手电筒；磁悬液。

2. 预处理

1）用化学或机械方法彻底清除工件表面的油污、铁锈、毛刺、氧化皮、金属屑和砂粒等。

2）当有非导电覆盖层的工件必须通电磁化时，必须将与电极接触部位的非导电覆盖层打磨掉，以避免因接触点接触不良而产生电弧烧伤被检表面。

3）若工件有不通孔和内腔，则磁悬液流进后难以清洗，探伤前应将孔洞用非研磨性材料封堵上。

4）如果磁痕和工件表面颜色对比度小，则可在探伤前先给工件表面涂敷一层反差增强剂。

3. 工件磁化

工件磁化即按前述内容选择适当的磁化方法及磁化规范，利用磁粉检测设备使工件带有磁性，产生漏磁场进行磁粉探伤。

4. 施加磁粉或磁悬液

（1）干粉法用磁粉的施加　干粉法探伤必须在工件表面和磁粉完全干燥的条件下进行，否则表面会黏附磁粉使衬底变差，影响缺陷观察。同时，干粉法探伤在整个磁化过程中要一直保持通电磁化，只有在观察磁痕结束后才能撤除磁化磁场。

（2）湿粉法用磁悬液的施加　湿粉法施加磁悬液的方式有浇洒和浸渍两种。

浇洒即通过输液软管和喷嘴将磁悬液槽中的磁悬液均匀施加到工件表面，或者用毛刷或喷壶将搅拌均匀的磁悬液涂洒到工件表面，多用于连续法磁化以及尺寸较大的工件。浸渍即将已被磁化的工件浸入搅拌均匀的磁悬液槽中，在工件被均匀湿润后再慢慢从槽中取出来，多用于剩磁法检测尺寸较小的工件。采用浸渍法时应注意浸渍时间和取出方法的正确性。

4. 标准试片与磁场指示器

（1）A1型标准试片　A1型标准试片用来检查探伤装置、磁粉、磁悬液的综合性能以及连续法中工件表面有效磁场的强度和方向、有效探伤范围、探伤操作是否正确等。这种试片必须经过权威机关鉴定。

A1型标准试片分高、中、低三种灵敏度，其型号的分数越小，则要求能显示磁痕的有效磁场强度越高。此灵敏度不代表实际能检测缺陷的大小。应根据对探伤灵敏度的要求，选用相应的A1型标准试片。当需要更强的有效磁场时，可用标准试片型号的倍数来表示。例如，A1-30/100×2表示进行探伤的磁化电流值的2倍。

使用A1型标准试片时，应将没有人工槽的面置于外侧，并用适当的粘胶纸将试片紧贴在探伤面上，注意粘胶纸不能盖住人工槽对应的部位。

对A1型标准试片施加磁粉时应采用连续法。A1型标准试片的形状、尺寸发生变化后不得继续使用。一般应选用A1-30/100型标准试片。

（2）C型标准试片　当检测焊接接头坡口等狭小部位，由于尺寸关系，A1型标准试片使用不便时，一般可选用C-15/50型标准试片。

（3）D型或M型标准试片　为了更准确地推断出被检工件表面的磁化状态，当用户需要或技术文件有规定时，可选用D型或M型标准试片。

（4）磁场指示器　磁场指示器可方便地粗略测出被检工件的磁化程度及方向，但不能作为磁场强度及其分布的定量指示器，只能反映被检工件表面或局部的磁场强度和方向。必须在被检工件产生足够的磁场，以使磁场指示器能清晰地显示出检验图形。

在使用磁场指示器时，应在产生磁场的同时施加磁粉。当磁场指示器铜片表面呈现交叉、清晰的磁痕时，表明此时具有适当的磁力或磁场强度；如果没有形成清晰的磁痕或没有在所要求的方向形成磁痕，则应改变或调整磁化方向。

5. 辅助材料

（1）磁悬液喷壶　磁悬液喷壶应能雾状均匀地将磁悬液喷洒于被检工件表面，压力不宜过大。

（2）手把灯或手电筒　试件表面应具有检测人员确定的合适灯光，一般灯光的强度不得低于500lx。除此之外还需准备2～10倍的放大镜等。

5. 磁痕分析

（1）磁痕的观察分析　对磁痕的观察分析一般应在磁痕形成后立即进行，观察时可以使用 2~10 倍的放大镜。使用非荧光磁粉检验时，必须在能够充分识别磁痕的日光或白光照明下进行，在被检工件表面的白光照度不应低于 1500lx。

使用荧光磁粉检验时，要求被检工件表面上的紫外线（黑光）照度不低于 970lx，且白光照度不大于 10lx。

检验人员进入暗室后，在检验前应至少等候 5min，以使眼睛适应在暗光下工作。检验人员连续工作时，中间要适当休息，以防止眼睛疲劳，影响磁痕观察效果。

（2）磁痕的记录　工件上的磁痕有时需要保存下来，作为永久性记录。磁痕记录一般采用照相、用透明胶带贴印、涂层剥离、橡胶铸型复印、摹绘等方法。

6. 退磁

工件经磁粉检测后所留下的剩磁会影响安装在其周围的仪表、罗盘等计量装置的精度，或者会因吸引铁屑而增加磨损。有时工件中的强剩磁会干扰焊接过程，引起电弧的偏吹，或者影响以后进行的磁粉检测。所谓退磁，是指采用专门工艺使工件中的剩磁强度减小到不影响其正常使用的程度。

常用的退磁方法有交流退磁法和直流退磁法。交流退磁法操作简便，实施比较容易，但退磁效果一般不如直流退磁法。

7. 后处理

1）清洗工件表面，包括孔、裂缝和通路中的磁粉；如果涂敷了反差增强剂，则应清洗掉。

2）使用水基磁悬液检验时，为防止工件生锈，可用脱水防锈油处理。

3）如果使用封堵剂，则应去除。

4）对工件做标志。合格工件做标志的方法是：打钢印、刻印（用电笔或风动笔）、电化学腐蚀和挂标签等。磁粉探伤验收不合格的工件同样应做好明显的标志，如涂红漆等，并应进行隔离，以防止其混入合格工件中。

8. 缺陷显示磁痕的评定

（1）磁痕的分类　NB/T 47013.4—2015 对磁痕的分类规定如下：

6. 磁悬液的配制

一般用水基磁悬液或油基磁悬液。配制水基磁悬液时，应加入适当的防锈剂和表面活性剂，必要时添加消泡剂。非荧光磁粉的配制浓度为 10~25g/L，沉淀浓度为 1.2~2.4mL/100mL；荧光磁粉的配制浓度为 0.5~3g/L，沉淀浓度为 0.1~0.4mL/100mL。也可选用磁膏。

磁粉探伤方法

1. 湿粉法和干粉法

湿粉法是指用液体（水或油）作为载液把磁粉配制成磁悬液，在检验时用泵将磁悬液搅拌均匀，并喷洒在工件表面来检验漏磁的方法。由于磁悬液具有分散作用及悬浮性能，可采用的磁粉颗粒较小，所以它具有较高的灵敏度，可检验工件表面微小缺陷。湿粉法经常与固定式设备配合使用，操作方便，效率高，磁悬液可回收。

干粉法是指以空气为载体用干磁粉进行磁粉探伤的方法。在一些不能使用湿粉法进行探伤的场合，可用特制的干磁粉直接施加到工件上，使工件的缺陷处显示磁痕。干粉法多用于现场检验大型铸、锻件及大型结构件、焊件的局部区域检查。

2. 连续法和剩磁法

连续法是指在外加磁场磁化的同时，将磁粉或磁悬液施加到工件上进行磁粉探伤的方法。施加磁悬液称为湿连续法，施加磁粉称为干连续法。连续法常用于低碳钢以及所有其他处于退火状态或经过热变形的钢。此外，对于形状复杂、长径比较小、表面覆盖层较厚的工件，也可用连续法。

连续法具有适用范围广、探伤灵敏度高、能用于多向磁化等优点，也具有效率低、易产生干扰缺陷评定的不相关显示等局限性。

剩磁法是指先将工件进行磁化，停止磁化后，再将磁悬液施加到工件上进行磁粉探伤的方法。它是利用材料剩磁进行观察的方法，故称为剩磁法。该法常用于经过热处理（淬火、调质、渗碳、渗氮等）的高碳钢和合金结构钢。

剩磁法具有效率高、缺陷显示重复性好、易实现自动化探伤等优点，也具有只适用于剩磁和矫顽力达到要求的材料，不能用于复合磁化，探伤缺陷深度浅，发现近表面缺陷灵敏度低，不适用于干粉法检验等局限性。

1）长度与宽度之比大于 3 的磁痕，按条形缺陷磁痕处理；长度与宽度之比不大于 3 的磁痕，按圆形缺陷磁痕处理。

2）长度小于 0.5mm 的磁痕不计。

3）当两条或两条以上缺陷磁痕在同一直线上且间距不大于 2mm 时，按一条磁痕处理，其长度为两条磁痕长度之和加间距。

4）当缺陷磁痕长轴方向与工件（轴类或管类）轴线或母线的夹角大于或等于 30°时，按横向缺陷处理，其他磁痕按纵向缺陷处理。

（2）复验和缺陷排除　当出现下列情况之一时，需要复验：

1）探伤结束时，用标准试片验证检测灵敏度不符合要求时。

2）发现检测过程中操作方法有误或技术条件改变时。

3）合同各方有争议或认为有必要时。

若产品技术条件允许，可通过局部打磨方法减小或排除被拒收的缺陷。进行复验时和打磨排除缺陷后，仍按原检测工艺要求进行磁粉探伤和磁痕评定。

（3）磁粉探伤质量的分级　磁粉探伤质量共分四级，其中Ⅰ级最高，Ⅳ级最低。焊接接头的磁粉探伤的质量分级见表 4-5-4。

表 4-5-4　焊接接头磁粉探伤质量分级

等级	条形缺陷磁痕	圆形缺陷磁痕 （评定区尺寸为 35mm×100mm）
Ⅰ	不允许	d≤1.5mm 且在评定区内不大于 1 个
Ⅱ	不允许	d≤3.0mm 且在评定区内不大于 2 个
Ⅲ	l≤3.0mm	d≤4.5mm 且在评定区内不大于 4 个
Ⅳ	不大于Ⅲ级者	

注：l—条形缺陷磁痕长度；d—圆形缺陷磁痕长径。

（4）综合评级　在圆形缺陷评定区内同时存在多种缺陷时，应进行综合评级。对各类缺陷分别评定级别，取质量级别最低的级别作为综合评级的级别；当各类缺陷的级别相同时，则降低一级作为综合评级的级别。

磁化方法

在磁粉探伤中，通过外加磁场使工件具有磁性的过程称为工件磁化。对工件的磁化方法可按不同的分类标准进行分类，按采用的磁化电流不同，可分为直流电磁化法和交流电磁化法；按通电方式不同，可分为直接通电磁化法和间接通电磁化法；按工件磁化方向不同，可分为周向磁化法、纵向磁化法和复合磁化法等。

任务五测评

1. 知识测评

确定本任务关键词，按重要程度进行关键词排序并举例解读，见表 4-5-5。

根据自己对重要信息的捕捉、排序、表达、创新和划分权重能力进行自评，满分 100 分。

表 4-5-5　焊接检测知识测评表

序号	关键词	举例解读	评分自定
1			
2			
3			
4			
5			
总分			

2. 能力测评

对表 4-5-6 所列作业内容进行评判，操作规范即得分，操作错误或未操作得零分。

表 4-5-6　焊接检测能力测评表

序号	能力点	配分	得分
1	焊接检测尺认识	20	
2	对接焊缝的尺寸测量	20	
3	角焊缝的尺寸测量	30	
4	几何公差的测量	30	
总分		100	

3. 素养测评

对表 4-5-7 所列素养点进行评判，做到即得分，未做到得零分。

表 4-5-7　焊接工位操作件焊接素养测评表

序号	素养点	配分	得分
1	防护用具穿戴标准	20	
2	焊接检测前焊件处理	20	
3	熔化极气体保护焊安全操作规程	20	
4	焊接检测内容执行是否存在偏差	20	
5	工具、量具等归位，清理工位	20	
总分		100	

4. 拓展训练

（1）简述焊件的装配焊接顺序。

（2）焊接缺陷按缺陷成因可以分为哪几类？

"脑体复合"——"焊接巧匠"高凤林的故事之二（中国高技能人才楷模，中国航天科技集团公司第一研究院特种熔融焊接特级技师）

设计需要知识，工艺需要知识，而实际生产的全过程更需要知识的投入与升华，才能制造出高质量、高性能、高可靠的产品。在进入发动机车间的第三个年头，总工程师把高凤林叫到总师办，说："小高啊，航天领域有许多急需攻克的技术难关，你要不断地用理论武装自己，才能对现有的焊接技术推陈出新……"此后，高凤林在每月交给母亲的工资中都扣下5元钱，用来买焊接方面的书籍。他先后自学了《焊接结构》《金属学与热处理》等书籍，后来又进修大专、本科，并获得学士学位，进而又攻读硕士研究生。

丰富的实践经验加上深厚的理论功底，使他攀上了一个又一个的"焊接高地"。用高凤林2000年10月在央视《实话实说》节目中的话来说，就是"脑体复合"。这种"脑体复合"的神奇是外人难以理解的：在国家某特种车的研制中，高凤林充分运用焊接系统控制理论，出色地攻克了一系列部组件的生产工艺难关，保证了国防急需；某型号发动机试车多次失败，生产试验中断，生产无法继续进行，高凤林应邀参加，采取气体保护双面成形和局部自由收缩焊接等措施终于解决了难题，将试验压力由130个大气压提高到180个大气压，满足了使用要求，使试车得以成功；某型号发动机隔板焊接后易出现裂缝、堵塞等缺陷，经常需要100%返修，针对这种情况，高凤林大胆提出工艺改进措施，焊出的产品连续三年合格率达到100%；在某型号引射筒的焊接攻关中，在公司总经理的亲自授命下，高凤双大胆改进，突破难关，使有关单位近一年没有解决的难题得以解决，且大幅度提高了效率和质量，仅三天就生产出6件一次合格率100%的工艺试件，156件产品的生产也只用了一个半月，且100%一次合格，保证了近一亿产值的产品交付。

在国家863攻关项目——50t大氢氧发动机系统研制中，高凤林大胆采用新的工艺措施，突破了理论禁区，创造性地运用工程力学强度理论在多种高低温合金混合焊接接头结构中的应用，解决了有关科技人员久攻不下的难题，多次获奖，为部、院确定的"三转一把火"做出了突出贡献……

高凤林还著有论文多篇，分别发表于《航天制造技术》《航天产品应用焊接技术》等刊物，实现了从技术型工人、知识型工人到专家型工人的成长和蜕变。

项目五　法兰工件制作

学习目标

1. 能够掌握脉冲气体保护焊的特点及应用。
2. 能够根据图样划分部件并制定加工任务。
3. 能够掌握板管、管管的组对及焊接技巧。
4. 能够合理制定脉冲气体保护焊焊接工艺。
5. 能够掌握管板类工件的焊接检测方法。

项目描述

管板对接工件常见的是法兰。法兰是轴与轴之间相互连接的零件，用于管端之间的连接；也有用在设备进出口上的法兰，用于两个设备之间的连接，应用非常广泛。本项目制造的管板对接工件源于法兰的制作，为方便教学，把圆板修改成方形板材。根据工件特点可拓展 2F、4F、5F 三个位置的骑坐式管板对接以及 1G、2G、5G 的管对接任务。为体现脉冲气体保护焊的优势，可适当选用合金材质进行制作（为节约教学成本，也可采用碳钢进行制作）。

法兰工件

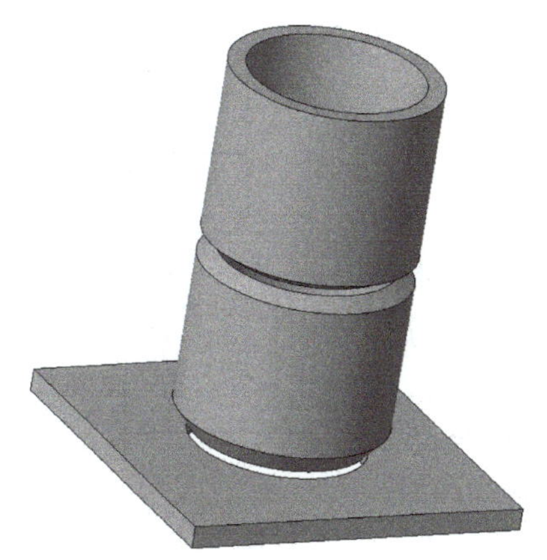

项目计划

根据焊接法兰工件的制作要求，将本项目分成 5 个加工任务。任务一图样识读：小组成员利用 2 学时完成装配图的识读与零件图的绘制，明确加工任务。任务二焊前工件制备：小组成员利用 4 学时完成焊前工件制备任务，本项目涉及的原材料主要是板材与管材，选用材质为 Q235，板材下料采用半自动火焰切割机，板材开孔采用手动气割；管材采用无齿锯下料，管材坡口采用车床加工。任务三部件装配与点固：小组成员利用 2 学时进行装配，采用组对完成后整体施焊。任务四焊接工艺制定及实施：小组成员利用 16 学时完成本任务的内容，根据法兰结构特点，编制焊接工艺并实施。任务五焊接检测：小组成员利用 6 学时进行焊接检测，根据缺陷提出返修工艺。本项目具体学时分配如图 5-1 所示。

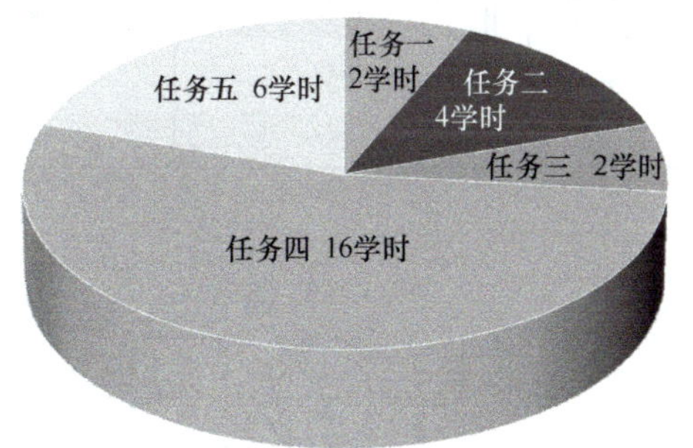

图 5-1　学时分配

任务一　图样识读

职业活动

步骤一：根据图样绘制零件图

本项目底板采用厚度为 6mm 的板材，管材采用 ϕ60mm×5mm 的管材进行制作。

1. 确定下料尺寸以及数量

通过图 5-1-1 能够确定本项目中的法兰由 3 个零件组成，分别是 1 块底板，2 段管材，2 段管材需要加工的坡口尺寸不同，记录尺寸后，绘制零件图。

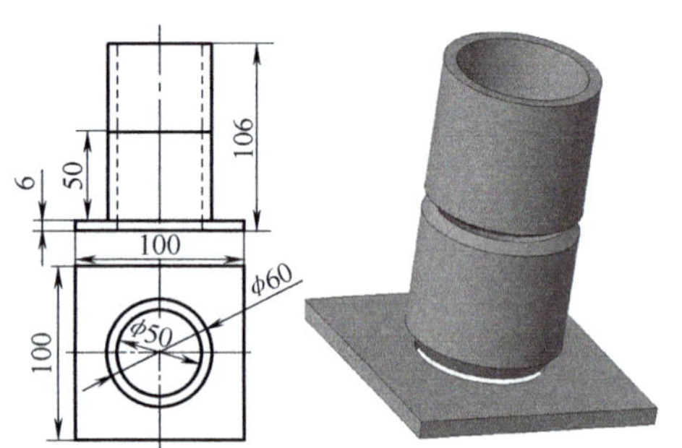

图 5-1-1　法兰工件

2. 零件图绘制（见表 5-1-1）

表 5-1-1　法兰工件零件图汇总表

零件	数量	图样	零件	数量	图样
底板 001	1	100 6 100 R25	管材 002	1	φ50 φ60 50 50° 30°
管材 003	1	φ50 φ60 50 30°			

职业知识

工具零件法兰

法兰（Flange），又叫法兰凸缘盘或突缘，是轴与轴之间相互连接的零件，或管端之间连接的零件；也有用在设备进出口上的法兰，用于两个设备之间的连接，如减速机法兰。法兰连接或法兰接头，是指由法兰、垫片及螺栓三者相互连接作为一组组合密封结构的可拆连接。法兰上有孔眼，使用螺栓将两法兰紧固。法兰间用衬垫密封。法兰分为螺纹连接（丝扣连接）法兰、焊接法兰和卡夹法兰。法兰都是成对使用的，低压管道一般使用丝接法兰，高压管道一般使用焊接法兰。不同压力的法兰厚度不同，其使用的螺栓也不同。水泵和阀门，在与管道连接时，这些器材设备的局部，制成相对应的法兰形状，也称为法兰连接。凡是在两个平面周边使用螺栓连接同时封闭的连接零件，一般都称为“法兰”，如通风管道的连接，这类零件可称为“法兰类零件”。

减速机法兰，用于电动机与减速机的连接，以及减速机与其他设备之间的连接。

法兰的分类方法

平焊法兰

凸面平焊法兰

螺纹法兰

滑动法兰

轴承焊法兰

搭接法兰

盲板法兰

对焊法兰

管板

环连接法兰

松套对焊法兰

高压法兰

步骤二：确定工作任务

1. 根据图样及材料确定下料工艺

根据零件图的绘制能够确定，本项目需要的板材外轮廓为边长 100mm 的正方形，可采用半自动火焰切割机进行下料，板材中心的圆孔 ϕ50mm，采用手动气割进行加工；圆管采用无齿锯进行切割，管材坡口采用车床加工。

2. 制定装配工艺

法兰工件的结构比较简单，在组对过程中基本不需要划线，主要是根据图样确定管材 002 和管材 003 的装配位置，并且控制好组对间隙即可。

3. 制定焊接工艺

本项目采用的焊接方法是脉冲熔化极气体保护焊，根据板材的厚度选择焊接电流、焊接电压等相应参数，制定焊接工艺卡，教师检查无误后进行施焊。

4. 焊后检测

根据工件的结构及焊缝的位置，制定焊接检测工艺。

法兰的分类方法

按化工行业标准分	整体法兰（IF）、螺纹法兰（Th）、板式平焊法兰（PL）、带颈对焊法兰（WN）、带颈平焊法兰（SO）、承插焊法兰（SW）、对焊环松套法兰（PJ/SE）、平焊环松套法兰（PJ/RJ）、衬里法兰盖（BL(S)）、法兰盖（BL）等。
按石化行业标准分	螺纹法兰（PT）、对焊法兰（WN）、平焊法兰（SO）、承插焊法兰（SW）、松套法兰（LJ）、法兰盖（不表注）等。
按机械行业标准分	整体法兰、对焊法兰、板式平焊法兰、对焊环板式松套法兰、平焊环板式松套法兰、翻边环板式松套法兰、法兰盖等。
按国家标准分	整体法兰、螺纹法兰、对焊法兰、带颈平焊法兰、带颈承插焊法兰、对焊环带颈松套法兰、板式平焊法兰、对焊环板式松套法兰、平焊环板式松套法兰、翻边环板式松套法兰、法兰盖等。

任务一测评

1. 知识测评

确定本任务关键词，按重要程度进行关键词排序并举例解读，见表 5-1-2。

根据自己对重要信息的捕捉、排序、表达、创新和划分权重能力进行自评，满分 100 分。

表 5-1-2 法兰工件图样分析知识测评表

序号	关键词	举例解读	评分自定
1			
2			
3			
4			
5			
总　分			

2. 能力测评

对表 5-1-3 所列作业内容进行评判，操作规范即得分，操作错误或未操作得零分。

表 5-1-3 法兰工件图样分析能力测评表

序号	能力点	配分	得分
1	法兰工件尺寸测量	20	
2	法兰工件零件图绘制	30	
3	制定法兰工件制作任务	30	
4	材料制备方法的合理选择	20	
总分		100	

3. 素养测评

对表 5-1-4 所列素养点进行评判，做到即得分，未做到得零分。

表 5-1-4 法兰工件图样分析素养测评表

序号	素养点	配分	得分
1	绘图过程中的空间想象能力	20	
2	三视图识读的熟练程度	20	
3	一丝不苟、严谨的工作作风(尺寸测量中的误差)	20	
4	尺规等绘图工具使用的熟练程度	20	
5	徒手作图的熟练程度	20	
总分		100	

4. 拓展训练

试根据下图绘制三视图。

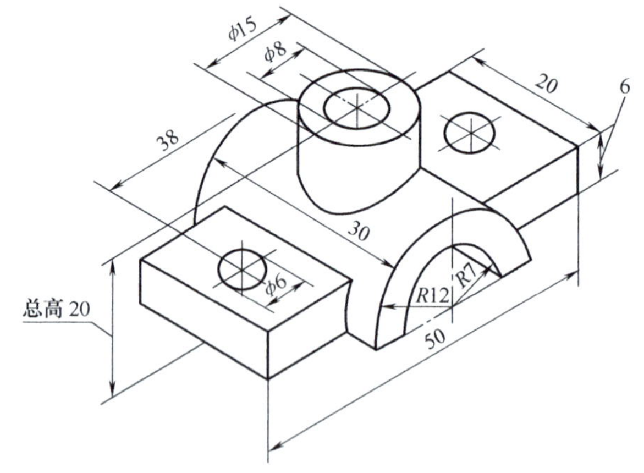

任务二　焊前工件制备

职业活动

步骤一：下料准备

1. 材料检查

施工前操作人员预先熟悉零件，见表 5-1-1，确定下料尺寸以及数量，根据下料清单要求，确定材质为 Q235。为了保证加工尺寸精度，本项目板材外轮廓采用半自动火焰切割机切割，圆管坡口采用车床加工，开孔采用手动气割加工。

2. 检查半自动火焰切割机

参见项目二任务二中半自动火焰切割机设备检查内容。

3. 车床操作前准备工作

1）根据机床要求加注合适的润滑油脂。

2）检查各部分电气设施，手柄，传动部位，防护、限位装置齐全可靠、灵活。

3）各档应在零位，传动带松紧应符合要求。

4）床面不准直接存放金属物件，以免损坏床面。

5）被加工的工件应无泥沙，以防止泥沙掉入拖板内磨坏导轨。

6）未夹工件前必须进行空车试运转，确认一切正常后，方能装上工件。

4. 检验及标识工具

钢直尺、卷尺、石笔、记号笔、焊缝检验尺等。

步骤二：半自动火焰切割机操作

1. 确定下料尺寸

底板 001 尺寸为 100mm×100mm×6mm，见表 5-1-1，先用半自动火焰切割机加工外轮廓，然后用手动气割加工板材中心圆孔。

2. 气割参数

参见项目二任务二中半自动火焰切割机操作内容。

职业知识

气割的基本原理

气割是利用氧气与可燃气体混合燃烧的火焰热能，将工件切割处的金属预热到燃烧温度（燃点），然后向被加热到燃点的金属喷切割氧流，使切口处的金属发生剧烈燃烧，生成液态的熔渣，这些熔渣很快地被高速氧气流吹走，金属燃烧所释放出的热量对待切割的金属进行预热，随着割炬沿切割方向的移动实现切割的方法。

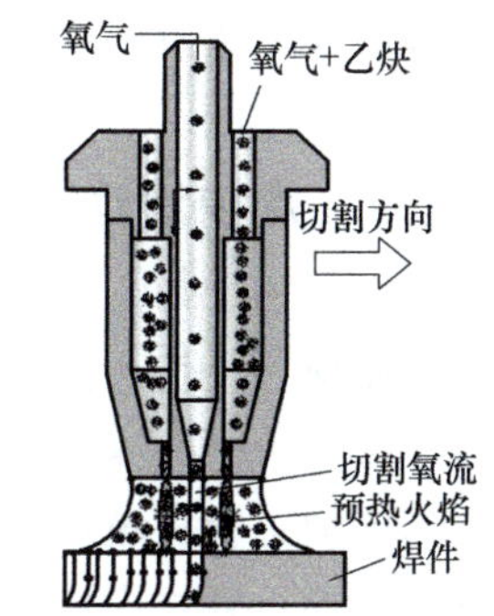

气割过程示意图

割炬的握法：双脚并拢，身体下蹬，腰挺直（胸部不要压在腿上），双手置于两大腿外侧。右手的小指、无名指、中指和掌心握住割炬手柄，大拇指和食指置于预热氧气阀侧（用于及时调节预热氧大小），左手的食指、中指置于切割氧管上方（切割氧开关前）并与拇指配合控制切割氧开关的开启，无名指置于切割氧管与混合管间，并与小指夹着混合管。

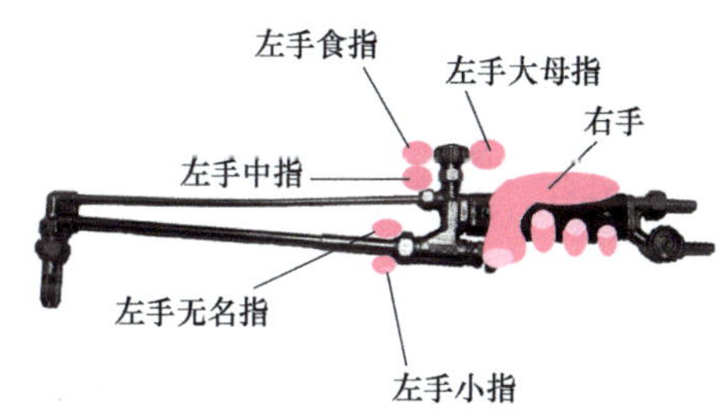

气割时尽可能保持与割缝平行，气割从右向左进行。

气割火焰调节

乙炔是可燃气体，氧气是助燃气体。乙炔和氧气混合燃烧形成的火焰称为氧乙炔焰。氧乙炔焰按氧乙炔混合比值（只氧气和乙炔气的混合比例）的不同可分为中性焰、碳化焰、氧化焰三种。

3. 切割操作

参见项目二任务二中半自动火焰切割机操作内容。

步骤三：管材加工

1. 确定管材尺寸（见表 5-1-1）

2. 车削操作步骤

首先采用切断刀，按照图样要求加工出长度为 50mm，直径为 60mm 的圆管两段，然后采用 45°刀，调整角度加工坡口，注意切削进给量不宜过大。

步骤四：焊前清理

1. 火焰切割工件焊前清理

参照项目一任务二中焊前清理内容。

2. 车床加工工件焊前清理

车床加工管材坡口时，管材内壁一般会有较多毛刺，焊前为了保证焊缝背面成形，管材内壁必须用直磨机打磨出金属光泽。管材外壁采用角磨机进行打磨，焊缝左右 20mm 内打磨出金属光泽。

气割火焰调节

<table>
<tr><td>中性焰</td><td>中性焰是氧与乙炔体积的比值（O_2/C_2H_2）为 1.1～1.2 时混合气燃烧形成的气体火焰。中性焰在第一燃烧阶段既无过剩的氧又无游离的碳。中性焰有三个显著区别的区域，分别为焰芯、内焰和外焰，如右图所示。
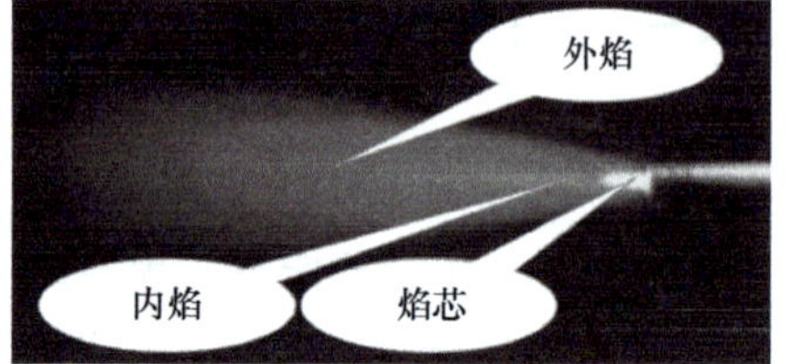

中性焰的焰芯呈尖锥形，色白而明亮，轮廓清楚。焰芯由氧气和乙炔组成，焰芯外表分布一层由乙炔分解所生成的碳素微粒，由于炽热的碳粒发出明亮的白光，因此有明亮而清楚的轮廓。在焰芯内部进行着第一阶段的燃烧。焰芯虽然很亮，但温度较低（800～1200℃），这是由于乙炔分解而吸收了部分热量的缘故。
内焰主要由乙炔的不完全燃烧产物，即来自焰芯的碳和氢气与氧气燃烧的生成物一氧化碳和氢气所组成。内焰位于碳素微粒层外面，呈蓝白色，有深蓝色线条。内焰处在焰芯前 2～4mm 部位，燃烧激烈，温度最高，可达 3100～3150℃。中性焰应用最广泛，并且一般都使用内焰。
外焰处在内焰的外部，外焰的颜色从里向外由淡紫色变为橙黄色。来自内焰燃烧生成的一氧化碳和氢气与空气中的氧充分燃烧，即进行第二阶段的燃烧。外焰燃烧的生成物是二氧化碳和水。外焰温度为 1200～2500℃。由于二氧化碳和水在高温时容易分解，所以外焰具有氧化性。</td></tr>
<tr><td>碳化焰</td><td>碳化焰是氧与乙炔体积的比值（O_2/C_2H_2）小于 1.1 时混合气燃烧形成的气体火焰。因为乙炔有过剩量，所以燃烧不完全。碳化焰中含有游离碳，具有较强的还原作用和一定的渗碳作用。</td></tr>
</table>

气割火焰调节

碳化焰	碳化焰可分为焰芯、内焰和外焰三部分，如右图所示。碳化焰的整个火焰比中性焰长而柔软，而且随着乙炔的供给量增多，碳化焰也就变得更长、更柔软，而其挺直度更差。当乙炔的过剩量很大时，由于缺乏使乙炔完全燃烧所需要的氧气，火焰开始冒黑烟。碳化焰的焰芯较长，呈蓝白色，由一氧化碳、氢气和碳素微粒组成。碳化焰的外焰特别长，呈橘红色，由水蒸气、二氧化碳、氧气、氢和碳素微粒组成。碳化焰的温度为 2700～3000℃。由于在碳化焰中有过剩的乙炔，因此它可以分解为氢气和碳。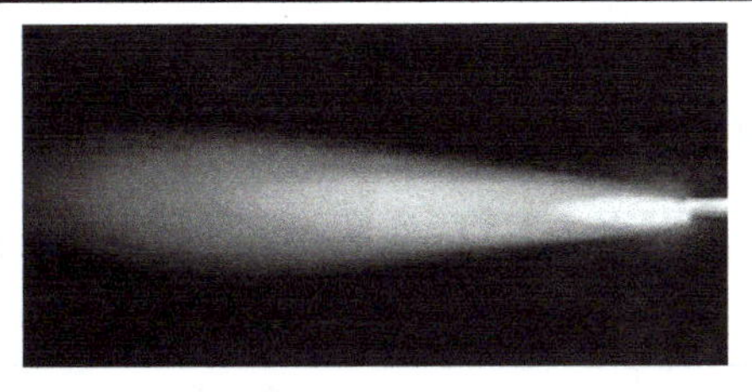
氧化焰	氧化焰是氧与乙烧体积的比值（O_2/C_2H_2）大示 1.2 时混合气燃烧形成的气体火焰。氧化焰中有过剩的氧，在尖形焰芯外面形成了一个有氧化性的富氧区，其构造和形状如右图所示。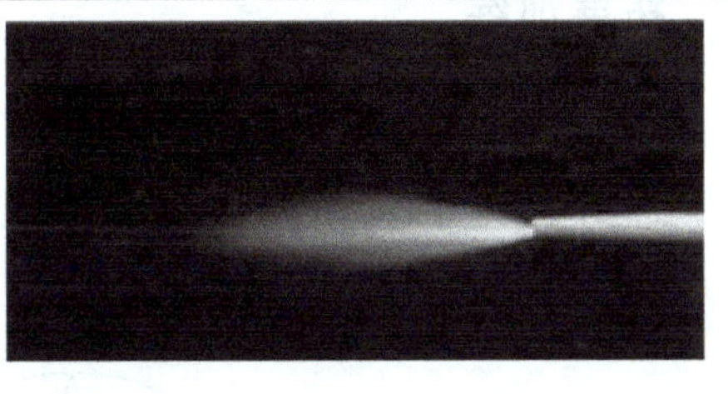 氧化焰由于火焰中含氧较多，氧化反应剧烈，使焰芯、内焰、外焰都缩短，内焰很短，几乎看不到。氧化焰的焰芯呈淡紫蓝色，轮廓不明显；外焰呈蓝色，火焰挺直，燃烧时发出急剧的“嘶嘶”声。氧化焰的长度取决于氧气的压力和火焰中氧气的比例，氧气的比例越大，整个火焰就越短，噪声也就越大。 氧化焰的温度可达 3100～3400℃。由于氧气的供应量较多，因此整个火焰具有氧化性。

气割特点及应用

1）特点：效率高、成本低、易于操作与掌握、适应性广。

2）缺点：切割精度低，存在火灾、烧伤等隐患及烟尘，切割材料受限制。

3）应用：主要用于碳钢及低合金钢切割。

任务二测评

1. 知识测评

确定本任务关键词，按重要程度进行关键词排序并举例解读，见表5-2-1。

根据自己对重要信息的捕捉、排序、表达、创新和划分权重能力进行自评，满分100分。

表5-2-1 法兰零件制备知识测评表

序号	关键词	举例解读	评分自定
1			
2			
3			
4			
5			
总分			

2. 能力测评

对表5-2-2所列作业内容进行评判，操作规范即得分，操作错误或未操作得零分。

表5-2-2 法兰零件制备能力测评表

序号	能力点	配分	得分
1	半自动火焰切割机操作	20	
2	无齿锯操作	20	
3	车床加工管材坡口操作	30	
4	数控线切割操作	30	
总分		100	

3. 素养测评

对表5-2-3所列素养点进行评判，做到即得分，未做到得零分。

表5-2-3 法兰零件制备素养测评表

序号	素养点	配分	得分
1	防护用具穿戴标准	20	
2	材料切割之前检查	20	
3	半自动火焰切割机安全操作规程	20	
4	无齿锯和车床安全操作规程	20	
5	工具、量具等归位，清理工位	20	
总分		100	

4. 拓展训练

采用气割切割下图五角星图案，板材厚度为5mm。

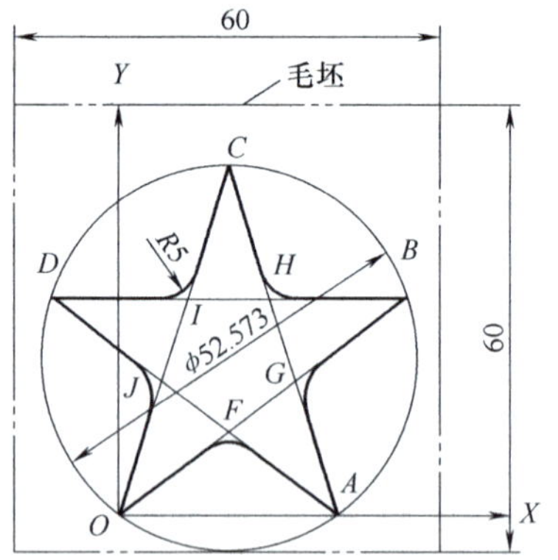

任务三　部件装配与点固

职业活动

步骤一：装配前的准备

1. 确定装配基准

根据法兰图样进行结构分析，三维零件图见图 5-1-1。

法兰共由 3 个零件组成，分别是底板 001、管材 002 和管材 003，在装配过程中，可设定底板 001 为装配基准。

装配方法有两种，一种是先装配底板 001 与管材 002，最后装配管材 003；另一种是在辅助工具上装配管材 002 与管材 003，最后装配底板 001 与管材 002。

2. 装配现场和装配设备的选择

由于本项目法兰工件的尺寸较小，因此可选择在水平操作平台上进行装配。

3. 工量具的准备

量具：直角尺和卷尺。

设备：NB-350 型半自动 CO_2 气体保护焊焊机。

4. 零件预检

根据图样要求，对板材尺寸、形状进行检测，确保装配工作顺利进行。

步骤二：装配流程

1. 装配方法一

先装配底板 001 与管材 002，最后装配管材 003。

为了保证焊缝背面成形良好，组对过程中要注意预留间隙。把底板放置在水平操作台上，为确保预留间隙一致，在底板 001 上放置两段焊丝，然后再放置管材 002，进行点固焊缝施焊，施焊完成后取出焊丝，如图 5-3-2 所示。组对时要注意，管材 002 两端的坡口角度不一致，管板对接时，为了保证焊丝可达性，管材坡口角度一般为 50°左右，而管管对接坡口角度为 30°。

职业知识

装配工艺过程的制定

内容	装配工艺过程制定的内容包括：零件、组件、部件的装配次序；在各装配工序上采用的装配方法；选用何种提高装配质量和生产率的装备、胎卡具和工具。
装配工艺方法	零件备料及成形加工的精度对装配质量有着直接的影响，加工精度越高，其工艺成本就越高。根据不同产品和不同生产类型的条件，常用的装配工艺方法主要有以下几种。 （1）互换法　互换法的实质是用控制零件的加工误差来保证装配精度。这种装配法零件是完全可以互换的，装配过程简单，生产率高，对装配工人的技术水平要求不高，便于组织流水作业，但要求零件的加工精度较高，适用于批量及大量生产。 （2）选配法　选配法是在零件加工时为降低成本而放宽零件加工的公差带，故零件精度不是很高。装配时需挑选合适的零件进行装配，以保证规定的装配精度要求。这种方法对零件的加工工艺要求放宽了，便于零件加工，但装配时工人要对零件进行挑选，增加了装配工时和难度。 （3）修配法　修配法是指零件预留修配余量，在装配过程中去除部分多余的材料，使装配精度满足技术要求。此方法零件的制作精度可放得较宽，但增加了手工装配的工作量，而且装配质量取决于工人的技术水平。 在选择装配工艺法时，应根据生产类型和产品种类等方面来考虑。一般单件、小批量生产或重型焊接结构生产，常以修配法为主，互换件的比例少，工艺灵活性大，工序较为集中，大多使用通用工艺装备；成批生产或一般焊接结构，主要采用互换法，也可灵活采用选配法和修配法，工艺划分应以生产类型为依据，使用通用或专用工艺装备，可组织流水作业生产。

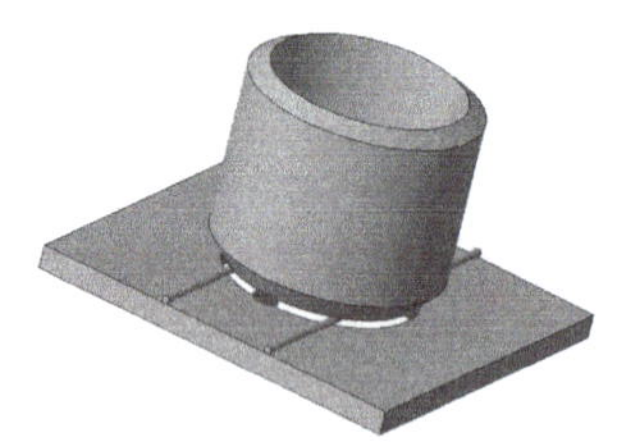
图 5-3-1　底板 001 与管材 002 装配示意图

图 5-3-2　管材 002 与管材 003 装配示意图

装配管材 003 时，与上述方法一致，同样利用焊丝来保证预留间隙，如图 5-3-3 所示。注意管材 002 与管材 003 装配时必须保证同心，否则会产生错边量，导致管材内壁出现未熔合等缺陷。

2. 装配方法二

先装配管材 002 与管材 003，最后装配底板 001。

管对接同心度很难掌握，先装配管材时可借助辅助工具，例如角钢或者槽钢等，装配时仍然需要预留间隙，可采用管材之间加焊丝的方法预留间隙，如图 5-3-3 所示。装配底板 001 的方法与第一种装配方法一致。

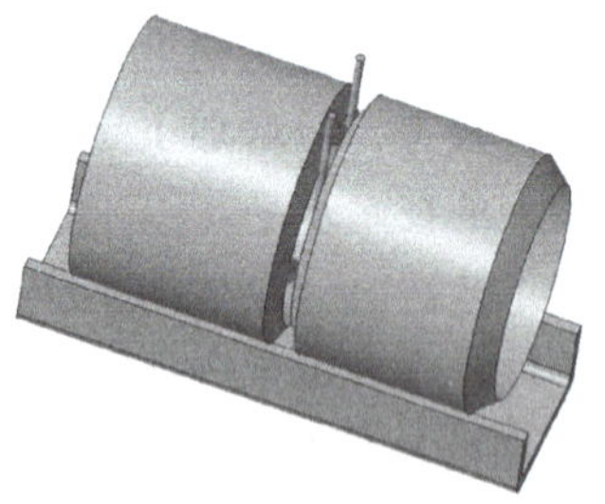
图 5-3-3　管材装配示意图

装配顺序的制定

制造焊接结构时，装配与焊接的关系十分密切。在实际生产中，往往装配与焊接是交替进行的，在制定装配工艺过程中，要全面分析，使所拟定的装配工艺过程对以后各工序都带来有利的影响。在确定部件或结构的装配顺序时，不能单纯孤立地只从装配工艺的角度去考虑，必须与焊接工艺一起全面分析，实际上就是装配-焊接顺序的确定。

装配-焊接顺序基本上有三种类型：整装-整焊、随装-随焊、分部件装配焊接-总装焊接。

整装-整焊	即将全部零件按图样要求装配起来，然后转入焊接工序，将全部焊缝焊完，此种类型是装配工人与焊接工人各自在自己的工位上完成，可实行流水作业，停工损失很小。装配可采用装配胎具进行，焊接可采用滚轮架、变位机等工艺装备和先进的焊接方法，有利于提高装配-焊接质量。这种方法适用于结构简单、零件数量少、大批量生产的条件。
随装-随焊	即先将若干个零件组装起来，随之焊接相应的焊缝，然后再装配若干个零件，再进行焊接，直至全部零件装完并焊完，成为符合要求的构件。这种方法是装配工人与焊接工人在一个工位上交替作业，影响生产效率，也不利于采用先进的工艺装备和先进的工艺方法。因此，此种方法仅适用于单件小批量产品和复杂结构的生产。
分部件装配焊接-总装焊接	将结构件分解成若干个部件，先由零件装配成部件，然后再由部件装配-焊接成结构件，最后再把装配好的结构件总装焊成整个产品结构。这种方法适合批量生产，可实行流水作业，几个部件可同步进行，有利于应用各种先进工艺装备、控制焊接变形和采用先进的焊接工艺方法。因此，此类型适用于可分解成若干个部件的复杂结构，如机车车辆底架、船体结构等。

任务三测评

1. 知识测评

确定本任务关键词，按重要程度进行关键词排序并举例解读，见表5-3-1。

根据自己对重要信息的捕捉、排序、表达、创新和划分权重能力进行自评，满分100分。

表 5-3-1　法兰工件装配知识测评表

序号	关键词	举例解读	评分自定
1			
2			
3			
4			
5			
总分			

2. 能力测评

对表5-3-2所列作业内容进行评判，操作规范即得分，操作错误或未操作得零分。

表 5-3-2　法兰工件装配能力测评表

序号	能力点	配分	得分
1	装配基准面的选择	20	
2	制定装配顺序	30	
3	制定点固焊缝焊接参数	20	
4	合理控制装配精度	30	
总分		100	

3. 素养测评

对表5-3-3所列素养点进行评判，做到即得分，未做到得零分。

表 5-3-3　法兰工件装配素养测评表

序号	素养点	配分	得分
1	防护用具穿戴标准	20	
2	装配前材料检查	20	
3	点固焊缝施焊	20	
4	点固焊缝焊后处理	20	
5	工具、量具等归位，清理工位	20	
总分		100	

4. 拓展训练

（1）简述制定装配工艺过程的内容及方法。

（2）简述三种不同类型装配-焊接顺序的内容以及应用。

任务四　焊接工艺制定及实施

职业活动

步骤一：识读焊接标注

按照图 5-4-1 法兰工件焊接标注图，确定焊缝位置及形式。

1. 确定焊缝数量和焊缝形式

通过图样分析，我们能够确定，法兰工件共有两条焊缝，分别是管板骑坐式对接和管管对接。

2. 确定焊接位置

根据底板放置的空间位置不同，本项目法兰工件中的焊缝位置有两种情况：第一种情况底板 001 与水平面平行，这时骑坐式管板对接焊缝属于平角焊（2F），管材属于垂直管对接（2G）；第二种情况是底板 001 与水平面垂直，这时骑坐式管板对接的焊接位置是 5F，管材属于管管水平对接全位置焊（5G）。

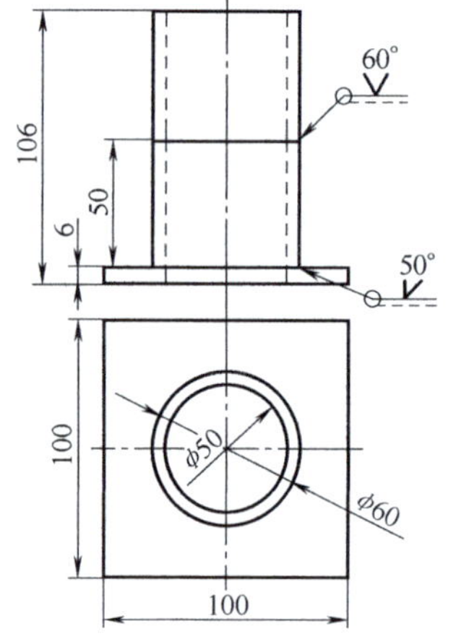

图 5-4-1　焊接标注图

步骤二：板骑坐式管板对接（2F）和垂直固定管（2G）焊接工艺编制

1. 焊前准备

1）工件材料为 Q235 钢板，具体尺寸：板材 100mm×100mm×6mm，管材 ϕ60mm×5mm×50mm。

2）焊接材料选择　焊丝牌号为 ER50-6，直径 ϕ1.2mm，保护气体要求（体积分数）：Ar 80%～85%+CO_2 20%～15%。

3）焊机选择 NB-350 型焊机，直流反接。

4）焊前清理采用角磨机或钢丝刷清理工件坡口及坡口两侧各 20mm 范围内的油污、铁锈及其他污染物，直至露出金属光泽。

职业知识

脉冲熔化极气体保护焊管板骑坐式对接（2F）焊接操作过程

焊缝层数	在定位焊的另一侧施焊，采用左向焊法，焊接层次为三层四道，焊道排列如右图所示。
打底层焊接	在定位焊点上引燃电弧进行预热，焊丝与水平板的夹角为 45°～50°，焊丝的前倾角为 80°～85°，如下图所示。
填充层焊接	填充焊前应清除打底层焊缝表面杂质，避免产生夹渣缺陷。填充焊时，焊接电流应适当加大，电弧横向摆动的幅度视坡口宽度的增大而加大。焊完最后的填充层焊缝应比焊脚小 2～3mm，为盖面层焊接留有余量。焊接速度应适宜，以保证管、板间焊缝熔合良好、平滑过渡。
盖面层焊接	盖面层焊接时，采用两道焊，注意保持焊枪角度正确，防止管壁一侧产生咬边缺陷。电弧摆动到坡口两侧时应稍做停顿，使坡口两侧温度均衡，焊缝熔合良好、边缘平直。焊缝应宽窄一致、高低平整、波纹均匀。
焊接注意事项	（1）施焊过程中要灵活掌握焊接速度，防止产生未熔合、气孔、咬边等缺陷。 （2）熄弧时禁止突然切断电源，在弧坑处必须稍做停留填满弧坑，以防止产生裂纹和气孔。 （3）当板厚不同时，应使电弧偏向厚板一侧，正确调整焊枪角度，以防止产生咬边、焊缝下垂缺陷，保持焊脚尺寸。

2. 焊接工艺分析

管板垂直固定焊与板板平角焊不同，管板垂直固定平角焊时，焊缝是有弧度的，焊枪在焊接过程中随焊缝弧度位置变化而变换焊接角度。由于管壁较薄、板壁较厚，如果焊接角度或运条操作不当，焊件受热不均匀，则在管侧易产生咬边和焊缝偏下缺陷，在板侧易产生未焊透和未熔合等缺陷。因此，在焊接操作中应采用较小的焊接电流、合适的焊接角度匀速围绕管材依弧度位置变化而变换焊枪角度连续施焊。

管对接垂直固定焊（单面焊双面成形）和板对接横焊相似，焊缝处于空间位置，熔滴熔池容易下淌，易形成未熔合和焊瘤等缺陷。焊接时应采用较小的焊接参数，一般采用直线运条。

3. 焊接工艺卡编制（见表 5-4-1）

表 5-4-1 脉冲熔化极气体保护焊板骑坐式管板对接（2F）和垂直固定管（2G）焊接工艺卡

焊接工艺卡			编号：			
材料型号	Q235					
材料规格	100mm×100mm×6mm 一件 ϕ60mm×5mm×50mm 两件					
接头种类	T形、对接					
坡口形式	单边V形、V形					
坡口角度	50°、30°					
钝边	0mm					
组对间隙	1~1.5mm					
焊接方法	135(GMAW)					
焊接设备	NB-350					
电源种类	直流	焊后热处理	种类	—	保温时间	—
电源极性	反接		加热方式	—	层间温度	—
焊接位置	2F		温度范围	—	测量方法	—
焊接参数						

脉冲熔化极气体保护焊垂直固定管板对接横焊(2G)焊接操作过程

打底层焊接	打底层焊接时，在固定焊缝上引弧，可采用小月牙形或小锯齿形上下摆动运条法，电弧摆动到坡口两侧时稍做停顿，注意随时调整焊枪角度，如下图所示。  GMAW-垂直固定的小径管焊接 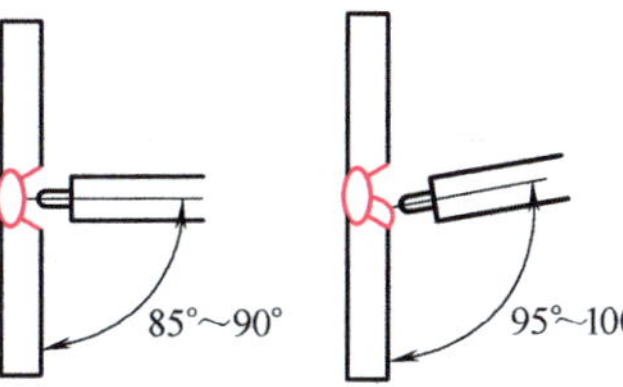 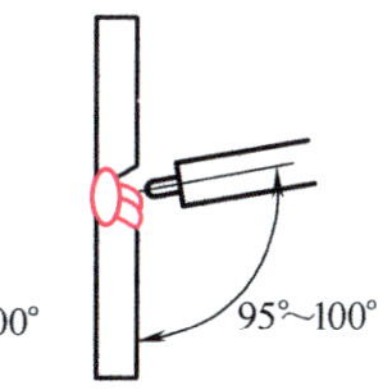 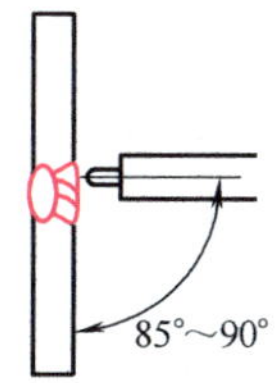 要移动位置暂停焊接时，应按收弧要领操作。再次施焊时，应将收弧处修磨成斜坡并清理干净，并在斜坡上引弧。
盖面层焊接	盖面层焊接为一层三道焊缝，焊接时，后一道焊缝压前一道焊缝的 1/2，注意随时调整焊枪角度，保持匀速焊接，保证每层每道焊缝的厚度和平整度。 清理填充层焊道焊渣，调节盖面层焊接参数，控制层间温度约 100℃，与填充层焊接方法基本相同。焊枪横向摆动幅度比填充焊时稍大，尽量保持焊接速度均匀，避免盖面层焊道中间凹陷。焊丝摆动到坡口两侧时，焊丝对准坡口棱边，不要超过棱边，形成熔池后的熔化棱边为 0.5~1mm。收弧时一定要填满弧坑，并且收弧弧长要短，以免产生弧坑裂纹。

脉冲熔化极气体保护焊管板水平固定全位置（5F）焊接操作过程

焊道分布	焊接方向为自下而上，分两个半周完成。焊接层次为三层四道，焊枪角度以及焊道排布如下图所示。  GMAW-水平固定的大径管焊接

（续）

焊层		焊材型号	焊材直径/mm	焊接电流/A	焊接电压/V	气体流量/(L/min)	干伸长度/mm
平焊管板对接	打底层	ER50-6	ϕ1.2	100~110	18~20	12~15	12~15
	填充层			120~140	21~23	12~15	12~15
	盖面层			100~120	18~21	12~15	12~15
垂直管对接	打底层			120~140	22~24	15~20	10~15
	盖面层			140~160	24~26	15~20	10~15

步骤三：管板水平固定（5F）和水平固定管全位置（5G）焊接工艺编制

1. 焊前准备

与步骤二焊前准备一致。

2. 焊接工艺分析

管板水平固定全位置单面焊双面成形焊接时，如果电弧过长、焊接角度不正确或焊接电流偏大，会导致管侧焊缝凸度过大、孔板侧咬边等缺陷。在仰焊位焊接时，如果焊接速度过快、焊接角度不正确或焊接电流过小，容易产生未熔合等缺陷。

管对接水平固定焊要经历仰焊、立焊、平焊，属于全位置焊接，难度较大。焊接时，熔滴和熔池金属在重力作用下容易下淌。焊接过程中应控制熔池的大小和温度，减少和防止液态金属下淌而产生焊瘤的情况，一般采用较小的焊接参数。焊接时焊枪的位置和角度随焊缝曲率变化而不断变化，焊接过程分为两个半周完成。要控制好熔孔的尺寸，以实现单面焊双面成形。同时，应控制好焊接速度，避免出现焊瘤、咬边等缺陷。

脉冲熔化极气体保护焊管板水平固定全位置（5F）焊接操作过程

焊道分布	45°~55° 打底层 填充层 盖面层2 盖面层1
打底层焊接	正确调节焊接电流与电弧电压，使两者相互匹配，以获得完美的焊缝成形。可采用锯齿形横向摆动运条法，电弧摆动到坡口两侧时稍做停顿，注意调整焊枪与管、板之间的角度，应把焊丝送入坡口根部，以电弧能将坡口两侧钝边完全熔化为宜。认真观察熔池的温度、形状和熔孔的大小。熔孔过大，则背面焊缝余高过高，甚至会产生焊瘤或烧穿缺陷；熔孔过小，坡口两侧根部易产生未焊透缺陷。焊完后的背面焊缝余高为0~2mm。
填充层焊接	填充焊前应清除打底层焊道焊渣，避免产生夹渣等缺陷。填充焊时，焊接电流应适当加大，电弧横向摆动的幅度视坡口宽度的增大而加大。焊完最后的填充层焊缝应比焊脚小2~3mm，为盖面层焊接留有余量。焊接速度应适宜，以保证管、板间焊缝熔合良好、平滑过渡。
盖面层焊接	盖面层焊接时，采用两道焊，注意保持焊枪角度正确，防止管壁一侧产生咬边缺陷。电弧稍做摆动，使焊缝两侧温度均衡，焊缝熔合良好、边缘平直。焊缝应宽窄一致、高低平整、波纹均匀。
焊接要点	管板水平固定焊接，包括仰焊、立焊、平焊三种焊接位置。焊接时焊丝角度要随着各种位置的变化而不断调整，每条焊道焊接前，必须把前一层焊道的飞溅清理干净，焊道接头处打磨平整，避免产生咬边等缺陷。

3. 焊接工艺卡编制（见表 5-4-2）

表 5-4-2 管板水平固定（5F）和水平固定管全位置（5G）焊接工艺卡

焊接工艺卡			图示			
材料型号	Q235					
材料规格	100mm×100mm×6mm 一件 ϕ60mm×5mm×50mm 两件					
接头种类	T 形、对接					
坡口形式	单边 V 形、V 形					
坡口角度	50°、30°					
钝边	0mm					
组对间隙	1～1.5mm					
焊接方法	135(GMAW)					
焊接设备	NB-350					
电源种类	直流	焊后热处理	种类	—	保温时间	—
电源极性	反接		加热方式	—	层间温度	—
焊接位置	5F		温度范围	—	测量方法	—

焊接参数							
焊层		焊材型号	焊材直径/mm	焊接电流/A	焊接电压/V	气体流量/(L/min)	干伸长度/mm
管板5F	打底层	YJ502-1	ϕ1.2	80～90	17～18	12～15	10～15
	填充层			100～120	17～19	12～15	10～15
	盖面层			100～110	17～19	12～15	10～15
管管5G	打底层	YJ502-1	ϕ1.2	90～110	18～19	15～20	10～15
	盖面层			110～130	19～21	15～20	10～15

脉冲熔化极气体保护焊水平固定管全位置（5G）焊接操作过程

打底层焊接

采用连弧法进行焊接。先焊右半周，在钢管过圆周 6 点钟位置 10mm 左右处引弧，开始焊接，焊枪做小幅度锯齿形摆动，焊枪角度如下图所示。焊至 12 点钟处收弧，相当于平焊收弧。

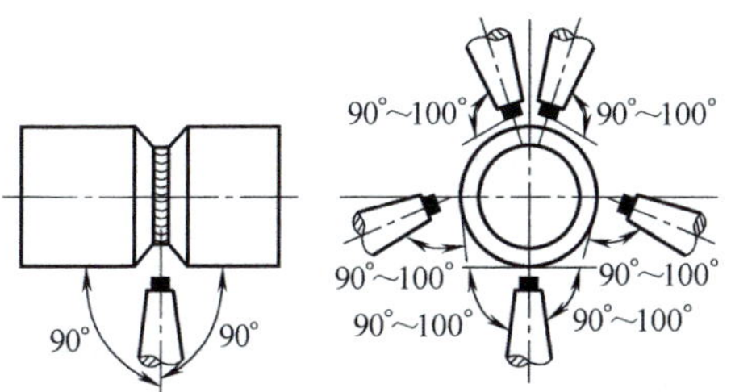

焊左半周前，先将 6 点钟和 12 点钟处焊缝末端磨成斜坡状，长度为 10mm。在打磨区域中过 6 点钟处引弧，引弧后拉回到打磨区端部开始焊接，操作与右半周相似，焊过打磨区域后收弧。

盖面层焊接

盖面层焊接焊枪角度同打底层，焊丝宜在熔池中央 1/2 处左右摆动。采用锯齿形月牙形或月牙形摆动，如右图所示。焊丝在两侧稍做停留，在中央部位速度略快，摆动的幅度要参照坡口棱边的宽度，保证熔池深入坡口每侧边缘棱角 0.5～1.5mm。

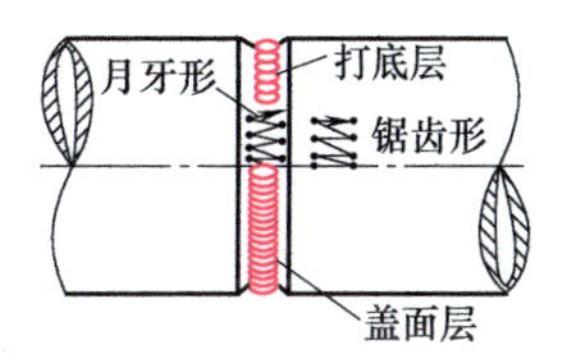

焊接盖面层时，焊接速度要均匀，熔池深入坡口两侧的尺寸要一致，以保证焊缝成形美观。

焊接技巧

此焊接过程经过仰焊、立焊、平焊几种焊接位置，操作难度较大。焊接时，金属熔池所处的空间位置不断变化，焊枪角度也应随焊接位置的变化而不断调整。焊接要领归纳为“一看、二稳、三准、四匀”。

看：看熔池并控制其大小，看熔池的位置。

稳：身体放松，呼吸自然，手稳，动作幅度小而稳。

准：定位焊位置准确，焊枪角度准确。

匀：焊条波纹均匀，焊缝宽窄均匀、高低均匀。

任务四测评

1. 知识测评

确定本任务关键词，按重要程度进行关键词排序并举例解读，见表5-4-3。

根据自己对重要信息的捕捉、排序、表达、创新和划分权重能力进行自评，满分100分。

表 5-4-3　法兰工件焊接知识测评表

序号	关键词	举例解读	评分自定
1			
2			
3			
4			
5			
总分			

2. 能力测评

对表5-4-4所列作业内容进行评判，操作规范即得分，操作错误或未操作得零分。

表 5-4-4　法兰工件焊接能力测评表

序号	能力点	配分	得分
1	焊接标注符号识读	20	
2	制定焊接顺序	30	
3	焊接工艺卡编制	20	
4	掌握法兰工件焊接技巧	30	
总分		100	

3. 素养测评

对表5-4-5所列素养点进行评判，做到即得分，未做到得零分。

表 5-4-5　法兰工件焊接素养测评表

序号	素养点	配分	得分
1	防护用具穿戴标准	20	
2	点固焊缝焊前打磨处理	20	
3	熔化极气体保护焊安全操作规程	20	
4	焊接工艺卡内容执行是否存在偏差	20	
5	工具、量具等归位，清理工位	20	
总分		100	

4. 拓展训练

本项目在组对和焊接过程中焊缝空间位置介绍了两种情况，但是骑坐式管板对接含有第三种情况，如下图所示。现采用脉冲熔化极气体保护焊施焊，请自行编制焊接工艺并实施。

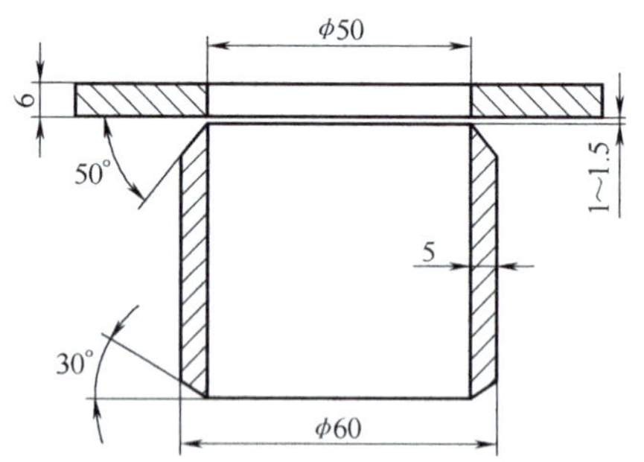

任务五　焊接检测

职业活动

步骤一：检测准备

1. 准备充足的照明条件。
2. 5 倍放大镜。
3. HJC40 焊缝检测尺、游标卡尺（精度 0.02mm）、白色油漆笔。
4. 管对接焊缝评分表、管板角焊缝评分表。
5. 检测前对工件进行清理。

步骤二：焊缝尺寸检测

1. 检测焊缝尺寸

本任务中焊缝尺寸检测主要是测量焊缝外观尺寸是否符合图样标注尺寸或技术标准规定的尺寸。本任务有对接焊缝和角焊缝各一条，在检测过程中，需要进行两部分的尺寸测量。

（1）对接焊缝尺寸的检测　对接焊缝需要测量余高、高低差、熔宽、焊缝宽窄差、背面凹陷、背面凸起、角变形及错边量等内容，详细见表 5-5-1 管对接焊缝评分表。

（2）角焊缝尺寸的检测　角焊缝需要测量焊脚尺寸 K_1、K_2 及 ΔK，焊缝凹凸度等内容，详细见表 5-5-2 管板角接焊缝评分表。

2. 填写评分表（表 5-5-1、表 5-5-2）

表 5-5-1　管对接焊缝评分表

工件号		评分员签名			合计得分（满分 50 分）		
检查项目	标准、分数	评判等级				测量数值	实际得分
		Ⅰ	Ⅱ	Ⅲ	Ⅳ		
焊缝余高	标准/mm	0~1	>1~2	>2~3	<0,>3		
	分数	5	4	3	0		
焊缝余高差	标准/mm	≤1	>1~2	>2~3	>3		
	分数	8	6	3	0		

职业知识

对接管内部检查过程——背面成形

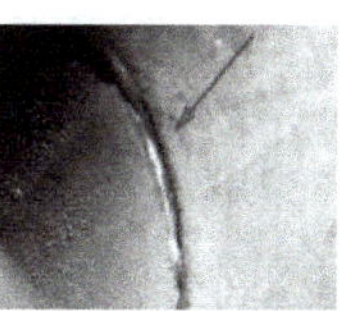

对接管内部检查主要检测背面成形，首先检查是否有内凹，如果内凹存在，主要检测未熔合、未焊透是否存在，如右图所示。

对接管内部检查过程——通球试验

对接管内部高度如果不存在内凹，是凸起状态，则需要进行通球试验，测量背部成形凸起高度。通球试验是指检查管道是否畅通，检查弯曲管段内径的变化程度。方法是将圆球从管子一端放入，在重力作用下，圆球从另一端自由落出管外，测出过球直径。例如：ϕ60mm×5mm 的碳钢管通球试验评分见下表：

通球试验评分表

通球试验	尺寸标准	过球直径 50mm×90%＝45mm	过球直径 50mm×85%＝42.5mm	未过球直径 50mm×85%＝42.5mm
	得分标准	7 分	4 分	0 分

由上评分表得出：内径 $D = D_0 \times 90\%$（85%），用直径不同的两球进行通球试验，完成对管内部的检查过程。

通球准备工作：

1）通球前，对接管需要先进行检查。

2）试验用球一般采用钢球。

通球试验工艺及要点：

通球试验工艺：检查管子→通球→封口。

1）按照规定选择试验用球的直径为 ϕ45mm，球必须能从管子中顺利通过，否则为不合格。

2）试验的管子及试验用球必须编号，试验完毕将球妥善保管，防止遗留管内。

3）通球时，出球管口应设挡收球装置，管口正前方不得有人站立或行走。

（续）

工件号		评分员签名			合计得分（满分 50 分）		
检查项目	标准、分数	评判等级				测量数值	实际得分
		Ⅰ	Ⅱ	Ⅲ	Ⅳ		
焊缝宽度	标准/mm	7～8	≥6，≤9	≥5，≤10	<5，>10		
	分数	5	3	1	0		
焊缝宽度差	标准/mm	≤1	>1～2	>2～3	>3		
	分数	7	5	2	0		
咬边	标准/mm	无咬边	深度≤0.5 每 1mm 扣 1 分		深度>0.5		
	分数	10			0		
正面成形	标准	优	良	中	差		
	分数	5	6	1	0		
通球检验	尺寸标准	过球直径 50mm× 90%＝45mm	过球直径 50mm× 85%＝42.5mm	未过球直径 50mm× 85%＝42.5mm			
	分数	7	4	0			
角变形	尺寸标准/mm	0	0～0.5	0.5～1	>1		
	分数	3	2	1	0		
外观缺陷记录							

焊缝外观（正、背）成型评判标准			
优	良	中	差
成形美观，焊缝均匀、细密，高低宽窄一致	成形较好，焊缝均匀、平整	成形尚可，焊缝平直	焊缝弯曲，高低、宽窄明显

注：1. 焊缝未盖面、焊缝表面及根部已修补或试件做舞弊标记则该单项作 0 分处理。

2. 凡焊缝表面有气孔、夹渣、裂纹、未熔合、未焊透、焊瘤等缺陷之一的，该试件外观为 0 分。

3. 其他违反技术操作要求规定的，该试件外观为 0 分。

4. 评分后乘以 0.2 为实际得分。

射线探伤原理

射线探伤（Radiographic Testing，简称 RT）是指利用射线可以穿透物质和在物质中有衰减的特性来发现金属和非金属材料及其制品的内部缺陷的一种无损探伤方法。这种方法的检验结果具有直观性、可靠性和可保存性。但此法也存在着设备较复杂、成本较高的缺点，并需要对射线进行防护。

射线照相法

射线照相法是指用 X 射线或 γ 射线穿透工件，以胶片记录信息的无损探伤方法。该方法是最基本的，也是目前在国内外射线探伤中应用最为广泛的一种射线探伤方法。

1. 射线照相法的基本原理

射线照相法即根据被检工件与其内部缺陷介质对射线能量衰减程度的不同，使得射线透过工件后将缺陷在射线底片上显示出来的方法。如右图所示，从 X 射线机发射出来的 X 射线透过工件时，由于缺陷内部介质（如气体、夹渣等）对射线的吸收能力比周围完好部位小一些，因此透过缺陷部位的射线强度会比周围完好部位大一些，在工件后面的感光胶片上，有缺陷部位将接受较强的射线曝光，而其他完好部位接受较弱的射线曝光，经过暗室处理，即可得到缺陷处和无缺陷处具有不同黑度的底片。评片人员根据底片上影像的形状和黑度的不均匀情况就可以判断焊缝中是否存在缺陷，进而评定该焊缝的质量。

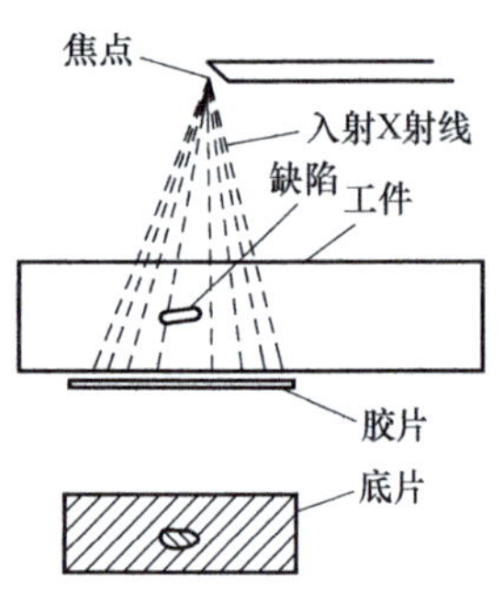

2. 射线照相法的特点

（1）适用范围广　射线照相适用于几乎所有材料，且对工件的形状几乎没有限制。

（2）定性比较容易，定位、定量也比较方便　射线照相能够比较直观、准确地判断出缺陷的性质、数量、尺寸和位置，且底片可以长期保存。

（3）容易检测出体积类缺陷，有选择地发现平面型缺陷　射线照相对气孔和夹渣等体积类缺陷的探伤比较灵敏，检测平面型缺陷如裂纹时则会受到照射角度的影响，即如果其裂纹方向与射线方向平行则容易发现，如果二者互相垂直则不易发现，甚至不能显示出来。

表 5-5-2　管板角焊缝评分表

工件号		评分员签名			合计得分（满分 100）		
检查项目	标准、分数	焊缝等级				测量数值	实际得分
		Ⅰ	Ⅱ	Ⅲ	Ⅳ		
焊脚高度（K_1）	标准/mm	≥7.0,≤7.5	>7.5,≤8.0	>8.0,≤8.5	<7.0,>8.5		
	分数	20	14	8	0		
焊脚高度（K_2）	标准/mm	≥7.0,≤7.5	>7.5,≤8.0	>8.0,≤8.5	<7.0,>8.5		
	分数	20	14	8	0		
ΔK	标准/mm	≤0.5	>0.5,≤1.0	>1.0,≤1.5	>1.5		
	分数	15	12	8	0		
咬边	标准/mm	0	深度≤0.5且长度≤10	深度≤0.5长度>10，≤20	深度>0.5或深度≤0.5，长度>20		
	分数	20	14	8	0		
焊缝凹凸	标准/mm	0~0.5	>0.5,≤1.0	>1.0,≤1.5	>1.5		
	分数	11	8	4	0		
背面焊缝凹陷	标准/mm	0	>0,≤1	>1,≤2	>2		
	分数	5	4	2	0		
背面焊缝凸起	标准/mm	0~1	>1,≤2	>2,≤3	>3		
	分数	5	4	2	0		
焊缝成形	标准(处)	优	良	中	差		
	分数	4	3	2	0		

步骤三：焊缝射线探伤与质量评定

1. 设备、材料准备

（1）检测设备　射线探伤仪；射线探伤工具、材料；暗室及胶片处理设备；观片灯等评片设备及工具。

（2）检测试件　将任务四施焊完成的组合件的管件部分切割，为射线探伤做准备。

（4）检测成本较高　射线照相不仅需要 X 射线机等设备，还需要胶片、药剂等，因此成本较高。

（5）对人体有伤害，必须采取防护措施

射线照相底片缺陷影像的识别

1. 裂纹

常见焊接缺陷——裂纹

底片上裂纹的典型影像是轮廓分明的黑线，其细节特征包括：线有微小的锯齿，有分叉，粗细和黑度有时有变化，线的端部尖细，端头前方有时有丝状阴影延伸，如下图所示。常见的裂纹影像有线状、星（辐射线）状和簇状。星状裂纹主要是出现在起弧或收弧处的弧坑裂纹，所以常称其为弧坑裂纹。

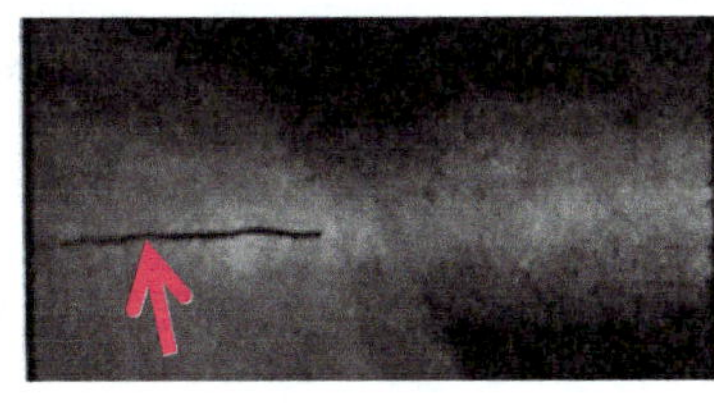

a) 纵向裂纹

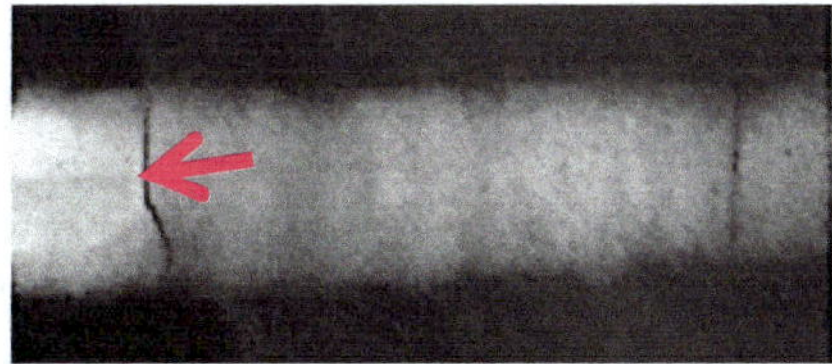

b) 横向裂纹

2. 未焊透

由于坡口存在直的机械加工边，而且坡口直边又位于焊缝中心，所以未焊透的典型影像是细直黑线，两侧轮廓都很整齐，一般比未熔合的影像更直。在底片上处于焊缝根部的投影位置，通常在焊缝中部，呈断续或连续分布，有时贯穿整张底片。或是伴随其他形态影像的线状影像，或是有一定宽度的条状影像等，它们因透照方向的不同而可能出现在偏离中心的位置，如下图所示。

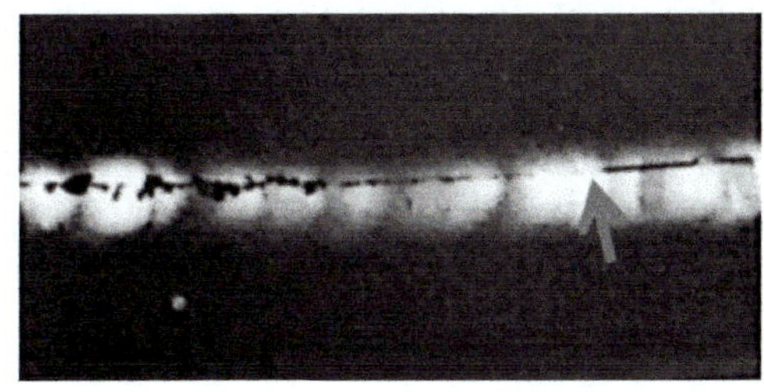

常见焊接缺陷——未焊透

2. 确定探伤要求

假定以下探伤要求：像质等级为 AB 级；探伤比例为 100%；选用线形像质计 6/12；胶片用天津—Ⅲ型胶片，0.02mm 铅增感屏。

3. 检测过程

1）清理工件表面的熔渣及有可能影响射线照相的污物。将像质计贴在射线源一侧的工件表面上，其钢丝垂直于焊缝且细钢丝置于外侧，当射线源侧无法放置时可放在胶片侧，但要做对比试验，使实际像质指数达到规定要求。

2）确定曝光条件进行照相。根据射线照相透照工艺卡选定透照参数。根据诺模图、曝光曲线确定管电压、管电流、曝光时间及焦点至工件表面距离等参数。本任务可选用管电压 100kV、管电流 4mA、曝光时间 3min。

3）关机 3min 后，取出胶片，进行暗室处理。

① 在拆装片过程中，增感屏同胶片同时全部抽出或装入，避免增感屏间或增感屏与胶片间的摩擦。

② 严禁用手直接接触胶片表面。暗室亮度适中。

③ 显影，温度保持 20℃，时间为 5min 左右，显影过程中要不断上、下移动胶片，保证显影液与胶片充片接触。

④ 显影后水洗（或停影）30s 左右，以防将显影液带入定影槽。

⑤ 定影。胶片在定影过程刚开始时要上下移动约 3min；定影时间 10min 左右，温度保持在 18~20℃。

⑥ 水冲洗。用流动的水冲洗 30min 左右。

⑦ 自然干燥，要求环境无尘、干燥、通风。

4. 底片的评定

用观片灯观察底片上的缺欠，测定缺欠的大小、数量、位置并判断其性质。不同的射线照相标准关于质量分级的具体规定各不相同，但确定质量等级的原则和依据大体是一致的。本任务参照 NB/T 47013.2—2015 进行焊缝质量的评定。

（1）质量评定等级划分　根据缺陷的性质、数量和密集程度将焊缝质量分为Ⅰ、Ⅱ、Ⅲ、Ⅳ四个等级，Ⅰ级质量最好，Ⅳ级质量最差。

（2）缺陷性质　NB/T 47013.2—2015 将对接焊接接头中的缺陷分为裂纹、未熔合、未焊透、条形缺陷和圆形缺陷。其中圆形缺陷是指长宽比≤3 的缺陷，它们可以是圆形、椭圆形、锥形或带有尾部（在测定尺寸时应包

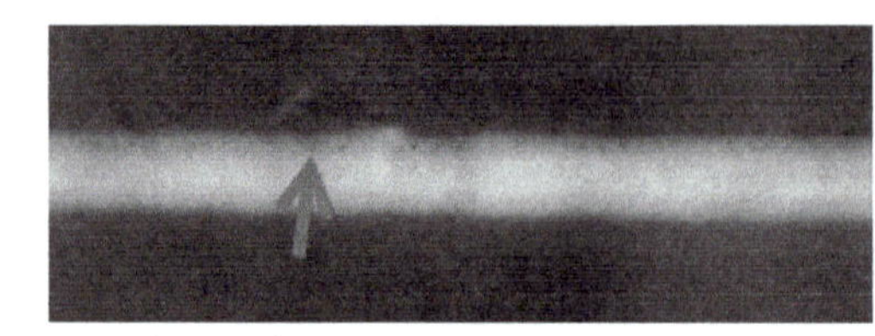

3. 未熔合

根部未熔合的典型影像是一条细直黑线，线的一侧轮廓整齐且黑度较大，另一侧可能规则也可能不规则，在底片上位于焊缝中间。坡口未熔合的典型影像是连续或断续的黑线，宽度不一，黑度不均匀，一侧轮廓较齐，黑度较大，另一侧轮廓不规则，黑度较小，在底片上的位置一般为焊缝中心至边缘的 1/2 处，沿焊缝纵向延伸，如上图所示。层间未熔合的典型影像是黑度不大的块状阴影，形状不规则，层间未熔合影像出现的位置和影像的形状与条状夹渣或片状夹渣类似，但未熔合影像的黑度比夹渣影像的黑度要低很多，而且轮廓也模糊。未熔合是射线照相容易漏检的缺陷，特别是层间未熔合，在评片时应注意识别这种缺陷。

4. 夹渣

夹渣在底片上常见的影像主要有三种形态：点状夹渣、密集夹渣和条状夹渣。其在底片上影像的主要特点是形状不规则，边缘不整齐，黑度较大而均匀。夹渣可能发生在焊缝中的任何位置，条状夹渣呈长条状，具有一定宽度的暗线形态，线的延伸方向一般与焊缝走向相同，如下图所示。

常见焊接缺陷——夹渣

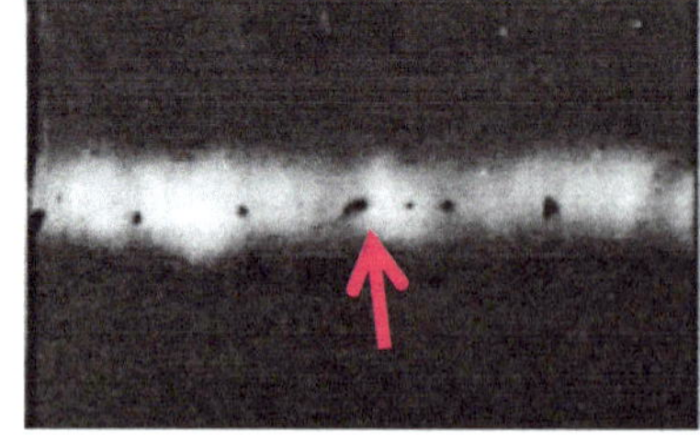

a) 点状夹渣

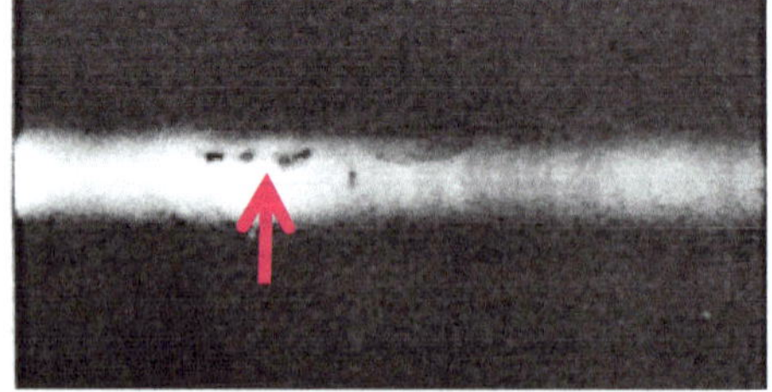

b) 条状夹渣

5. 夹钨

由于钨的原子序数很高、密度很大，所以在底片上夹钨的影像总是呈现为黑度远低于背景黑度的影像，常常为透明状态。夹钨的影像主要有两种形态：孤立点状和密集点（粉）状，如下图所示。

括尾部）等不规则的形状，包括气孔、夹渣和夹钨。条形缺陷是指长宽比>3 的缺陷。

（3）缺陷性质的评级规定　Ⅰ级对接焊接接头内不允许存在任何裂纹、未熔合、未焊透以及条状缺陷，Ⅱ级和Ⅲ级对接焊接接头内不允许存在任何裂纹、未熔合、未焊透，允许有一定数量、一定尺寸的条状缺陷和圆形缺陷存在。

对接焊接接头中缺陷超过Ⅲ级者为Ⅳ级。

1）对底片进行初步检查，如果有明显的裂纹、未熔合、未焊透则判为不合格；如果有圆形缺欠长径比大于 1/2 母材厚度则为不合格。

2）对长宽比小于或等于 3 的圆形缺欠进行分级。在底片上找出缺欠最严重的部位选定一个 10mm×10mm 的评定区，当底片上圆形缺陷的长径不同时，评定时不能同等对待越大的缺陷对焊缝危害程度也越大。因此，对不同长径的圆形缺陷应按一定比例进行折算（见表 5-5-3）。在圆形缺陷评定区内或与圆形缺陷评定区边界线相交的缺陷均应归入评定区内。

表 5-5-3　圆形缺陷点数折算表

缺陷长度/mm	≤1	>1~2	>2~3	>3~4	>4~6	>6~8	>8
缺陷点数	1	2	3	6	10	15	25

并非所有缺陷都要计算缺陷点数，当缺陷的尺寸≤0.5mm 时，分级评定时不计该缺陷的点数。质量等级为Ⅰ级的对接焊接接头和母材公称厚度 $T\geqslant5$mm 的Ⅱ级对接焊接接头，不计点数的缺陷在圆形缺陷评定区内不得多于 10 个，超过时对接焊接接头质量等级应降低一级。

根据前述内容进行圆形缺陷点数总和计算，缺陷点数不超过 1 个为Ⅰ级；缺陷点数在 2~3 个为Ⅱ级；缺陷点数在 4~6 个为Ⅲ级；缺陷点数大于Ⅲ级或缺陷长径大于 $T/2$ 为Ⅳ级。缺陷点数超过 10 个即为不合格。

3）对长宽比大于 3 的条状夹渣进行分级。质量等级为Ⅱ级的单个条状夹渣不能超过 6.7mm；在任意直线上，相邻两夹渣间距均不超过 $6L$（L 为该组夹渣中最长者的长度）的任何一组夹渣，其累计长度在 240mm 焊缝长度内不能超过 20mm，超过即为不合格。

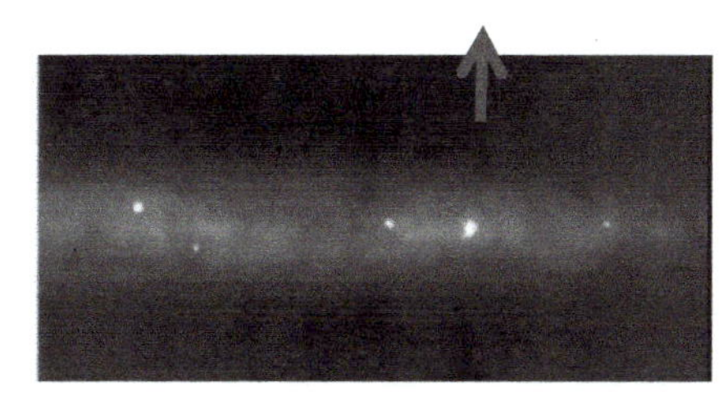

6. 气孔

常见焊接缺陷——气孔

在底片上气孔呈现为黑度大于背景黑度的斑点状影像，黑度一般都较大，影像清晰，气孔的轮廓比较圆滑，其黑度中心较大，至边缘减小，容易识别。

气孔影像的形状可能是圆形、椭圆形、长圆形（梨形）和条形。常见的主要分布形态有四种：孤立气孔、密集气孔、链状气孔和虫孔。孤立气孔（又称单个气孔）可能以多种形状出现；密集气孔是指成堆出现的气孔；链状气孔是指排列在一条直线上、间隔一定距离的多个气孔；虫孔主要是一氧化碳沿结晶方向分布形成的气孔，它可能单侧分布，也可能双侧分布。

7. 咬边

常见焊接缺陷——咬边

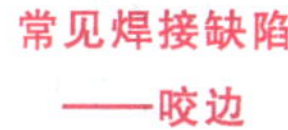

咬边是指在母材金属上沿焊趾产生的沟槽。在底片上它的影像类似于夹渣，但它一定出现在焊缝区两侧，因此容易识别。

8. 烧穿

常见焊接缺陷——烧穿

烧穿是指由于熔化深度超出母材金属厚度，熔化金属自坡口背面流出所形成的穿孔缺陷。在底片上它的影像呈现为低黑度的圆环或椭圆环及中心高黑度的暗斑形貌，中心暗斑是由滴落金属熔化后形成的孔洞造成的，低黑度的环则是过多的熔化金属造成较大的焊背面下沉形成的影像。

9. 焊瘤

常见焊接缺陷——焊瘤

焊瘤是指熔化的金属流到焊缝外或流到未熔化的母材金属上形成的金属瘤，在底片呈现为具有圆滑轮廓的较大的低黑度斑点影像，它可能出现在焊缝区内（焊瘤在焊缝背面），但大多出现在焊缝两侧区域。

任务五测评

1. 知识测评

确定本任务关键词，按重要程度进行关键词排序并举例解读，见表5-5-4。

根据自己对重要信息的捕捉、排序、表达、创新和划分权重能力进行自评，满分100分。

表 5-5-4 焊接检测知识测评表

序号	关键词	举例解读	评分自定
1			
2			
3			
4			
5			
总分			

2. 能力测评

对表5-5-5所列作业内容进行评判，操作规范即得分，操作错误或未操作得零分。

表 5-5-5 焊接检测能力测评表

序号	能力点	配分	得分
1	否定项识别	20	
2	焊接检测尺认识	20	
3	焊缝的尺寸测量	30	
4	焊内部质量评定	30	
总分		100	

3. 素养测评

对表5-5-6所列素养点进行评判，做到即得分，未做到得零分。

表 5-5-6 法兰工件焊接素养测评表

序号	素养点	配分	得分
1	防护用具穿戴标准	20	
2	焊接检测前焊件处理	20	
3	熔化极气体保护焊安全操作规程	20	
4	焊接检测内容执行是否存在偏差	20	
5	工具、量具等归位，清理工位	20	
总分		100	

4. 拓展训练

（1）什么是焊接检测？

（2）焊接检测的意义是什么？

大国工匠的故事

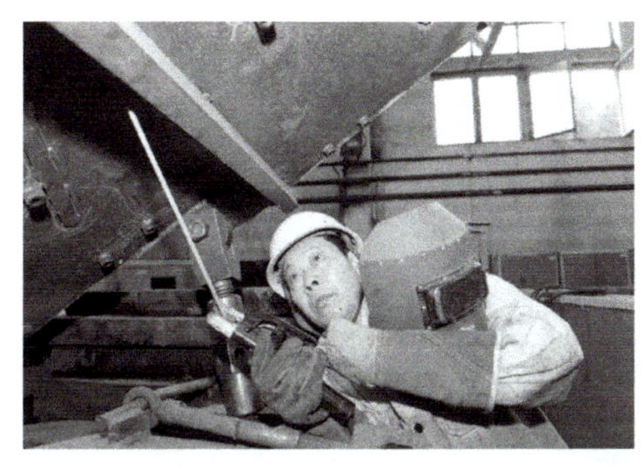

“我行，我能行”——“独手焊侠卢仁峰”的故事之一（卢仁峰，男，1963 年生，中共党员，汉族，2008 年第九届中华技能大奖获得者）

卢仁峰，中国兵器工业集团首席焊接技师，中国兵器工业集团内蒙古一机集团焊工。16 岁就进入了内蒙古一机集团学习焊接。

作为第二代军工人，卢仁峰最初对于“工匠”的概念，源于他的父母和熟识的老师傅。“他们对工作特别认真，每干完一个活儿都是重复地去检查，经他们手的产品不会出现一点点质量问题。”

从拿起焊钳的第一天起，卢仁峰就给自己树立了“当工人就当最优秀的工人，干电焊就要干成最有水平的专家”的目标。

为了实现这个目标，他开始拼命地学习。师傅干活时，他紧紧盯着、不离左右，在旁边默默地记下操作要领。师傅休息时，他就抓住机会主动上手操作，在练习试板上反复实践。师傅下班了，他仍然拿着焊钳一遍遍地练习，回想着师傅操作的每一个要领。一本本金属学的书籍被他翻烂了，一册册与焊接有关的书籍被他啃透了……正当他在焊接岗位上潜心钻研并开始大显身手的时候，一场事故让他险些彻底失去左手。这一年他 23 岁。

“转岗去做库管员吧，一只手干太难了。”面对单位的照顾，卢仁峰用倔强回应：“不，我能行。”

重回工作岗位，由于左手不太灵活，别人一次能完成的活儿，他要两三次甚至数次才能完成。为了追上大家的进度，他常常一连几个月吃住在车间。虽然手残了，但他没有放弃对工匠精神的追求。凭着一股子不服输的劲头，他掌握了单手进行焊条电弧焊、氩弧焊等十几种焊接方法。

回忆起那时，卢仁峰说，他记得说过的最多的一句话就是：“我行！我能行！”给自己定下了每天要练习焊完 50 根焊条的底线，常常练到一蹲就是数小时……正是凭着这股拼劲儿，让卢仁峰最终练就了一身绝活儿，跨越了一道又一道的焊接技术难题。

经过五年时间，卢仁峰再次成为厂里的焊接技术领军人物。如涓流汇成巨涛，如星火点燃原野，用一只手执着坚守在平凡焊接岗位上的他，克服了常人难以想象的困难，先后荣获“中华技能大奖”、全国十大“最美职工”、全国“道德模范”提名奖、中国“质量奖”、内蒙古自治区“道德模范”提名奖、“自强模范”和“劳动模范”、中央企业优秀共产党员、2021 年“大国工匠年度人物”等众多荣誉。

大术无极。“一生只做一件事，一生做好一件事。我要继续把自己的焊接技术锻造到极致，始终做一个优秀的工人。”卢仁峰说。

项目六　钨极氩弧焊堆焊

学习目标

1. 能够掌握钨极氩弧焊的设备使用及维护。
2. 能够掌握堆焊技术的特点、分类和应用。
3. 能够根据图样制作堆焊练习模具。
4. 能够合理制定钨极氩弧焊堆焊焊接工艺。
5. 能够掌握结构件焊接检测方法。

项目描述

堆焊不是为了连接零件，而是用焊接的方法，在零件的表面堆敷一层或数层具有一定性能材料的工艺过程。其目的在于修复零件或增加其耐磨、耐热、耐蚀等方面的性能。

堆焊通常用来修补模具内局部缺陷、开裂或裂纹等修正量不大的损伤。目前应用较为广泛的是氩气保护焊接，即氩弧焊。氩弧焊具有氩气保护性良好、堆焊层质量高、热量集中、热影响区小、堆焊层表面洁净、成形良好和适应性强等优点。缺点是模具在焊接过程中易开裂、易产生气孔，需要操作者具有丰富的经验，熟知模具材料及热处理性能。

氩弧焊堆焊模具

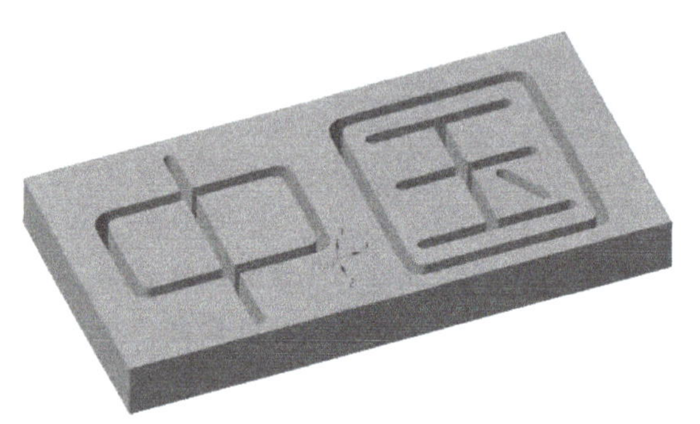

项 目 计 划

根据堆焊模具的制作要求，将本项目分成 4 个加工任务。任务一图样识读：小组成员利用 2 学时完成图样的识读，明确加工任务。任务二焊前工件制备：小组成员利用 4 学时完成工件制备任务，本项目涉及的原材料主要是板材，选用材质为 Q235，板材下料采用剪板机，板材内部文字采用铣床或碳弧气刨进行加工。任务三焊接工艺制定及实施：小组成员利用 18 学时完成氩弧焊焊接工艺编制与实施。任务四焊接检测：小组成员利用 6 学时进行焊后检测，根据缺陷提出返修工艺。本项目各任务学时分配如图 6-1 所示。

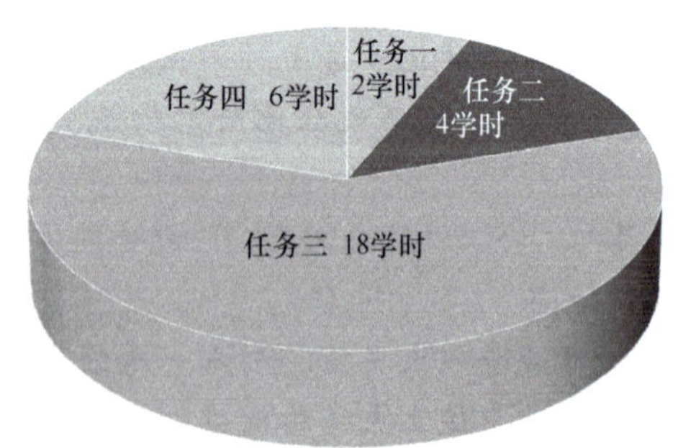

图 6-1　学时分配

任务一　图样识读

职业活动

步骤一：根据图样绘制零件图

本项目是在一块 300mm×150mm×6mm 的板材上，按图 6-1-1 所示加工出中国两个字，加工深度为 2mm，然后进行堆焊。为教学成本考虑，可先制作图 6-1-2 所示的堆焊练习模具，模具厚度为 2mm，然后在板材上划线，进行堆焊。

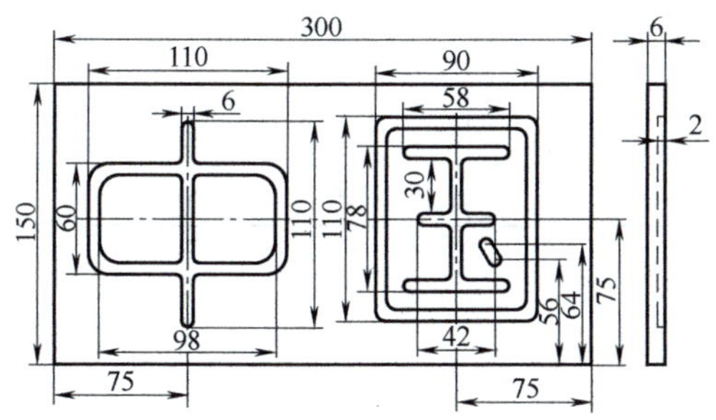

图 6-1-1　堆焊模具

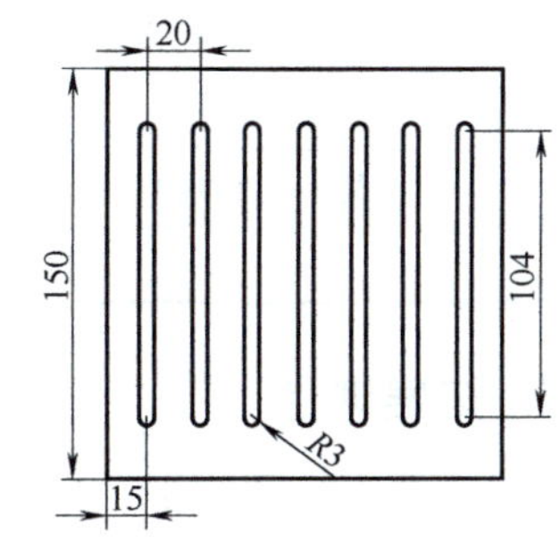

图 6-1-2　堆焊练习模具

步骤二：确定工作任务

1. 根据图样及材料确定下料工艺

根据图 6-1-1 和图 6-1-2 能够确定，本项目需要的板材外轮廓规整，可采用剪板机进行下料；图 6-1-1 中凹陷字体可采用铣床加工，图 6-1-2 中凹槽可采用数控等离子切割。

2. 制定焊接工艺

本项目采用的焊接方法是 141（钨极氩弧焊），根据板材的厚度选择焊接电流、焊接电压等相应参数，制定焊接工艺卡，教师检查无误后进行施焊。

3. 焊后检测

根据工件的结构及焊缝的位置，制定焊接检测工艺。

职业知识

堆焊

定义	堆焊是采用焊接方法将具有一定性能的材料熔敷在工件表面的一种工艺过程。
目的	堆焊的目的与一般焊接方法不同，它不是为了连接工件，而是为了改变工件表面的物理性能，以获得所需的耐磨、耐热、耐蚀等特殊性能的熔敷层，或恢复工件因磨损或加工失误造成的尺寸不足，这两方面的应用在表面工程学中称为修复与强化。
特点	1）堆焊层与基体金属的结合是冶金结合，结合强度高，抗冲击性能好。 2）堆焊层金属的成分和性能调整方便。 3）堆焊层厚度大，一般堆焊层厚度为 2～30mm，更适合于严重磨损的情况。 4）节省成本，经济性好。 5）对于能够熟练掌握焊接技术的人员来说，其难度不大，可操作性强。
堆焊稀释率	为了最有效地发挥堆焊层的作用，希望采用的堆焊方法有较小的母材稀释、较高的熔敷速度和优良的堆焊层性能，即优质、高效、低稀释率的堆焊技术。 稀释率＝堆焊层中基体金属总量/堆焊层金属总量 稀释率高，基体金属混入堆焊层中的量多，改变了堆焊合金的化学成分，将直接影响堆焊层的固有性能。因此，堆焊时，常希望获得较低的稀释率，以充分发挥堆焊合金性能，达到预期目的。

任务一测评

1. 知识测评

确定本任务关键词，按重要程度进行关键词排序并举例解读，见表 6-1-1。

根据自己对重要信息的捕捉、排序、表达、创新和划分权重能力进行自评，满分 100 分。

表 6-1-1　堆焊练习模具图样分析知识测评表

序号	关键词	举例解读	评分自定
1			
2			
3			
4			
5			
总分			

2. 能力测评

对表 6-1-2 所列作业内容进行评判，操作规范即得分，操作错误或未操作得零分。

表 6-1-2　堆焊练习模具图样分析能力测评表

序号	能力点	配分	得分
1	堆焊练习模具尺寸测量	20	
2	堆焊练习模具零件图绘制	30	
3	制定堆焊练习模具制作任务	30	
4	材料制备方法的合理选择	20	
总分		100	

3. 素养测评

对表 6-1-3 所列素养点进行评判，做到即得分，未做到得零分。

表 6-1-3　堆焊练习模具图样分析素养测评表

序号	素养点	配分	得分
1	绘图过程中的空间想象能力	20	
2	三视图识读的熟练程度	20	
3	一丝不苟、严谨的工作作风（尺寸测量中的误差）	20	
4	尺规等绘图工具使用的熟练程度	20	
5	徒手作图的熟练程度	20	
总分		100	

4. 拓展训练

试根据下图绘制三视图。

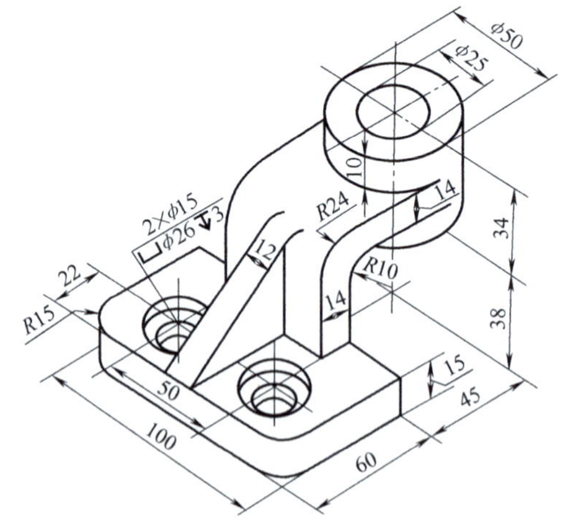

任务二　焊前工件制备

职业活动

步骤一：堆焊零件加工

1. 材料检查

施工前操作人员预先熟悉零件图样（图 6-1-1），确定下料尺寸以及数量，根据下料清单要求，确定材质为 Q235。堆焊零件是在 6mm 的板材上加工出凹槽，采用钻床和铣床进行制作。

2. 检验及标识工具

钢直尺、卷尺、石笔、记号笔等。

3. 钻床加工位置确定

由于铣床不能直接在板材表面加工凹槽，所以要先在板材表面划线，然后用钻床加工孔，方便铣刀进行凹槽加工，板材表面按照图 6-1-1 标注尺寸进行划线，然后再确定工件孔加工位置，采用直径 ϕ6mm 的钻头进行加工。如图 6-2-1 所示，黑色线条为划线位置，红色圆点为孔加工位置。

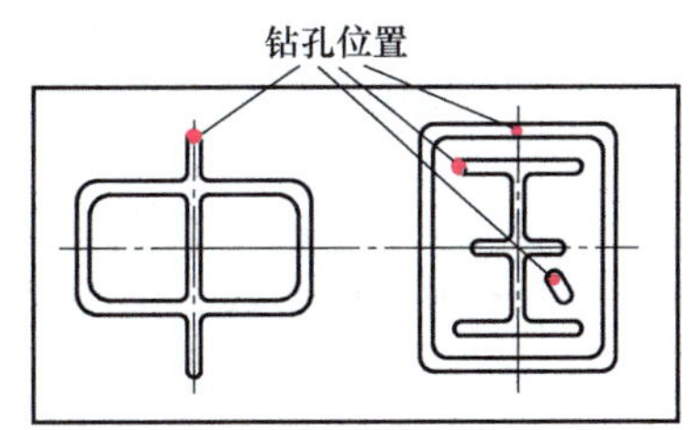

图 6-2-1　堆焊零件孔加工位置

4. 钻床操作前准备工作

检查线路、电源开关（绿色为起动按钮，红色为停止按钮）是否正常，各操作手柄、旋扭是否在正确位置，操纵是否灵活，安全装置是否齐全、可靠，周围安全通道是否通畅。

平面铣削

5. 铣床加工顺序

铣床加工顺序按照图 6-2-2 所示。

6. 铣床操作前准备工作

检查机床各手柄是否处于正常位置；传动带、齿轮安全罩是否装好；进行加油润滑。

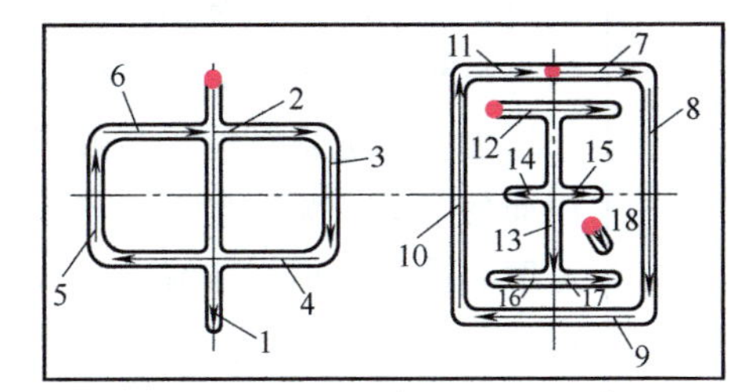

图 6-2-2　堆焊零件铣床加工顺序示意图

职业知识

铣削加工

铣削是在铣床上利用铣刀的旋转做主运动，工件的移动做进给运动来切削工件的加工方法。铣削主要用于加工各种平面、各种沟槽、齿轮、齿条和成形面等；另外可进行分度、孔加工。

铣刀是一种多刃刀具，切削刃的散热条件好，生产率高。铣削用量常用铣削速度、进给量、铣削深度和铣削宽度表示。

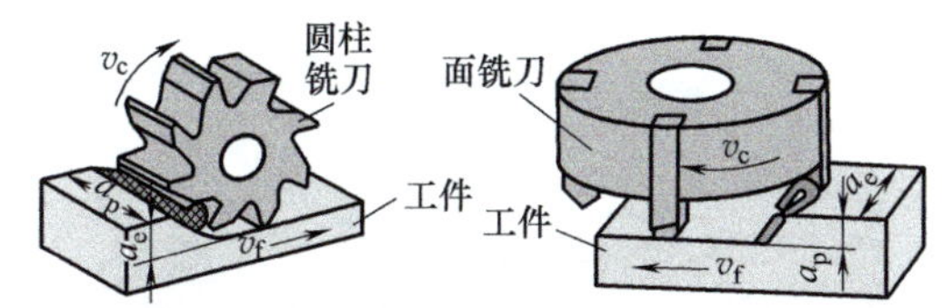

等离子弧

等离子弧是利用等离子枪将阴极（如钨极）和阳极之间的自由电弧压缩成高温、高电离度、高能量密度及高焰流速度的电弧。等离子弧可用于焊接、喷涂、堆焊及切割。

等离子切割机工作原理

等离子切割机是一种新型的热切割设备，它的工作原理是以压缩空气为工作气体，以高温高速的等离子弧为热源，将被切割的金属局部熔化，并同时用高速气流将已熔化的金属吹走，形成狭窄切缝。等离子切割可用于不锈钢、铝、铜、铸铁、碳钢等各种金属材料，具有切割速度快、切缝狭窄、切口平整、热影响区小、工件变形量小、操作简单等优点，而且具有显著的节能效果。

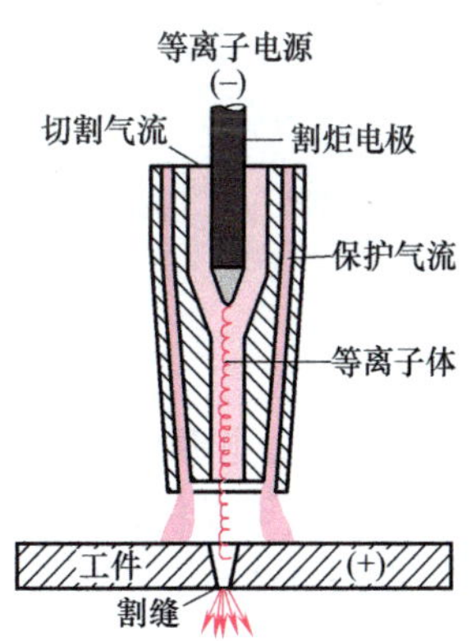

步骤二：堆焊练习模具加工

1. 材料检查

施工前操作人员预先熟悉零件图样，如图 6-1-2 所示，确定下料尺寸以及数量，根据下料清单要求，确定材质为 Q235。堆焊练习模具是用厚度为 2mm 的板材切割而成，考虑切割尺寸精度，确定采用数控等离子切割。

2. 检验及标识工具

钢直尺、卷尺、石笔、记号笔等。

3. 数控等离子切割设备检查

1）首先确保大、小车导轨上无杂物、用擦油布将轨道擦拭干净。

2）检查小车各机械部件是否良好，如图 6-2-3 所示。

图 6-2-3　检查设备示意图

3）检查机床各管线有无裂纹，各管线接头有无松动，压力表是否在零位，如图 6-2-4 所示。

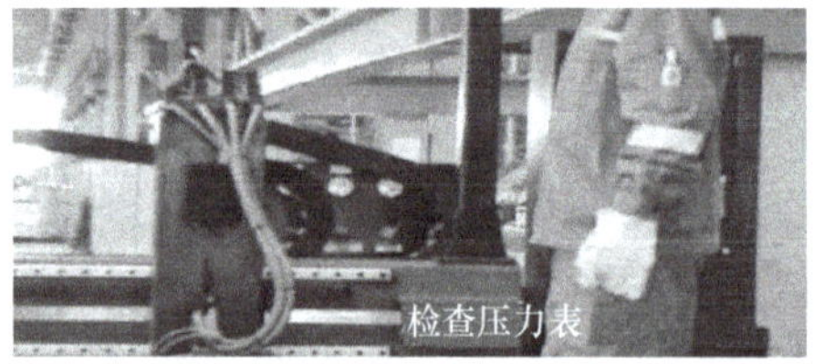

图 6-2-4　检查管线接头、压力表示意图

4）开关电源要按顺序操作，即先通交流电，后通直流电（先起动空压机、空气干燥机，然后起动机床控制柜，然后起动等离子电源），关机时要先断直流电，后断交流电（开交流电戴绝缘手套，脚底踩在绝缘橡胶上），如图 6-2-5 所示。

等离子切割参数

切割电流	增加切割电流同样能提高等离子弧的功率，但它受到最大允许电流的限制，否则会使等离子弧柱变粗，割缝宽度增加，电极寿命下降。割炬配件型号必须与等离子电源电流设定挡位相对应。电流强度以喷嘴工作电流的 95%以内为宜。例如：100A 喷嘴的电流强度应设定在 95A 以内为佳。
电弧电压	一般认为，电源正常输出电压即为切割电压。等离子切割机通常有较高的空载电压和工作电压，在使用电离能高的气体如氮气、氢气或空气时，稳定等离子弧所需的电压会更高。当电流一定时，电压的提高意味着切割能力的提高。如果加大气体的流速，往往可以获得更快的切割速度和更好的切割质量。
气体流量	工作气体包括切割气体和辅助气体。切割气体既要保证等离子射流的形成，又要保证去除切口中的熔融金属和氧化物。过大的气体流量会带走更多的电弧热量，使得射流的长度变短，导致切割能力下降和电弧不稳；过小的气体流量则使等离子弧失去应有的挺直度而使切割的深度变浅，同时也容易产生挂渣。所以，气体流量一定要与切割电流和速度很好地配合。 现在的等离子切割机大多靠气体压力来控制流量，最常用的工作气体有：氩气、氮气、氧气、空气、氩-氮混合气体等。空气中含有体积分数约 78%的氮气，所以利用空气切割所形成的挂渣情况与用氮气切割时很相像；空气中还含有体积分数约 21%的氧气，因为氧的存在，使用空气切割低碳钢材料的速度也很高；同时空气也是最经济的工作气体。但单独使用空气切割时，会有挂渣以及切口氧化、增氮等问题，而且电极和喷嘴的寿命较低，也会影响工作效率和切割成本。 增加气体流量既能提高弧柱电压，又能增强对弧柱的压缩作用而使等离子弧能量更加集中、喷射力更强，因而可提高切割速度和质量。但气体流量过大，反而会使弧柱变短，损失热量增加，使切割能力减弱，直至使切割过程不能正常进行。

图 6-2-5 开机顺序示意图

5）开机后试运行。开机后必须回零，如中途重新起动系统也要回零，回零需用自定义回零，具体方法：按 disable Deskew 和自定义后，按下起动按钮。

确保 X、Y 轴各限位开关灵敏可靠；确保机床操作面板和机床左端红色急停按钮灵敏可靠；各指示灯显示正常；最后调整好机器的位置，如图 6-2-6 所示。

图 6-2-6 开机试运行示意图

6）切割前要选择数据库内控制切割的参数，主要参数为安培、切割速度、割缝、弧压、点火高度穿孔高度、切割高度、穿孔时间、自动调高延时、下降延时。

7）检查易损件选用是否正确，更换易损件时需关闭等离子电源（否则冷却液会流失），经常清洁枪嘴，清除割渣，易损件要定期检查及时更换，以免过渡使用而烧坏割枪，电极芯寿命为凹进 1mm，电极和割嘴要同时更换。

4. 数控等离子切割操作

（1）上料 在进行火焰切割时，吊钢板至气割平台上，调整钢板单边两端头与导轨的平行距离差在 5mm 范围内。

等离子切割参数

割嘴高度	割嘴高度是指割嘴端面至被割工件表面的距离。该距离一般为 2~5mm。割嘴高度合适，才能充分发挥等离子弧的切割效率，否则会使切割效率和切割质量下降甚至使割嘴烧坏。割嘴高度可参考等离子切割机说明书或根据切割经验确定。穿孔时，割嘴的高度应调整为正常切割割嘴高度的两倍。
切割速度	以上各种因素直接影响等离子弧的压缩效应，也就是影响等离子弧的温度和能量密度，而等离子弧的高温、高能量决定着切割速度，所以，以上的各种因素均与切割速度有关。 最佳切割速度范围可按照设备说明选定或用试验来确定。由于材料的厚薄、材质不同，熔点高低、热导率大小以及熔化后的表面张力等均不相同，切割速度也会相应地变化。 1）切割速度适度地提高能改善切口质量，即切口略有变窄，切口表面更平整，同时可减小变形。 2）切割速度过快时，切缝中射流将不能快速将熔化的切割熔体吹掉而形成较大的后拖量，会产生切口挂渣，造成切口表面质量下降。 3）当切割速度太低时，切口变宽，切口两侧熔融的材料在下缘聚集并凝固，形成不易清理的挂渣，而且切口上缘因加热熔化过多而形成圆角。 4）当速度极低时，由于切口过宽，电弧甚至会熄灭。由此可见，良好的切割质量与切割速度是分不开的。 在保证切割质量的前提下，应尽可能地提高切割速度。这不仅能提高生产率，而且能减少被割零件的变形量和割缝区的热影响区域。若切割速度不合适，其效果相反，而且会使挂渣增加，切割质量下降。
切割厚度	钢板厚度对切割工艺的选择有很大影响，同一个割炬，其穿孔能力（厚度）仅为切割能力（厚度）的一半。一般 100A 的割炬，其建议切割能力为 16mm，建议穿孔能力为 12mm。当钢板厚度大于穿孔能力时，不能在钢板中间直接穿孔切割，应将切割开始点设定在钢板边缘，从边缘开始切割。

（2）编程　用 AutoCAD 制图或用已有 SolidWorks 文件直接转换为 DXF 格式；然后将 DXF 格式的零件图导入 FastCAM 中进行套料、转换程序，为方便程序的调用及管理，将程序名称保存为该零件的图号；将转化好的程序用 U 盘拷入机床的控制柜。

（3）切割工艺参数设置　根据所选择程序的材料及厚度，设置等离子切割工艺参数，见表 6-2-1。

表 6-2-1　等离子切割工艺参数

板厚 /mm	喷嘴孔径 ϕ /mm	电流 /A	弧压 /V	切割速度 /(mm/min)	氮气流量 /(L/min)
2	2	60	100	5000	16～18

（4）切割操作　切割前去除钢材表面的污垢、油脂等，调整好割枪在板材上的位置，启动程序进行切割；开始切割时，需时刻注意切割状态并对首件切割零件进行自检，合格后方能进行批量切割。

步骤三：焊前清理

等离子切割后的工件，切口会有较薄的氧化皮，在切口边缘会存在一些小颗粒熔渣，如图 6-2-7 所示，在焊接之前都需要清理干净，以免影响焊接质量。

图 6-2-7　等离子切割零件图

下料后的板材可采用机械清理，用台虎钳固定板材，用角磨机清理，切口表面以及焊缝左右 20mm 范围，必须打磨出金属光泽。

等离子切割参数

切割前预处理

钢板从钢铁厂经过一系列的中间环节到达切割车间，在这段时间里，钢板表面难免产生一层氧化皮。再者，钢板在轧制过程中也会产生一层氧化皮附着在钢板表面。这些氧化皮熔点高，不容易熔化，降低了切割速度；同时经过加热，氧化皮四处飞溅，极易对割嘴造成堵塞，降低了割嘴和电极的使用寿命。所以，在切割前，有必要对钢板表面进行除锈预处理。

常用的除锈方法是抛丸处理，然后是喷导电防锈漆。即将细小铁砂用喷丸机喷向钢板表面，靠铁砂对钢板的冲击力除去氧化皮，再喷上阻燃、导电性好的防锈漆。

钢板切割之前的除锈喷漆预处理已成为金属结构生产中一个不可缺少的环节。

等离子切割的特点与应用

任务二测评

1. 知识测评

确定本任务关键词，按重要程度进行关键词排序并举例解读，见表 6-2-2。

根据自己对重要信息的捕捉、排序、表达、创新和划分权重能力进行自评，满分 100 分。

表 6-2-2 堆焊练习模具制备知识测评表

序号	关键词	举例解读	评分自定
1			
2			
3			
4			
5			
总分			

2. 能力测评

对表 6-2-3 所列作业内容进行评判，操作规范即得分，操作错误或未操作得零分。

表 6-2-3 堆焊练习模具制备能力测评表

序号	能力点	配分	得分
1	制定材料焊前加工工艺	20	
2	铣床操作	30	
3	等离子切割操作	30	
4	焊前清理	20	
总分		100	

3. 素养测评

对表 6-2-4 所列素养点进行评判，做到即得分，未做到得零分。

表 6-2-4 堆焊练习模具制备素养测评表

序号	素养点	配分	得分
1	防护用具穿戴标准	20	
2	材料切割之前检查	20	
3	铣床安全操作规程	20	
4	等离子切割机安全操作规程	20	
5	工具、量具等归位，清理工位	20	
总分		100	

4. 拓展训练

采用数控等离子切割机加工下图，板材厚度为 5mm，试编制程序并制定切割参数。

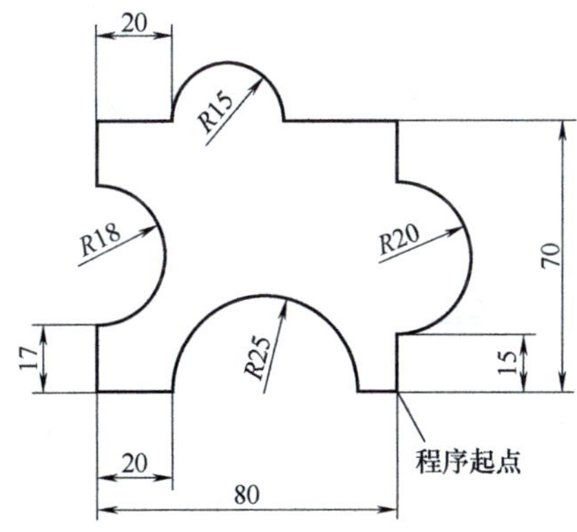

任务三　焊接工艺制定及实施

职业活动

步骤一：堆焊训练模具的使用

在堆焊练习过程中，可采用堆焊训练模具，在 150mm×150mm×8mm 的板材上用划针画出需要堆焊的边界，这样不但能节省材料，还可以培养学生划线的能力。划线采用的工具是划针。

1. 划线前组对

取一块 150mm×150mm×8mm 的板材放置在平台上，上面放置已制作好的堆焊训练模具，如图 6-3-1 所示，然后用划针在堆焊模具的凹槽中划线，划线过程中堆焊训练模具不能产生移动。

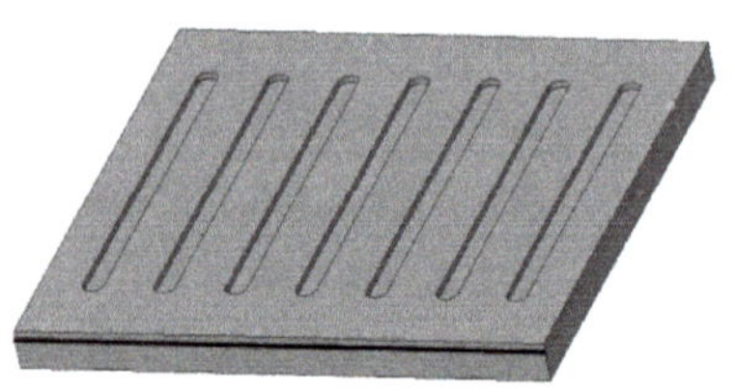

图 6-3-1　堆焊训练模具摆放示意图

2. 划针使用方法

划针是用来划线的，如图 6-3-2 所示。划针一般用工具钢或弹簧钢丝制成，尖端还可采用硬质合金材料，尖端磨锐成 10°~20°，并淬火。

划线时尖端要贴紧导向工具移动，上端向外侧倾斜 15°~20°，向划线方向倾斜 45°~75°，如图 6-3-3 所示，划线时要做到一次划成，不要重复。

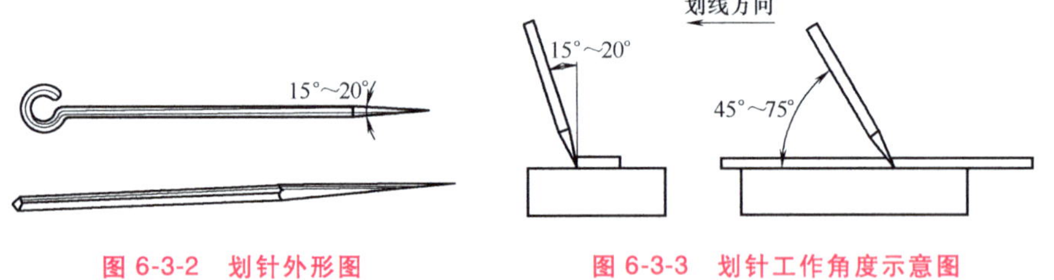

图 6-3-2　划针外形图　　图 6-3-3　划针工作角度示意图

步骤二：氩弧焊堆焊焊接工艺编制

1. 焊前准备

1）工件材料为 Q235 钢板，具体尺寸为 150mm×150mm×8mm。

职业知识

本项目中焊缝符号含义

本项目中⌒⌒形符号表示的含义是堆焊，具体标注样式见下图。

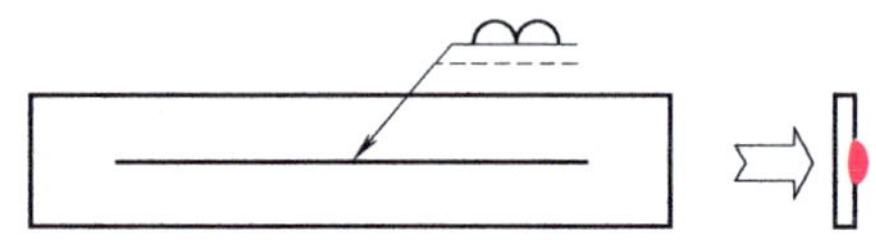

氩弧焊堆焊操作

引弧操作	引弧。在焊道最右侧引弧，采用高频引弧方式，引弧后，焊枪停留在原位置不动，先稍预热，当形成熔池后开始填丝，自右向左焊接。
焊接操作	焊接过程中，应减小焊枪倾角，使电弧热量集中在焊丝上，采用适当的焊接电流，加快焊接速度和送丝速度，熔滴要小，以避免焊缝表面余高不一致。焊枪与焊丝角度如右图所示。 焊丝填入动作要熟练均匀，填丝要有规律，焊枪移动要平稳、速度一致。电弧始终在焊缝内做小幅度横向摆动，并在坡口两侧稍微停留，停留点位置如右图所示，使熔池边缘与划线位置相熔合。焊接时应根据熔池的变化调整横向摆动幅度和焊接速度，尽可能维持熔池大小不变，以获得宽窄和高低均匀的焊缝。 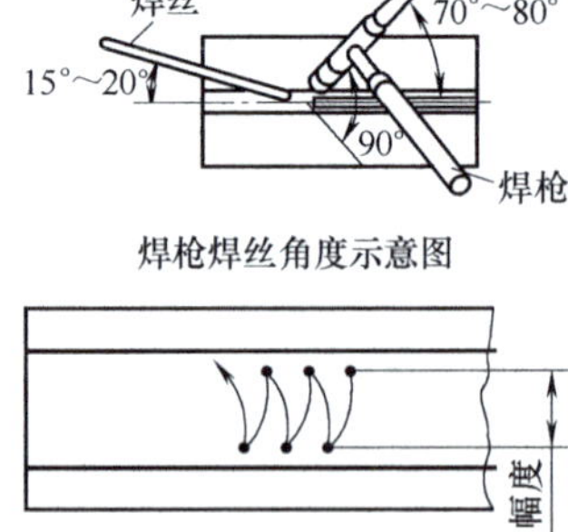 焊枪焊丝角度示意图 焊缝两侧停留点示意图 焊枪停留点距离焊缝边缘大概有 0.5mm 左右，用于熔化焊缝边缘，依靠电弧在坡口两侧的停留，保证焊缝两侧熔合良好，焊道表面平整。

2）焊接材料选择 ER308 焊丝（ H06Cr21Ni10），直径为 ϕ2. 0mm；电极选择铈钨极，直径为 ϕ2. 0mm；保护气体为氩气，纯度不低于 99. 99%。

3）焊机选择 WS-300 型焊机，直流正接。

2. 焊接工艺分析

本项目中母材选用 Q235 钢，其焊接性良好；焊丝选用 ER308 不锈钢焊丝，其组织为奥氏体（A)+3%~5%（体积分数）铁素体（F)，具有良好的塑性和高温、低温性能。但由于其焊接时热导率小，若焊缝高温停留时间过长，在高温状态下 Cr 和 C 将形成化合物，会使晶界形成贫铬层，从而导致焊缝的晶间腐蚀倾向加剧。因此，要求尽量降低热输入。

3. 焊接工艺卡编制（见表 6-3-1）

表 6-3-1　氩弧焊堆焊焊接工艺卡

焊接工艺			编号：			
材料型号	Q235					
材料规格	150mm×150mm×8mm					
接头种类	堆焊					
坡口形式	—					
坡口角度	—					
钝边	—					
组对间隙	—					
焊接方法	141(GTAW)					
焊接设备	WS-300					
电源种类	直流	焊后热处理	种类	—	保温时间	—
电源极性	正接		加热方式	—	层间温度	—
焊接位置	1G		温度范围	—	测量方法	—
焊接参数						
焊层	焊材型号	焊材直径/mm	焊接电流/A	焊接电压/V	气体流量/(L/min)	钨极直径/mm
堆焊	ER308	ϕ2. 0	90~110	12~15	9~12	2. 0

氩弧焊堆焊操作

接头操作	当焊丝用完需要更换，或因其他原因需要暂时中止焊接时，会有接头存在。在焊缝中间停止焊接时，可松开焊枪上的开关，停止送丝。如果焊机有电流自动衰减装置，则应保持喷嘴高度不变，待电弧熄灭、熔池完全冷却后，再移开焊枪；若焊机没有电流自动衰减装置，则松开开关后稍抬高焊枪，待电弧熄灭、熔池冷却凝固到颜色变黑后再移开焊枪。 在接头前，应先检查原弧坑处焊缝的质量，如果保护得好，则没有氧化皮和缺陷，可直接接头；如果有氧化皮和缺陷，最好用角向磨光机将氧化皮或缺陷磨掉，并将弧坑前磨成斜面，在弧坑右侧 15~20mm 处引弧，并慢慢地向左移动，待原弧坑处开始熔化形成熔池后，再继续填丝焊接。
收弧操作	如果焊机有电流自动衰减装置，则焊至焊件末端时，应减小焊枪与焊件之间的夹角，让热量集中在焊丝上，加大焊丝熔化量，以填满弧坑，然后切断控制开关。这时焊接电流逐渐减小，熔池也不断缩小，焊丝回抽，但不要脱离氩气保护区。停弧后，氩气须延时 10s 左右再关闭，以防止熔池金属在高温下氧化。如果焊机没有电流衰减控制装置，则应在收弧处慢慢抬起焊枪，并减小焊枪倾角，加大焊丝的熔化量，待弧坑填满后再切断电流。

任务三测评

1. 知识测评

确定本任务关键词，按重要程度进行关键词排序并举例解读，见表 6-3-2。

根据自己对重要信息的捕捉、排序、表达、创新和划分权重能力进行自评，满分 100 分。

表 6-3-2 堆焊焊接知识测评表

序号	关键词	举例解读	评分自定
1			
2			
3			
4			
5			
总分			

2. 能力测评

对表 6-3-3 所列作业内容进行评判，操作规范即得分，操作错误或未操作得零分。

表 6-3-3 堆焊焊接能力测评表

序号	能力点	配分	得分
1	焊接标注符号识读	20	
2	钨极氩弧焊堆焊焊接工艺卡编制	30	
3	钨极氩弧焊基础操作技能	20	
4	钨极氩弧焊堆焊焊接技巧	30	
总分		100	

3. 素养测评

对表 6-3-4 所列素养点进行评判，做到即得分，未做到得零分。

表 6-3-4 堆焊装配素养测评表

序号	素养点	配分	得分
1	防护用具穿戴标准	20	
2	焊前材料检查	20	
3	焊前清理	20	
4	钨极氩弧焊安全操作规程	20	
5	工具、量具等归位，清理工位	20	
总分		100	

4. 拓展训练

本项目中堆焊焊接位置为平焊，拓展训练中可将本项目的焊接位置调整为立焊，如下图所示黑色为焊缝位置，红色区域为引弧位置，自行编制钨极氩弧焊焊接工艺并实施。

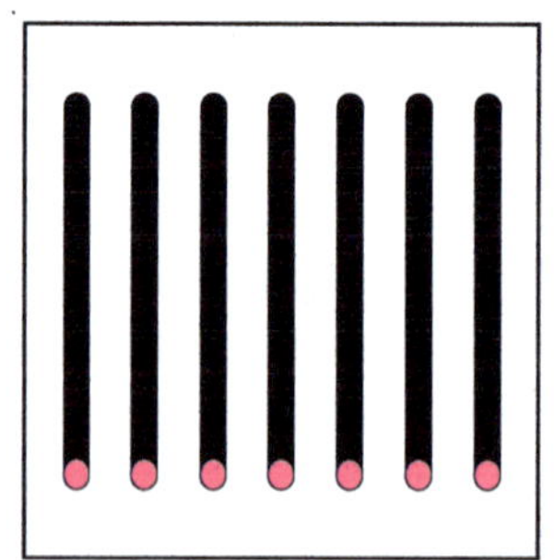

任务四　焊接检测

职业活动

步骤一：外观检测准备

1）准备充足的照明条件。

2）5 倍放大镜。

3）堆焊焊缝评分表。

步骤二：焊缝尺寸检测

1. 检测准备

1）C1-10P（±10mm）数显面差尺、游标卡尺（精度 0.02mm）、石笔、堆焊焊缝评分表。

2）焊件。

2. 检测焊缝尺寸

本任务中焊缝尺寸检测主要是测量焊缝外观尺寸是否符合图样标注尺寸或技术标准规定的尺寸。本任务主要是针对平板上堆焊焊缝的尺寸测量。堆焊焊缝需要进行焊缝颜色判断、测量堆焊高度、高低差、熔宽、焊缝宽窄差等内容，详见表 6-4-1 堆焊焊缝评分表。

1）焊缝颜色判断。

2）测量堆焊高度：用数显面差尺进行测量。

3）测量焊缝宽度：用游标卡尺进行宽度的测量，测量过程中使用的是外测量爪。

3. 填写评分表

表 6-4-1　堆焊焊缝评分表

工件号		评分员签名			合计得分（满分 100 分）		
检查项目	标准、分数	焊缝等级				测量数值	实际得分
		Ⅰ	Ⅱ	Ⅲ	Ⅳ		
堆焊高度	标准/mm	1~1.5	>1.5，≤2	>2，≤3	<1，>3		
	分数	20	7	4	0		

职业知识

氩弧焊焊缝的颜色保护

氩弧焊焊缝按照颜色分（由高至低）为：银白、金黄、五彩（类似金黄+蓝色）、蓝色、黑色、灰色、死灰七个级别。影响焊缝颜色的主要因素有：焊接电流、保护气体、母材洁净度、焊材质量及焊接速度。

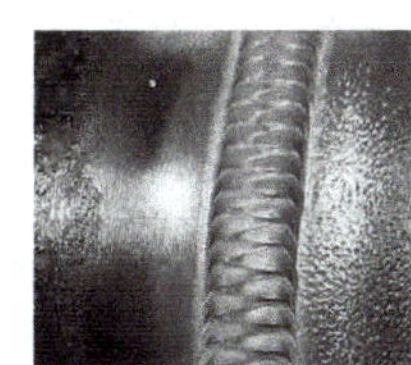

银白焊缝

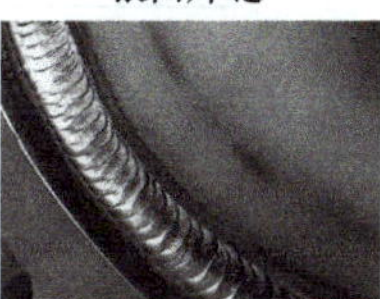

五彩焊缝

在有风（气流）的地方焊接，应增加氩气流量。通常要采取挡风、避风措施。关于氩气保护的保护效果，除了考虑氩气流量、焊接接头形式、工艺参数和风的影响等因素外，在实际生产中，要注意观察熔池状态和焊缝金属颜色。

流量合适时，熔池平稳，表面明亮没有渣，也没有氧化痕迹，焊缝外形美观；流量不合适时，熔池表面有渣，焊缝表面发黑或有氧化皮。根据不同的金属焊缝表面的颜色可判断气体保护效果。

数显面差尺的使用

数显面差尺是一种测量仪器，主要用于模具制造、汽车生产过程中段差/面差的检测。

数显面差尺的组成如右图所示。

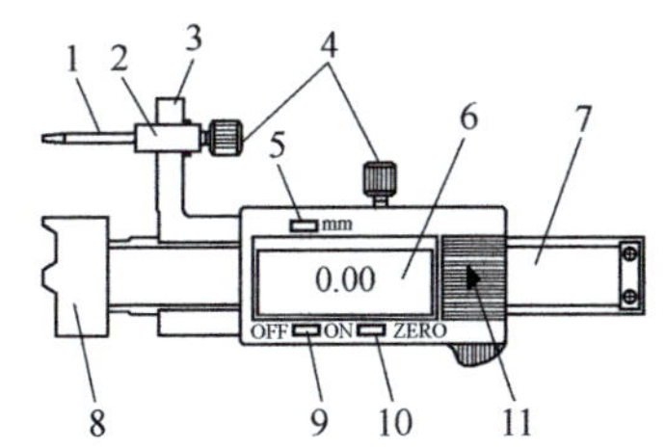

1—测杆　2—微动框　3—爪臂　4—紧固螺钉
5—mm 键　6—液晶显示屏　7—尺身刻度膜
8—基面　9—OFF/ON 键　10—ZERO 键　11—电池盖

（续）

工件号		评分员签名			合计得分（满分 100 分）		
检查项目	标准、分数	焊缝等级				测量数值	实际得分
		Ⅰ	Ⅱ	Ⅲ	Ⅳ		
焊缝高低差	标准/mm	≤0.5	>0.5，≤1	>1，≤1.5	>1.5		
	分数	20	7	4	0		
焊缝宽度	标准/mm	>11，≤12	>12，≤12.5 或>10.5，≤11	>12.5，≤13 或>10，≤10.5	≤10 或>12.5		
	分数	20	7	4	0		
焊缝宽窄差	标准/mm	≤1	>1，≤2	>2，≤3	>3		
	分数	20	7	4	0		
外观成形	标准	成形美观，焊波均匀、细密，高低宽窄一致	成形较好，焊波均匀、平整	成形尚可，焊缝整齐	成形较差		
	分数	10	8	6	0		
焊缝色泽	标准	银白色	金黄色	蓝、红褐色	灰黑色		
	分数	10	8	6	0		

使用方法见下表。

操作步骤	示意图
1. 打开开关 按开关键打开电源	
2. 调零 把基面和测杆在平面对齐后，按 ZREO 键清零	
3. 测量 通过微动框调节测杆与基面的左右距离，测量高低之差时，直接读数即可	

游标卡尺

游标卡尺是一种能直接测量工件内外直径、宽度、长度或深度的量具，其主要部分由一个带有刻度杆的固定量爪和一个滑动量爪组成，尺身上刻有主刻度线，滑动爪上刻有游标刻度。精度为 0.02mm 的游标卡尺使用最多。

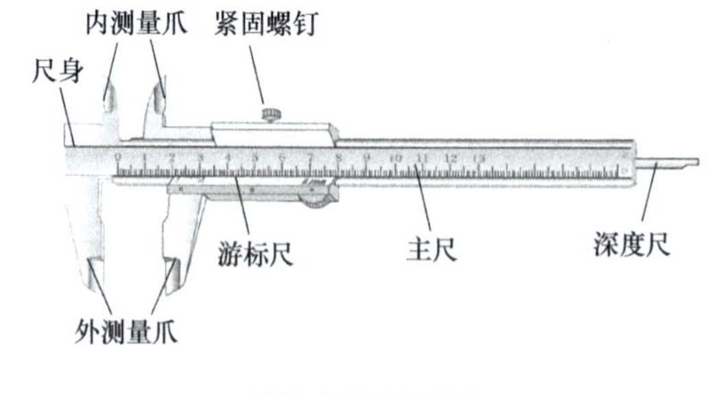

游标卡尺结构图

游标卡尺的结构

游标卡尺的读数方法

游标卡尺使用方法

任务四测评

1. 知识测评

确定本任务关键词，按重要程度进行关键词排序并举例解读，见表 6-4-2。

根据自己对重要信息的捕捉、排序、表达、创新和划分权重能力进行自评，满分 100 分。

表 6-4-2　堆焊焊缝检测知识测评表

序号	关键词	举例解读	评分自定
1			
2			
3			
4			
5			
总分			

2. 能力测评

对表 6-4-3 所列作业内容进行评判，操作规范即得分，操作错误或未操作得零分。

表 6-4-3　堆焊焊接检测能力测评表

序号	能力点	配分	得分
1	否定项的识别	20	
2	数显面差尺的使用	30	
3	游标卡尺的使用	30	
4	评分表的记录填写	20	
总分		100	

3. 素养测评

对表 6-4-4 所列素养点进行评判，做到即得分，未做到得零分。

表 6-4-4　堆焊装配素养测评表

序号	素养点	配分	得分
1	防护用具穿戴标准	20	
2	检测前材料检查	20	
3	分析判断准确，操作方法正确	20	
4	符合操作规程，工具使用规范	20	
5	工具、量具等归位，清理工位	20	
总分		100	

4. 拓展训练

（1）使用游标卡尺测量管子的内径。

（2）使用游标卡尺测量杯子的深度。

“知识改变命运”——“独手焊侠卢仁峰”的故事之二（卢仁峰，男，1963年生，中共党员，汉族，2008年第九届中华技能大奖获得者）

卢仁峰清醒地认识到：自己想要在焊接事业上获得成功，就必须付出数倍于健全人的努力；要想成为复合型的焊接专家，不仅要靠埋头苦干，更需要先进的技术理论做指导才行。

知识改变命运，学习成就未来。卢仁峰始终把学习知识与创新焊接技术当作第一目标。他潜心钻研新技术，不断创新新工艺、新方法，始终站在焊接技术领域的前沿阵地，成了一名攻克焊接技术难题的尖兵。

参加工作30多年来，卢仁峰始终行进在艰辛跋涉和执着探索的山路上，且从未停歇。他说：“干焊接这一行，要善于在操作中发现问题，更要善于在理论指导下解决问题。”秉承这个理念，他不仅自学了大量有关焊接技术的理论书籍，做了20余万字的读书笔记，而且还把技术要点记录在本子上，并先后撰写了《金属材料与焊接材料的选用匹配法》《电极杆与电极板异种钢焊接初探》《短段逆向带压操作法》《特种车辆焊接变形控制》等论文，得到了国家和地区有关专家的高度赞誉。他的“HT火花塞异种钢焊接技术”也已申报国家专利。

2009年，作为国庆阅兵装备的某型号轮式战车首次批量生产。一边是新材料、新工艺的应用，一边是高水平、严要求的质量标准，一个全新的考验又一次摆在了卢仁峰的面前。特别是在焊接蜗壳部位过程中，焊接变形和焊缝成形难以控制，从焊丝的型号到电流大小的选择，卢仁峰和工友们对每个细节反复推敲、认真研究；从工艺方案的确定到每个操作步骤，进行反复试验。在车体狭小的空间里，他认真研究查找问题，找寻解决的办法，最终利用焊接变形的特性，采用“正反面焊接，以变制变”的操作方法，把产品的合格率由60%提升到96%，保证了阅兵装备如期交付。同时，他对等离子切割机割嘴进行改造，并将自制弓形夹具应用到生产实践中。在高新重点科研项目上，他先后提出技术成果、合理化建议83项。此外，他还采用我国高新技术环保产品，使锅炉压力容器的热效率提高3.2倍，年创造经济效益1600余万元，节约资金110余万元。

面对大型水压机高压泵体突然出现裂纹而无更换备件的情况，卢仁峰临危受命，通过采用独特的焊接工艺，严格控制焊接层间温度，以减小焊接的熔合比，经过52小时的连续奋战，成功修复了高压泵体并一次试车成功，为生产正常、稳定运行争得了宝贵的时间，挽回了经济损失40余万元。

项目七　不锈钢球形压力容器制作

学习目标

1. 能够掌握压力容器的分类及特点。
2. 能够掌握不锈钢的分类以及焊接性分析。
3. 能够掌握球形压力容器的组对方法。
4. 能够制定氩弧焊焊接不锈钢的焊接工艺并实施。
5. 能够进行焊接检测并针对问题制定修复工艺。

项目描述

压力容器的分类方法有很多，本项目制作的是球形压力容器。为考虑教学成本，选用板材厚度为2mm的不锈钢板材进行制作，能够让学生掌握不锈钢的焊接工艺特点，还能培养学生氩弧焊操作技巧，并且了解激光切割方面的知识。

不锈钢球形压力容器

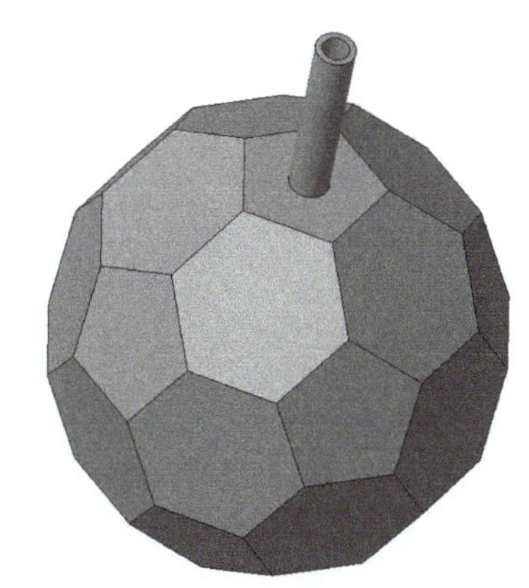

项目计划

根据球形压力容器制作要求，现将该加工项目分成5个加工任务。任务一图样识读：具体工作是小组成员利用2学时完成图样的识读与零件图的绘制，明确加工任务。任务二焊前工件制备：小组成员利用4学时完成工件制备任务，本项目共需要正五边形板材12块，正六边形板材20块，选用的板材材质为不锈钢，采用激光切割下料，学生分组进行工艺编制并实施。任务三装配点固：小组成员利用6学时进行装配，本项目板材厚度为2mm，需要利用五边形与六边形板材边缘一致的特点进行装配，焊缝长度较小，但是数量较多，装配后整体实施焊接。任务四焊接工艺制定及实施：小组成员利用12学时完成本任务的内容，根据结构特点，要考虑到焊接变形的控制等问题，编制焊接工艺并实施。任务五焊接检测：小组成员利用6学时进行焊接检测，检测不锈钢球形压力容器焊缝质量，根据缺陷提出返修工艺。本项目教学时长为30学时，具体学时分配如图7-1所示。

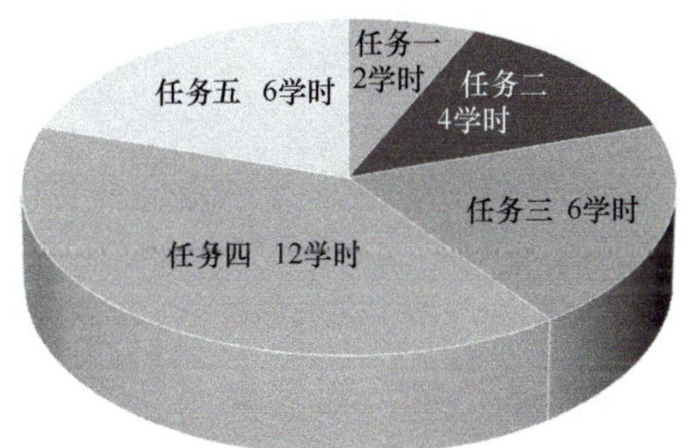

图7-1　学时分配

任务一　图样识读

职业活动

步骤一：根据图样绘制零件图

本项目采用厚度为 2mm 的板材进行制作。球形压力容器三维图如图 7-1-1 所示，正五边形和正六边形的边长一致，都是 50mm，根据此三维图绘制零件图。

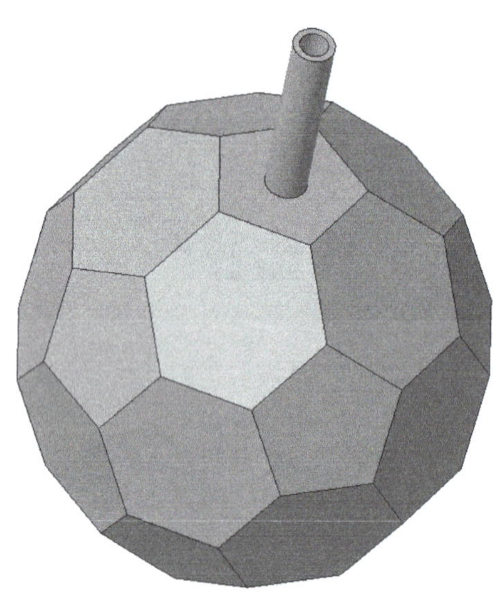

图 7-1-1　球形压力容器三维图

1. 通过识读三视图，确定焊前下料数量

通过图 7-1-1 能够确定本项目中的球形压力容器共需要正五边形板材 12 块，正六边形板材 20 块，记录好尺寸后，绘制零件图。

2. 零件图绘制（图 7-1-2）

职业知识

不锈钢简介

不锈钢是指能耐空气、水、酸、碱、盐及其溶液和其他腐蚀介质腐蚀的、具有高度化学稳定性的合金钢的总称。不锈钢具有良好的耐蚀性、耐热性和较好的力学性能，适于制造耐腐蚀、抗氧化、耐高温和超低温的零部件和设备。

不锈钢中主加元素铬的质量分数大于 12%，通常还含其他合金元素如 Ni、Mn、Mo 等。

不锈钢的分类

不锈钢实际上是不锈钢和耐（酸）蚀钢的总称。在空气或弱介质中能耐侵蚀的钢称为不锈钢；在某些强腐蚀介质中能耐侵蚀的钢称为耐蚀钢。不锈钢不一定能耐（酸）腐蚀，而耐蚀钢一定具有良好的耐蚀性。

铁素体型不锈钢	铁素体型不锈钢的室温组织为铁素体，其铬的质量分数在 11.5%～32.0%的范围内。随铬含量增加，其耐酸性能提高；加入钼后，则可以提高耐酸腐蚀和抗应力腐蚀的能力。这类钢的典型牌号有 022Cr12、10Cr17、10Cr17Mo、008Cr30Mo2 等，主要用于制造硝酸化工设备的吸收塔、热交换器，储运和运输硝酸用的槽罐，以及制造不承受冲击载荷的其他零部件和设备。
马氏体型不锈钢	马氏体型不锈钢的室温组织为马氏体，其铬的质量分数在 11.5%～18.0%范围内，碳的质量分数最高可达 1.0%。碳含量越高，马氏体型不锈钢的强度和硬度越高。在其中加入少量的镍可以促使生成马氏体，同时又能提高其耐蚀性。 马氏体型不锈钢具有一定的耐蚀性和较好的热稳定性及热强性，主要用于力学性能要求较高，且在弱腐蚀介质中工作的零件和工具，也可作为温度在 700℃以下长期工作的耐热钢使用，如汽轮机的叶片、内燃机排气阀和医疗器械等。这类钢的焊接性较差，其典型牌号有 12Cr13、20Cr13、30Cr13、14Cr17Ni2 等。

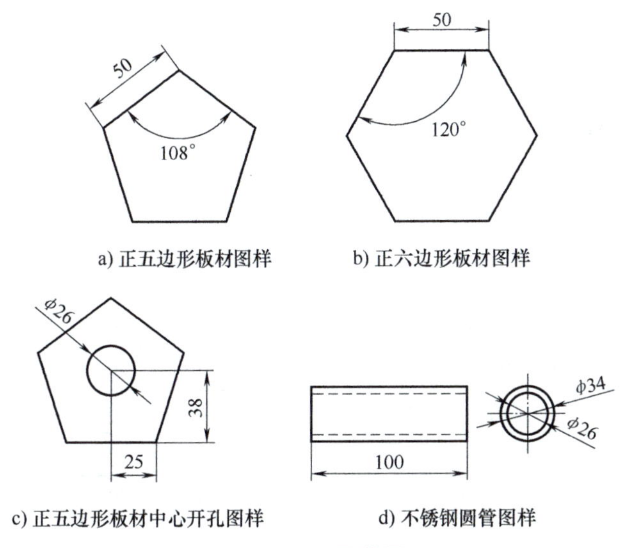

图 7-1-2 零件图

步骤二：确定工作任务

1. 根据图样及材料确定下料工艺

根据图样分析确定球形压力容器共有正五边形板材 12 个，正六边形板材 20 个，正多边形板材边缘整齐，并且对尺寸精度要求较高，所以决定采用激光切割。

2. 制定装配工艺

根据图样及工件结构分析，每个五边形板材边缘都有一个六边形板材与之配合，装配时可按照半球形进行装配，然后组对两个半球即可，整体装配后进行焊接。

3. 制定焊接工艺

本项目采用的焊接方法是 141（钨极氩弧焊），根据板材的厚度以及焊缝的空间位置选择相应参数，制定焊接工艺卡，教师检查无误后进行施焊。

4. 焊后检测

根据工件的结构及焊缝的位置，制定焊接检测工艺。

不锈钢的分类

奥氏体型不锈钢	奥氏体型不锈钢的室温组织为奥氏体，它是在高铬不锈钢中加入适当的镍（镍的质量分数为 8%～25%）而形成的。奥氏体型不锈钢是在 Cr18Ni9 铁基合金基础上，加入其他合金元素而形成的。 奥氏体型不锈钢不能利用热处理来提高其硬度。这类钢通常是通过冷加工硬化来提高其硬度，通常没有磁性，经过变形量较大的冷加工时，会产生形变诱导马氏体而具有较弱的磁性。
奥氏体-铁素体型不锈钢	奥氏体-铁素体型不锈钢的室温组织为奥氏体+铁素体。铁素体的体积分数小于 10%的不锈钢，是在奥氏体型不锈钢的基础上发展起来的钢种。它与碳含量相同的奥氏体型不锈钢相比，具有较小的晶间腐蚀倾向和较高的力学性能，且韧性比铁素体型不锈钢好。同时，由于少量铁素体的存在，还有利于奥氏体型不锈钢在焊接过程中防止热裂纹的形成。 当铁素体的体积分数在 30%～60%时，不锈钢具有特殊的抗点蚀、耐应力腐蚀的性能，如 022Cr23Ni4MoCu（2304）、022Cr23Ni5Mo3N（2205）等牌。这类钢的屈服强度约为一般奥氏体型不锈钢的两倍，在化肥厂和化工厂等设备中有着广泛的应用，其机械加工、冷冲压和焊接性能良好，且具有较好的耐蚀性。
沉淀硬化型不锈钢	沉淀硬化型不锈钢是在不锈钢中单独或复合添加硬化元素，通过适当热处理获得的高强度、高韧性并具有良好耐蚀性的一类不锈钢，通常作为耐磨、耐蚀、高强度结构件，如轴、齿轮、弹簧、阀等零件，以及高强度压力容器、化工处理设备和航空航天设备等。

任务一测评

1. 知识测评

确定本任务关键词，按重要程度进行关键词排序并举例解读，见表7-1-1。

根据自己对重要信息的捕捉、排序、表达、创新和划分权重能力进行自评，满分100分。

表 7-1-1　球形压力容器图样分析知识测评表

序号	关键词	举例解读	评分自定
1			
2			
3			
4			
5			
总分			

2. 能力测评

对表7-1-2所列作业内容进行评判，操作规范即得分，操作错误或未操作得零分。

表 7-1-2　球形压力容器图样分析能力测评表

序号	能力点	配分	得分
1	球形压力容器尺寸测量	20	
2	球形压力容器零件图绘制	30	
3	制定球形压力容器制作任务	30	
4	材料制备方法的合理选择	20	
总分		100	

3. 素养测评

对表7-1-3所列素养点进行评判，做到即得分，未做到得零分。

表 7-1-3　球形压力容器图纸分析素养测评表

序号	素养点	配分	得分
1	绘图过程中的空间想象能力	20	
2	三视图识读的熟练程度	20	
3	一丝不苟、严谨的工作作风(尺寸测量中的误差)	20	
4	尺规等绘图工具使用的熟练程度	20	
5	徒手作图的熟练程度	20	
总分		100	

4. 拓展训练

试根据下图绘制三视图。

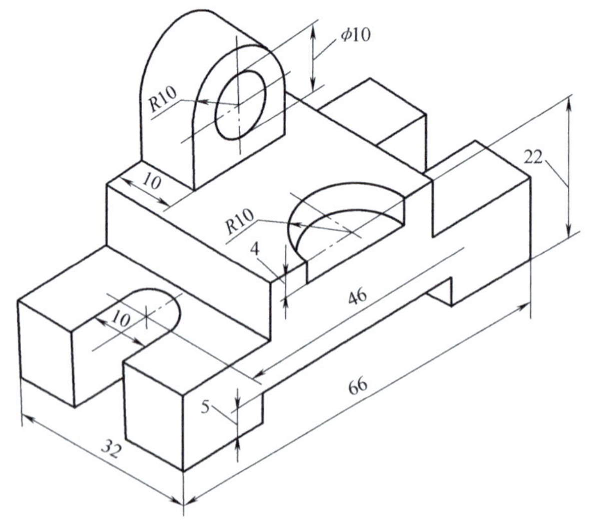

任务二　焊前工件制备

职业活动

步骤一：下料准备

1. 材料检查

施工前操作人员预先熟悉零件图样（图 7-1-2），确定下料尺寸，根据下料清单要求，确定材质为 06Cr19Ni10 奥氏体型不锈钢，其厚度为 2mm；确定下料数量，在板材上合理排料。

2. 激光切割设备检查

1）检查冷凝机、空气压缩机工作情况，确保工作正常。

2）检查切割气体、电源供应情况，确保供应稳定、充足。

3）数控系统和机械运行系统试运行，确保运行正常。设备如有问题应及时处理，如果操作人员无法自行处理，需停机报修。

4）检查激光器聚焦镜的清洁度，如有污点或灰尘时要及时按章清理。清洁反射镜片不得过于用力，否则会导致光路的偏移，反射镜须拆下清洁，各反射镜片的保养遵循有污染要及时清洁的原则，必须使用专用镜片清洁剂。

5）设备各项指标正常后开始传输程序。

3. 检验及标识工具

钢直尺、卷尺、角度尺等。

步骤二：激光切割机操作

1. 程序传输

将图形排版转换成 CNC 程序，根据材质、板厚确定激光功率、辅助气体、辅助气体流量、辅助气体压力、切割速度。切割过程中如发现问题应及时调整加工参数。用网线连接计算机与激光切割数控系统，将编好的程序传输至数控系统。

2. 上料至切割平台

将钢板吊至工作台，板材的轧制方向与工作台的长度方向一致，起吊过程中要注意安全。

职业知识

激光切割机

激光切割机是将从激光器发射出的激光，经光路系统，聚焦成高功率密度的激光束。激光束照射到工件表面，使工件达到熔点或沸点，同时与光束同轴的高压气体将熔化或气化的金属吹走。

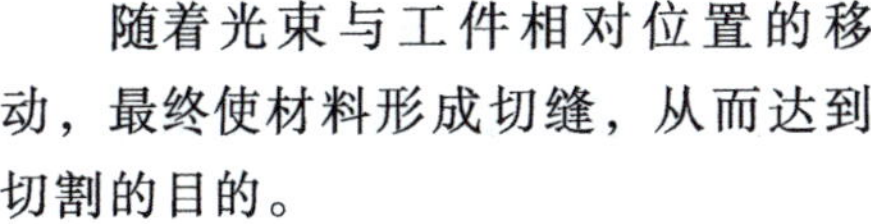

随着光束与工件相对位置的移动，最终使材料形成切缝，从而达到切割的目的。

激光切割原理

激光切割是应用激光聚焦后产生的高功率密度能量来实现的。在计算机的控制下，通过脉冲使激光器放电，从而输出受控的重复高频率的脉冲激光，形成一定频率，一定脉宽的光束，该脉冲激光束经过光路传导及反射并通过聚焦透镜组聚焦在工件的表面上，形成一个个细微的、高能量密度光斑，光斑位于待加工面附近，以瞬间高温熔化或汽化被加工材料。每一个高能量的激光脉冲瞬间就把物体表面溅射出一个细小的孔，在计算机控制下，激光加工头与被加工材料按预先绘好的图形进行连续相对运动打点，这样就会把物体加工成想要的形状。

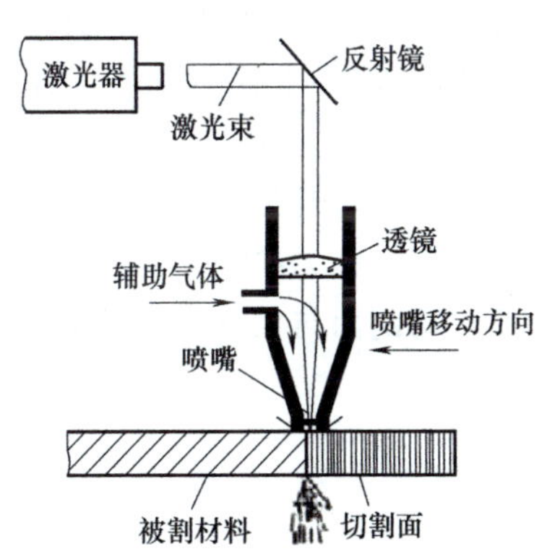

切缝时的工艺参数（切割速度，激光器功率，气体压力等）及运动轨迹均由数控系统控制，割缝处的熔渣被一定压力的辅助气体吹除。

3. 切割下料

1）每次重新开机都必须先回到机床原点。

2）钢板放好后对切割范围 X 向和 Y 向直线度不得超过 5mm。对原点时注意避让钢板边缘，工件与钢板边距≥6mm。

3）根据材料的规格、加工要求等调节焦点位置及光束与光轴的同心。调整切割头与板材距离在 1mm 左右，设定好后切割头有感应功能，基本上能保持 1mm 距离，但切割过程板材会发生变形。为了防止碰伤切割头，下料过程中要密切关注切割动态，及时调整。

4. 首件检查

1）切割每种产品的首件时要进行检查，下料人员切割完后用量具按图样要求测量相应尺寸，检查外观情况。

2）圆弧检查以合格的样板为主，量具为辅。首个工件检查合格后继续切割下一个工件，每个品种都做完首件检查后开始批量下料。

3）取首个工件时要保证整体钢板不出现明显位移，做好防护措施。

5. 批量生产

在批量生产过程中，下料人员要不定时检查工件和切割状态，发现问题要及时停机，查找原因，及时处理。

步骤三：焊前清理

使用锉刀或打磨机对切割面及毛刺进行清理；当工件图样或工艺有明确规定时，按要求执行；当工件图样或工艺无明确规定时，应满足下列要求：

1）打磨时避免伤及工件表面，表面不能有明显擦伤。

2）切割面无挂渣、毛刺及其他缺陷。

3）切割面与工件表面不能有明显倾角。

激光切割工艺

熔化切割	在激光熔化切割中，工件被局部熔化后借助气流把熔化的材料喷射出去。因为材料的转移只发生在其液态情况下，所以该过程被称作激光熔化切割。
氧化熔化切割	熔化切割一般使用稀有气体，如果代之以氧气或其他活性气体，材料在激光束的照射下被点燃，与氧气发生激烈的化学反应而产生另一热源，使材料进一步加热，称为氧化熔化切割，也称为激光火焰切割。
气化切割	在激光气化切割过程中，材料表面温度升至沸点温度的速度非常快，足以避免热传导造成的熔化，于是部分材料汽化成蒸气消失，部分材料作为喷出物从切缝底部被辅助气体流吹走。此情况下需要非常高的激光功率。
控制断裂切割	对于容易受热破坏的脆性材料，通过激光束加热进行高速、可控的切断，称为控制断裂切割。这种切割主要原理是：激光束加热脆性材料小块区域，引起该区域大的热梯度和严重的机械变形，导致材料形成裂缝。只要保持均衡的加热梯度，激光束可引导裂缝在任何需要的方向产生。

激光切割的工艺分析

激光切割是熔化与汽化相结合的过程，影响其切割质量的因素很多，除了机床、加工材料等硬件因素之外，其他软件因素也对其加工质量有很大的影响。根据实际切割中出现的问题，结合激光切割本身的特点，研究这些软件因素对加工质量的影响，正是计算机辅助工艺设计的基本内容。

任务二测评

1. 知识测评

确定本任务关键词，按重要程度进行关键词排序并举例解读，见表7-2-1。

根据自己对重要信息的捕捉、排序、表达、创新和划分权重能力进行自评，满分100分。

表7-2-1 球形压力容器零件制备知识测评表

序号	关键词	举例解读	评分自定
1			
2			
3			
4			
5			
总分			

2. 能力测评

对表7-2-2所列作业内容进行评判，操作规范即得分，操作错误或未操作得零分。

表7-2-2 球形压力容器零件制备能力测评表

序号	能力点	配分	得分
1	编辑激光切割程序	20	
2	制定激光切割工艺	30	
3	激光切割操作	30	
4	焊前清理	20	
总分		100	

3. 素养测评

对表7-2-3所列素养点进行评判，做到即得分，未做到得零分。

表7-2-3 球形压力容器零件制备素养测评表

序号	素养点	配分	得分
1	防护用具穿戴标准	20	
2	材料切割之前检查	20	
3	激光切割机安全检查内容	20	
4	激光切割安全操作规程	20	
5	工具、量具等归位，清理工位	20	
总分		100	

4. 拓展训练

（1）简述激光切割的原理。

（2）试叙述激光切割工艺参数有哪些。

任务三　装配点固

职业活动

步骤一：装配前的准备

1. 确定装配基准

根据图样进行结构分析，三维零件图见图 7-1-1。

球形压力容器共有正五边形 12 块，正六边形 20 块，在装配过程中，可先组装成半球，一定要保证组对间隙一致，否则会出现组对不严等现象，导致焊缝宽度不一致，造成焊接应力失衡等问题。

2. 装配现场和装配设备的选择

由于本项目球形压力器的尺寸不大，因此可选择在操作平台或者操作架上进行装配，不需要起重设备。

3. 工量具的准备

量具：直角尺和多功能焊缝检验尺（检测组对角度）。

设备：WS-300 型焊机，直流正接。

4. 零件预检

根据图样要求，对板材尺寸、形状进行检测，确保装配工作顺利进行。

步骤二：装配流程

1. 平面组装

取 1 块正五边形和 5 块正六边形，放置在水平操作平台上，按图 7-3-1 所示进行装配并点固，点固焊缝在图中红色标注位置，装配过程中，板材之间可不留间隙。

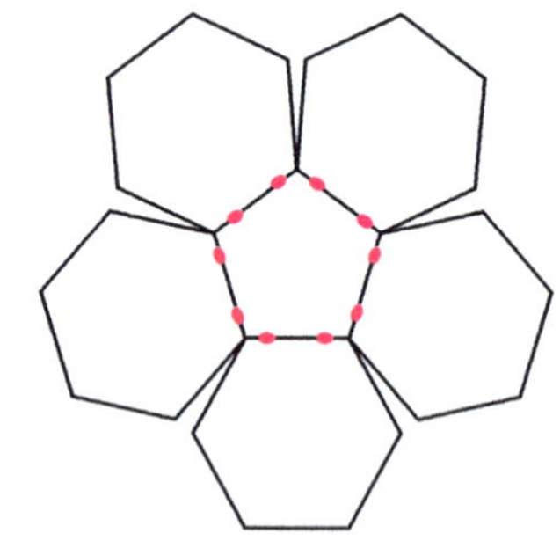

图 7-3-1　五边形与六边形点固焊缝示意图

2. 矫正角度

组对完成的 1 个五边形和 5 个六边形在同一平面上，为形成球体，需要六边形相邻的两边相交；组成球体的五边形与六变形的角度为 142.64°，六边形与六边形之

职业知识

压力容器

压力容器是能承受一定压力作用的密闭容器，它主要用于石油化工、能源工业、科研和军事工业等方面，同时在民用工业领域也得到广泛应用，如煤气或液化石油气罐、各种蓄能器、换热器、分离器以及大型管道工程等。

压力容器分类

压力容器按其承受压力的高低分为常压容器和压力容器。两种容器无论在设计、制造方面，还是结构、重要性等方面均有较大的差别。按国家质量技术监督局 2000 年颁发的“压力容器安全技术监察规程”的规定，其所监督管理的压力容器定义是指最高工作压力≥0.1MPa，容积大于或等于 25L，工作介质为气体、液化气体或最高工作温度不低于标准沸点的液体的容器。

压力容器的分类方法很多，主要的分类方法有以下两种：按设计压力划分和按综合因素划分。

<table>
<tr><td>设计压力划分</td><td>按设计压力（P）划分，可分为四个承受等级：
低压容器（代号 L）　0.1MPa≤p<1.6MPa
中压容器（代号 M）　1.6MPa≤p<10MPa
高压容器（代号 H）　10MPa≤p<100MPa
超高压容器（代号 U）　p≥100MPa</td></tr>
<tr><td>综合因素划分</td><td>在承受等级划分的基础上，综合压力容器工作介质的危害性（易燃，致毒等程度），可将压力容器分为Ⅰ、Ⅱ和Ⅲ类：
（1）Ⅰ类容器　一般指低压容器（Ⅱ、Ⅲ类规定的除外）。
（2）Ⅱ类容器　属于下列情况之一者：
1）中压容器（Ⅲ类规定的除外）。</td></tr>
</table>

间的角度为 138.19°；可以轻轻翘起六边形，使相邻的六边形两边相交，通过多功能焊缝检验尺测量角度，满足上述角度后进行点固，点固焊缝如图 7-3-2 中红色标注位置所示。

3. 组对半球体

如图 7-3-2 中所示，两个相邻的六边形需要再组对一个五边形。取一个五边形放置在水平操作台上，使两个相邻的六边形边缘与水平操作台上的五边形边缘对齐，然后进行点固，摆放方法以及点固焊缝位置如图 7-3-3a 所示。

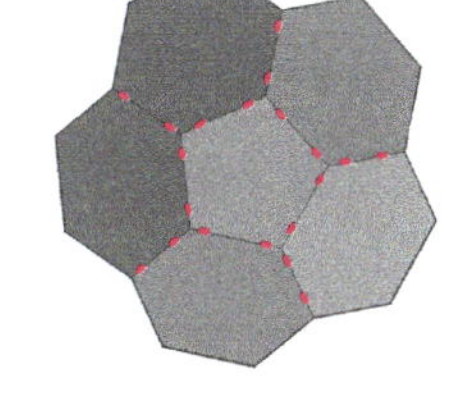

图 7-3-2　六边形矫正角度后点固焊缝示意图

按照上述五边形组对的方法，组对另外 4 个五边形，如图 7-3-3b 所示。按照上述方法再组对 6 个六边形，半球体装配完成，如图 7-3-4a 所示。另一半球体组对方法与上述一致。

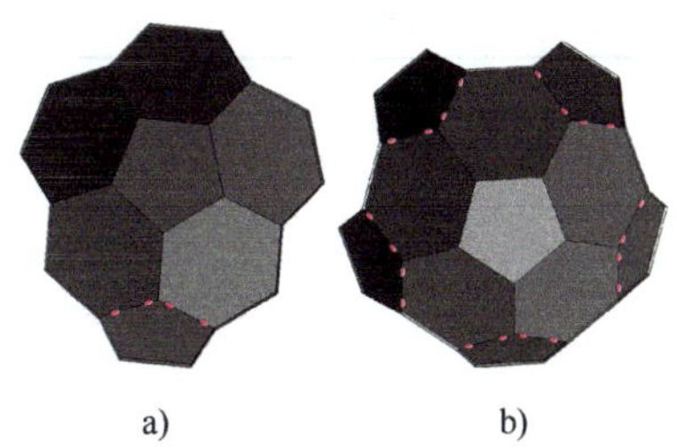

a)　　b)

图 7-3-3　五边形组对示意图

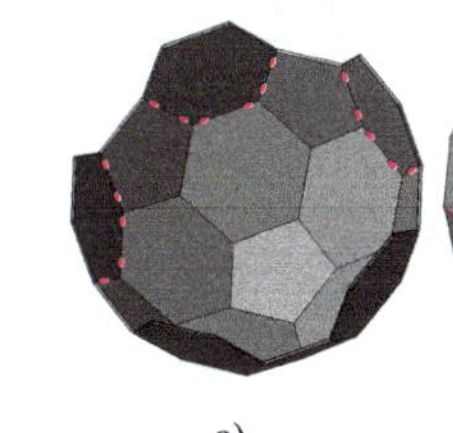

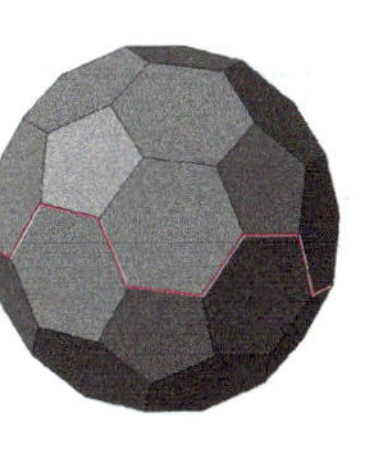

a)　　b)

图 7-3-4　半球体组对示意图

4. 组对球体

将组对完成的两个半球体，边缘六边形相互错开，组成整个球体，如图 7-3-4b 所示，红色标记为需要点固的焊缝位置。

5. 组对管材

组对成完整的球体后，最后组对不锈钢管材，组对完成后整体测量尺寸，为下一步焊接做准备。

压力容器分类

综合因素划分	2）易燃介质或毒性程度为中度危害介质的低压反应容器和储存容器。 3）毒性程度为极度和高度危害介质的低压容器。 4）低压管壳式余热锅炉。 5）搪玻璃压力容器。 （3）Ⅲ类容器　属于下列情况之一者： 1）毒性程度为极度和高度危害介质的中压容器和 $pV \geq 0.2\mathrm{MP \cdot m^3}$ 的低压容器。 2）易燃或毒性程度为中度危害介质且 $pV \geq 0.5\mathrm{MP \cdot m^3}$ 的中压反应容器或 $pV \geq 10\mathrm{MP \cdot m^3}$ 的中压储存容器。 3）高压、中压管壳式余热锅炉。 4）高压容器。

压力容器常见结构形式

压力容器有多种结构形式，最常见的结构为圆柱形、锥形和球形三种。

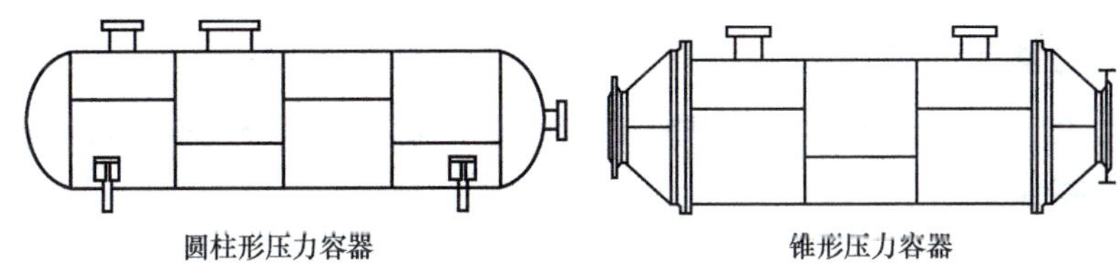

圆柱形压力容器　　锥形压力容器

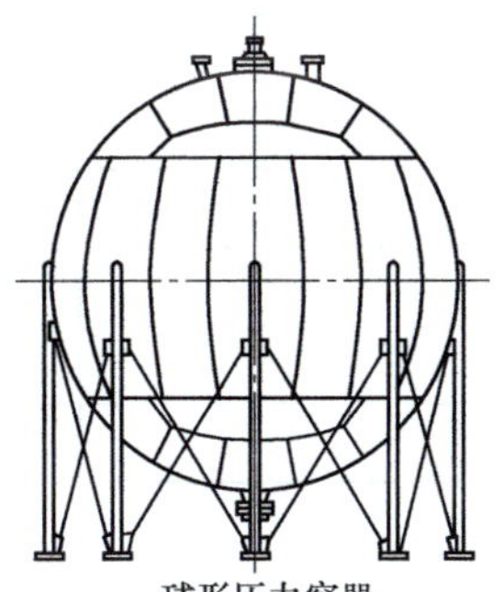

球形压力容器

任务三测评

1. 知识测评

确定本任务关键词，按重要程度进行关键词排序并举例解读，见表 7-3-1。

根据自己对重要信息的捕捉、排序、表达、创新和划分权重能力进行自评，满分 100 分。

表 7-3-1　球形压力容器装配知识测评表

序号	关键词	举例解读	评分自定
1			
2			
3			
4			
5			
总分			

2. 能力测评

对表 7-3-2 所列作业内容进行评判，操作规范即得分，操作错误或未操作得零分。

表 7-3-2　球形压力容器装配能力测评表

序号	能力点	配分	得分
1	装配基准面的选择	20	
2	制定装配顺序	30	
3	制定点固焊缝焊接参数	20	
4	合理控制装配精度	30	
总分		100	

3. 素养测评

对表 7-3-3 所列素养点进行评判，做到即得分，未做到得零分。

表 7-3-3　球形压力容器装配素养测评表

序号	素养点	配分	得分
1	防护用具穿戴标准	20	
2	装配前材料检查	20	
3	点固焊缝施焊	20	
4	点固焊缝焊后处理	20	
5	工具、量具等归位，清理工位	20	
总分		100	

4. 拓展训练

（1）简述不锈钢的分类。

（2）压力容器根据结构形式可分为哪几类？它们的特点是什么？

任务四　焊接工艺制定及实施

职业活动

步骤一：识读焊接标注

按照图 7-1-1，确定焊缝位置及形式。

1. 确定焊缝数量和焊缝形式

球形压力容器按图 7-1-1 所示，所有焊缝接头形式均为对接接头；整个球形压力容器是由 12 个正五边形和 20 个正六边形组成的 32 面体，因为每条边是其中两块皮的边重叠，所以边的数量等于 $(5\times12+6\times20)/2=90$。本项目共有对接焊缝数量是 90 条，骑坐式管板对接焊缝 1 条。

2. 确定焊接位置

这 90 条对接焊缝包含了平（1G）、横（2G）、立（3G）、仰（4G）所有的空间位置。

步骤二：钨极氩弧焊焊接工艺编制

1. 焊前准备

1）工件材料为 06Cr19Ni10 钢板钢板，具体尺寸如图 7-1-2 所示。

2）焊接材料：选择焊丝牌号为 ER308（HO6Cr21Nil0），直径为 ϕ2.0mm；电极选择铈钨极，直径为 ϕ2.0mm；保护气体为氩气，纯度不低于 99.99%。

3）焊机选择 WS-300 型焊机，直流正接。

4）焊前清理：矫平并清理试板坡口及其两侧各 20mm 范围内的油污、铁锈及其他污染物，直至露出金属光泽。

2. 焊接工艺分析

将装配好的球形压力容器固定在操作平台上。先将接缝用胶布封好，并预留一条焊缝，然后在管内通纯氩气保护，气体流量为 3L/min。送氩气 2 min 后，再将预留焊缝用压敏黏胶纸封好，在压敏黏胶纸上开 4～5 个小孔，孔径为 1～1.5mm，让氩气流通，准备施焊。焊前拆除封在接缝上的胶布。

职业知识

氩弧焊不锈钢平焊操作

平焊操作与项目六任务三中氩弧焊堆焊操作方法一致。

6mm 低碳钢板平对接位置的钨极氩弧焊

氩弧焊不锈钢横焊操作

引弧操作	为了确保熔池保护作用良好，引弧前应提前送气 5～10s，然后将焊枪与焊件的夹角调整至 70°～80°，焊丝与焊件的夹角调整至 10°～20°，使钨极端部离母材表面 2～3mm，然后再引弧，如右图所示。在始焊端定位焊缝上引燃电弧，引燃电弧后先不填加焊丝，焊枪在定位焊缝处稍停留，待加热部分熔化并形成熔池后，再填加焊丝进行焊接。 5mm 低碳钢板横对接位置的钨极氩弧焊 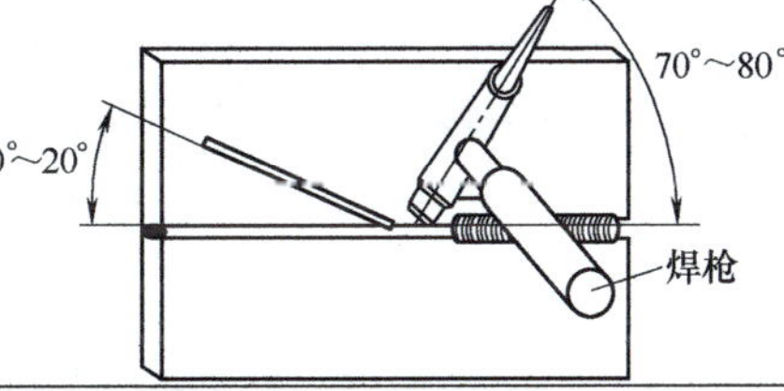
焊接操作	焊接时，焊枪做锯齿形摆动，摆动动作要平稳，并在坡口边缘处稍做停留，以保证两侧熔合良好。焊接过程中，应随时观察熔池的大小（若发现熔池缩小，则应暂停送丝，待熔池恢复原尺寸后再送丝，以免产生未焊透缺陷；若熔池过大，则熔池有下坠现象，应利用电流衰减功能控制熔池温度，以减小熔池尺寸，避免液态金属下淌形成焊瘤）。
接头要领	接头时要检查弧坑处有无缺陷，如果没有缺陷，便可直接接头；如果有缺陷，则应将缺陷彻底清除，并将前端打磨成斜面，然后在弧坑后面 10～15mm 处引弧，缓慢向前移动，待弧坑处开始熔化形成熔池后，再继续填丝焊接。

3. 焊接工艺卡编制（见表 7-4-1）

表 7-4-1　氩弧焊堆焊焊接工艺

焊接工艺卡			编号：			
材料型号	06Cr19Ni10					
材料规格	见图 1-1-2					
接头种类	对接					
坡口形式	V					
坡口角度	—					
钝边	—					
组对间隙	0～0.5mm					
焊接方法	141(GTAW)					
焊接设备	WS-300					
电源种类	直流	焊后热处理	种类	—	保温时间	—
电源极性	正接		加热方式	—	层间温度	—
焊接位置	1G、2G、3G、4G		温度范围	—	测量方法	—

焊接参数

焊层	焊材型号	焊材直径/mm	焊接电流/A	焊接电压/V	气体流量/(L/min)	钨极直径/mm
1G	ER308	ϕ2.0	90～100	13～15	7～9	2.0
2G			80～90	12～14	6～8	
3G			80～90	12～14	6～8	
4G			70～80	11～13	5～7	

氩弧焊不锈钢横焊操作

收弧操作	收弧时，要防止弧坑产生裂纹和缩孔，可利用电流衰减功能，逐渐降低熔池的温度，同时延长氩气对弧坑的保护作用，直至熔池冷却。

氩弧焊不锈钢立焊操作

引弧操作	为了确保熔池保护作用良好，引弧前应提前送气 5～10s，然后将焊枪焊嘴以 90°位置斜靠在焊缝中心处，使钨极端部离母材表面 2～3mm，然后再引弧。引弧后，先对钢板进行预热，待钢板达到熔融状态时，即可开始进行打底层焊接。  5mm 低碳钢板立对接位置的钨极氩弧焊
焊接操作	焊枪在始焊端定位焊缝处引燃电弧（钨极端部距熔池的高度为 2mm，太低则易和熔池、焊丝相碰，形成短路；太高则氩气对熔池的保护效果不好），不加或少加焊丝，焊枪在定位焊缝处稍做停留，待加热部分熔化并形成熔池后，再填加焊丝向上焊接。焊丝应连续地送入熔池。焊枪沿着焊缝做反月牙运动，焊缝两侧稍做停留，要保证两侧熔合良好。焊接时，应随时观察熔池的大小（若发现熔池缩小，则应暂停送丝，待出现熔池恢复原尺寸后再送丝，以免产生未焊透缺陷；若熔池过大，则熔池有下坠现象，应利用电流衰减功能控制熔池温度，以减小熔池尺寸，避免液态金属下淌形成焊瘤）。焊枪向上移动的速度要适当，熔池形状以接近椭圆形为佳。焊接过程中焊丝与焊枪角度如上图所示。 焊丝与焊枪的运动要配合协调，同步移动。根据焊缝宽度的大小，焊丝与焊枪小幅度左右平行摆动向上施焊。
收弧操作	收弧时，要防止弧坑产生裂纹和缩孔，可利用电流衰减功能，逐渐降低熔池的温度，同时延长氩气对弧坑的保护作用，直至熔池冷却。

任务四测评

1. 知识测评

确定本任务关键词，按重要程度进行关键词排序并举例解读，见表 7-4-2。

根据自己对重要信息的捕捉、排序、表达、创新和划分权重能力进行自评，满分 100 分。

表 7-4-2 球形压力容器焊接知识测评表

序号	关键词	举例解读	评分自定
1			
2			
3			
4			
5			
总分			

2. 能力测评

对表 7-4-3 所列作业内容进行评判，操作规范即得分，操作错误或未操作得零分。

表 7-4-3 球形压力容器焊接能力测评表

序号	能力点	配分	得分
1	焊接标注符号识读	20	
2	制定焊接顺序	30	
3	焊接工艺卡编制	20	
4	掌握球形压力容器焊接技巧	30	
总分		100	

3. 素养测评

对表 7-4-4 所列素养点进行评判，做到即得分，未做到得零分。

表 7-4-4 球形压力容器装配素养测评表

序号	素养点	配分	得分
1	防护用具穿戴标准	20	
2	点固焊缝焊前打磨处理	20	
3	钨极氩弧焊安全操作规程	20	
4	容器内部充气处理	20	
5	工具、量具等归位，清理工位	20	
总分		100	

4. 拓展训练

采用钨极氩弧焊焊接水平管对接，管材材质为 Q235，具体尺寸如下图所示，请自行编制焊接工艺并实施。

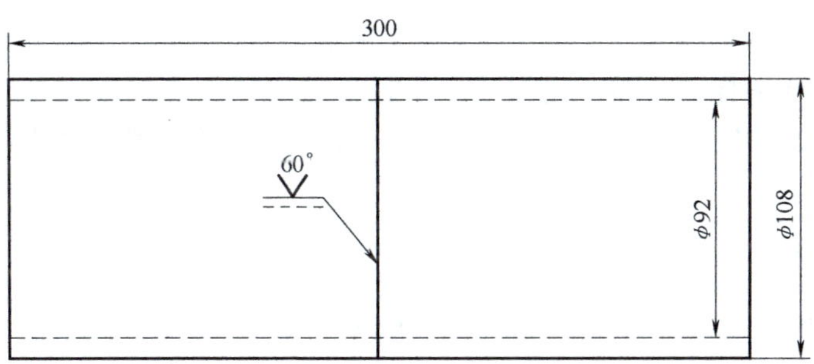

任务五　焊接检测

职业活动

焊缝的否定项识别和焊缝尺寸检测在完成所有焊缝的焊接之后和充气之前，这样既可以有利于检测焊缝尺寸，又能更好地保证充气效果。

步骤一：外观缺陷识别及焊缝尺寸检测

1. 外观缺陷识别

（1）检测准备　工具：手电筒、放大镜、记号笔（红色）、评分表。

（2）识别和标记外观缺陷

1）表面裂纹。

2）表面气孔。

3）表面未熔合。

2. 焊缝尺寸检测

（1）检测准备

1）工具：HJC40 型焊接检测尺、游标卡尺（150mm，精度 0.02mm）、手电筒、记号笔（黑色）、评分表。

2）完成焊接的工件。

（2）检测焊缝尺寸　本任务主要是测量不锈钢球形组合件焊缝外观尺寸是否符合图样和焊接工艺要求。本任务检测的所有焊缝都是相同规格的，检测时按同一标准对所有焊缝进行检测评分，检测评分表见表 7-5-1。

表 7-5-1　不锈钢球形压力容器端接焊缝外观尺寸评分表

工件号		评分员签名		合计得分（满分 100 分）	
检测项目	配分	评分标准		测量数值	实际得分
焊缝宽度	10	3~4mm,10 分;2~5mm,5 分;<2mm 或>5mm,0 分			
焊缝宽窄差	15	0~1mm,15 分;>1mm 且≤2mm,10 分;>2mm 且≤3mm,5 分;>3mm,0 分			
焊缝余高差	15	0~1mm,15 分;1~2mm,10 分;>2mm 或<0mm,0 分			
焊缝颜色	20	银色,20 分;金黄色,10;五彩色,5 分;蓝色、深蓝色及氧化色,0 分			

职业知识

不锈钢件焊缝典型成形缺陷

1. 热裂纹

焊接过程中，焊缝和热影响区金属冷却到固相线附近的高温区产生的焊接裂纹，叫热裂纹，又称结晶裂纹。其特征是断口呈蓝黑色，即金属在高温时被氧化的颜色。

奥氏体不锈钢塑性和韧性很好，具有良好的焊接性，焊接时一般不需要采取特殊的焊接工艺措施。如果焊接材料选用不当或焊接工艺不合理时，会产生热裂纹。

奥氏体不锈钢焊接时产生热裂纹的原因：一是单相奥氏体焊缝已形成方向性强的柱状晶组织，碳、硫、磷、镍等元素形成的低熔点共晶杂质偏析比较严重，形成晶间液态夹层；二是不锈钢的导热系数小、线膨胀系数大，导致焊接应力比较大。

防止措施：

1）严格限制焊缝中硫、磷等杂质元素的含量，以减少低熔点共晶杂质。

2）选用双向组织的焊材，使焊缝形成奥氏体和少量铁素体的双向组织，以细化晶粒，打乱柱状晶方向，减小偏析程度。

3）控制焊接电流和电压大小，适当提高焊缝成形系数。

4）采用小线能量，小电流快速焊，减小焊接应力。

5）填满弧坑，防止弧坑裂纹。

2. 焊缝颜色

当焊接工艺条件都满足时，焊缝应该是银白色，焊缝的各项性能也最好。以银白色、黄色的质量为佳，银白色最好；五彩色的焊缝在与腐蚀介质接触时有产生晶间腐蚀倾向，使不锈钢失去耐腐蚀性能；蓝色、深蓝色以后的颜色对于表面焊接质量来说不合格。

（续）

工件号		评分员签名		合计得分（满分 100 分）	
检测项目	配分	评分标准		测量数值	实际得分
表面裂纹	10	无，10 分；有，0 分			
气孔	10	无，10 分；有，0 分			
未熔合	10	无，10 分；有，0 分			
焊缝表面成形	10	焊缝表面平整光滑、波纹均匀、焊缝宽窄一致			

注：表面气孔检查采用 5 倍放大镜。

步骤二：晶间腐蚀试验

1. 试样准备

焊接试样从与产品钢材相同而且焊接工艺也相同的试块上取样。试样的取样方法，原则上用锯切。试样被检查的表面应抛光，以便进行腐蚀和显微组织检验。焊接试样直接以焊后状态进行试验。

2. 试验方法

采用不锈钢 10%草酸浸蚀实验法。

（1）试验溶液　将 100g 符合 GB/T 9854 的优级纯草酸溶解于 900mL 蒸馏水或去离子水中，配制成 10%草酸溶液。

（2）条件和步骤　把浸蚀试样作为阳极，不锈钢杯或不锈钢片作为阴极，倒入 10%草酸溶液，接通电流。阳极电流密度为 $1A/cm^2$，浸蚀时间 90s，浸蚀溶液温度 20～50℃。

试样浸蚀后，用流水洗净，干燥。在金相显微镜下观察试样的全部浸蚀表面，放大倍数为 200～500 倍，根据表 7-5-2 判定组织的类别。

结果依据 GB/T 4334—2020《金属和合金的腐蚀　奥氏体及铁素体-奥氏体（双相）不锈钢晶间腐蚀试验方法》进行判定。

表 7-5-2　判定组织类别

类别	名称	组织特征	组织示意图
一类	阶梯组织	晶界无腐蚀沟，晶粒间呈台阶状	

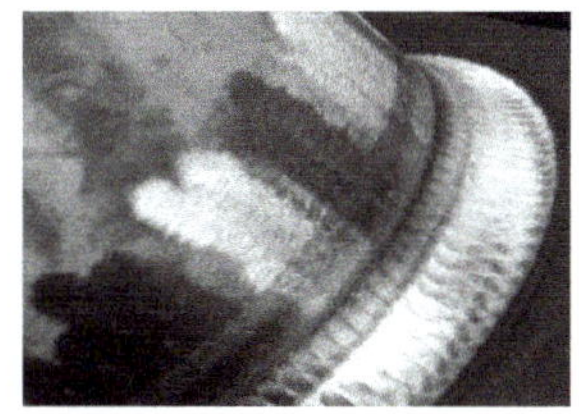

采用氩弧焊时应注意以下几点：

1）焊接前必须严格按照焊接工艺规程清理。不锈钢焊件表面如有刻痕、凹痕、粗糙点，会加快腐蚀，表面粗糙度越小，耐腐蚀性能越好。

2）氩气必须满足焊接不锈钢的要求。对于一般工作环境下使用的不锈钢工件，氩弧焊焊接时的氩气纯度不低于 99.9%。对于与腐蚀介质接触或有其他特殊要求的不锈钢工件，氩弧焊焊接时使用的氩气纯度不低于 99.99%。

3）适当加大喷嘴直径，以确保保护效果。加大喷嘴直径可以有效地增加焊接时的保护区域面积；加大喷嘴直径，焊接时输出的氩气流量也同时增加，对焊接区的冲刷作用增强，可有效地降低焊缝金属和热影响区的温度。

4）采用小电流短弧快速焊，减小焊接热输入，从而减小在敏化区温度（450～850℃）停留的时间，避免产生晶间腐蚀。

不锈钢的几种腐蚀形式

金属的腐蚀，按机理可分为物理腐蚀、化学腐蚀和电化学腐蚀三种。金属的物理溶解属于物理腐蚀。化学腐蚀是指在介质中直接发生的化学作用，即金属同介质中离子直接交换电荷。电化学腐蚀是金属在电介质中，由于电极反应而发生的腐蚀。生活实际、工程实际中的金属腐蚀，绝大多数都属于电化学腐蚀。

不锈钢的主要腐蚀形式有均匀腐蚀（表面腐蚀）、点蚀、缝隙腐蚀、晶间腐蚀和应力腐蚀。

1. 均匀腐蚀

均匀腐蚀是指接触腐蚀介质的金属表面全部产生腐蚀的现象。均匀腐蚀使金属截面不断减少，对于被腐蚀的受力零件而言，会使其承受的真实应力逐渐增加，最终达到材料的断裂强度而发生断裂。

（续）

类别	名称	组织特征	组织示意图
二类	混合组织	晶界有腐蚀沟，但没有一个晶粒被腐蚀沟包围	
三类	沟状组织	晶界有腐蚀沟，个别或全部晶粒被腐蚀沟包围	
四类	游离铁素体组织	铸钢件及焊接接头晶界无腐蚀沟，铁素体被显现	
五类	连续沟状组织	铸钢件及焊接接头，沟状组织很深，并形成连续沟状组织	
六类	凹坑组织Ⅰ	浅凹坑多，深凹坑少的组织	
七类	凹坑组织Ⅱ	浅凹坑少，深凹坑多的组织	

步骤三：气压试验耐压检测

1. 试验用设备准备

空气压缩机 1 台：空气压缩机是为气压试验提供试验介质——压缩空气，本项目不锈钢球体设计压力为 0.4MPa，试验压力为 0.46MPa，故空气压缩机的额定工作压力要大于 0.46MPa。

空气储气罐：工作压力要大于 0.46MPa，容积 $1m^3$ 左右，合格产品。

压力表两只：一只作为工作压力表，另外一只作为监测压力表，量程为 0.6MPa、精度等级 1.5 级。

蝶阀两只：公称压力 0.6MPa，公称直径与连通管一致。

2. 点蚀

点蚀是指在金属材料表面大部分不腐蚀或腐蚀轻微，而分散发生高度的局部腐蚀。常见蚀点的尺寸小于 1.0mm，深度往往大于表面孔径，轻者有较浅的蚀坑，严重的甚至形成穿孔。点蚀是金属表面局部钝化膜被腐蚀破坏所致。首先形成腐蚀坑，然后从外向内深入发展，属于局部腐蚀。在含有氯离子的介质中，最易引起不锈钢的点蚀。

3. 缝隙腐蚀

缝隙腐蚀是指在金属构件缝隙处发生斑点状或溃疡形的宏观腐蚀，这是局部腐蚀的一种，常发生在垫圈、铆接、螺钉连接的接缝处，搭接的焊接接头、阀座、堆积的金属片间等处。

4. 晶间腐蚀

此腐蚀集中发生在金属显微组织晶界并向金属材料内部深入，称之为晶间腐蚀。这类腐蚀发生以后，有时从外观上不易被察觉，但由于晶界区腐蚀已遭到破坏，晶粒间的结合强度几乎完全丧失。

奥氏体型不锈钢会发生晶间腐蚀是由于这类钢加热到 600～800℃ 区间会发生敏化，其机理是过饱和固溶的碳向晶粒边界扩散，与晶界附近的铬结合形成铬的碳化物 $(CrFe)_{23}C_6$ 并在晶界沉淀析出；由于碳比铬的扩散快得多，铬来不及从晶内补充到晶界附近，因此晶界区贫铬而形成晶间腐蚀。

5. 应力腐蚀

应力腐蚀是指金属在某种特定环境与相应水平应力的共同作用下，以裂纹扩展方式发生的与腐蚀介质有关的断裂。特定环境下若无应力或应力水平太低，则不会引起应力腐蚀。同样，若有相当水平应力而无特定环境，也不会发生应力腐蚀。

气压试验特点

气压试验和水压试验一样，是检验在一定压力下工作的容器和管道焊缝的强度和耐压能力的一种检验方法。气压试验比水压试验更灵敏、迅速和方便，同时试验后不用排水处理，对于排水困难的产品尤为适用。

但是，一般容器的耐压试验都应首先考虑水压试验，因为液体的可压缩性极小，水压试验是安全的，即使容器爆破，也没有巨大声响和碎片产生，从而不会伤人。相反，气体的可压缩性很大，万一发生容器爆炸是非常危险的。

弹簧式安全阀两只：公称压力1.0MPa，排泄压力调至0.46MPa，公称直径应满足安全排泄的要求。

将储气罐设置在空气压缩机与不锈钢球体之间，使压缩空气经储气罐输送到容器，以保证压缩空气的稳定性。

在储气罐的气体出入口处，各安装一只蝶阀，在其顶部装上安全阀，并在输出端（即容器的压缩空气输入端）管道上安装工作压力表和监视压力表，在容器的顶部装上安全阀。

2. 试验场地

试验须在专用的隔离场所进行，或用不小于3mm厚的钢板将试验产品的四面包围起来后进行试验。

3. 试验用气体

用干燥、洁净的压缩空气作为试验气体，气压试验时气体温度不得低于15℃。

4. 试验步骤

试验时压力应缓慢上升，至规定试验压力的10%且不超过0.05MPa，保压5~10min，然后对所有的焊接接头和连接部位进行初次泄漏检查，检查方法是将肥皂水涂至焊缝，检查焊缝是否漏气，并检查工作压力表数值是否下降。若有泄漏或压力表数值下降，应找出漏气部位，泄压后进行返修、补焊处理，再重新进行试验。

初次泄漏检查合格后，再继续缓慢升压至试验压力的50%，如无异常现象，其后按试验压力的10%的级差增至试验压力，保压10~30min且待压力容器形状变为球体后，将压力降至设计压力，关闭气阀，保压30min后再次进行泄漏检查。如果有漏气或压力表数值下降，需经卸载返修后重新试验，直到没有泄漏或压力表数值不下降，且无可见的异常变形，容器的气压试验才能被评定为合格。

步骤四：水压试验压力检测

1. 试验设备准备

试压泵准备。试压泵可以用手压泵或电泵，但用电泵时必须是试压专用泵，以便准确测定容器的试验压力。

压力表准备。需用两个量程相同并经校正的压力表，压力表的量程在试验压力的1~2MPa左右。

因此，气压试验主要应用于不宜水压试验的容器，如内衬耐火材料不易烘干的容器、生产时装有催化剂不允许有微量残液的反应器等，而对高压及超高压容器不宜采用气压试验。

气压试验要求

1. 试验气体及要求

气压试验所用的气体应为干燥、洁净的压缩空气、氮气或稀有气体。对于碳素钢和低合金钢制造的容器，试验用气体温度不得低于15℃，其他钢种制造的容器按图样规定确定。

2. 试验压力

气压试验的试验压力规定得比水压试验稍低些，即

$$p_t = 1.15p \tag{7-5-1}$$

式中 p_t——容器的试验压力；

p——容器的设计压力。

3. 试验应力校核

同水压试验一样，气压试验也是在高于设计压力（或最大允许工作压力）的情况下进行的，所以在试验前应对容器在规定的试验压力下的强度进行理论校核，满足要求时才能进行气压试验的实际操作。气压试验时，要求容器在试验压力下产生的最大应力不超过圆筒材料在试验温度（常温）下屈服强度的80%。

4. 安全措施

气压试验危险性大，如需进行气压试验，必须有可靠的安全保障措施，并且该措施需经试验单位技术总负责人批准，并经单位安全部门现场检查监督。

通常，为确保气压试验的试验安全，还应采取以下安全措施：

1）用作气压试验的产品需经过100%的无损检验，并保证符合相应标准的规定。

2）试压环境必须安全可靠，设有防爆墙及其他安全设施。

3）在输送压缩气体到试验容器的送气管道上，要安装一个储气罐，且在储气罐的气体进气口和出气口处各安装一个控制阀，以保证送气的稳定性。

试验介质准备。试验介质为清水，水的温度不低于 15℃。

试验安全准备。试验前，各连接部件的紧固螺栓必须装配齐全，并将两个量程相同、经过校正的压力表装在试验装置上便于观察的地方。试验现场应有可靠的安全防护装置。停止与试验无关的工作，疏散与试验无关的人员。

2. 注水、排气

试验装置装设好后，将装设在容器最高处的排气阀打开，起动试压泵向容器内注满水，将容器内的空气完全排出后，再把排气阀关闭。

3. 升压、保压及检查

试验时开动试压泵使水压缓慢上升，将不锈钢球体形状撑成球状后，关闭直通阀，保持压力 10min。在此期间球体上应该无漏水现象，或压力表读数应保持不变。然后降至工作压力 0.4MPa 并保持足够长的时间，对所有焊缝和连接部位进行检查。

4. 排水卸压

容器经检查完毕后，即可打开容器下部的排水阀，排水卸压。排水时，容器顶部的排气阀应打开，试压的水应全部排放干净。

4）在储气罐与试验容器之间的管道上要安装工作压力计和监视压力计，以便随时监测进气压力和容器实际压力。

5）在试验容器的排气口安装一个安全阀，以防止容器的实际压力超过规定压力而发生事故。

6）当容器内的压力达到规定数值时，必须关闭进气阀，停止加压。在保压期间，不许对容器进行敲击和修补。

在气压试验过程中，若发现有不正常情况，应立即停止试验，待查明原因并采取相应措施后，方能继续进行试验。

任务五测评

1. 知识测评

确定本任务关键词，按重要程度进行关键词排序并举例解读，见表 7-5-3。

根据自己对重要信息的捕捉、排序、表达、创新和划分权重能力进行自评，满分 100 分。

表 7-5-3 球形压力容器焊接知识测评表

序号	关键词	举例解读	评分自定
1			
2			
3			
4			
5			
总分			

2. 能力测评

对表 7-5-4 所列作业内容进行评判，操作规范即得分，操作错误或未操作得零分。

表 7-5-4 球形压力容器装配能力测评表

序号	能力点	配分	得分
1	焊接标注符号识读	20	
2	制定检测顺序	30	
3	焊缝尺寸检测评分表编制	20	
4	掌握球形压力容器检测技巧	30	
总分		100	

3. 素养测评

对表 7-5-5 所列素养点进行评判，做到即得分，未做到得零分。

表 7-5-5 球形压力容器焊接素养测评表

序号	素养点	配分	得分
1	防护用具穿戴标准	20	
2	钨极氩弧焊安全操作规程	20	
3	不合格焊缝返修处理	50	
5	工具、量具等归位，清理工位	10	
总分		100	

4. 拓展训练

根据下图编制焊缝尺寸检测标准并实施（图中，Ⓐ表示拼接焊缝，Ⓑ表示环焊缝）

材料：Q345，厚度 10mm，坡口角度 30°，采用熔化极气体保护焊。

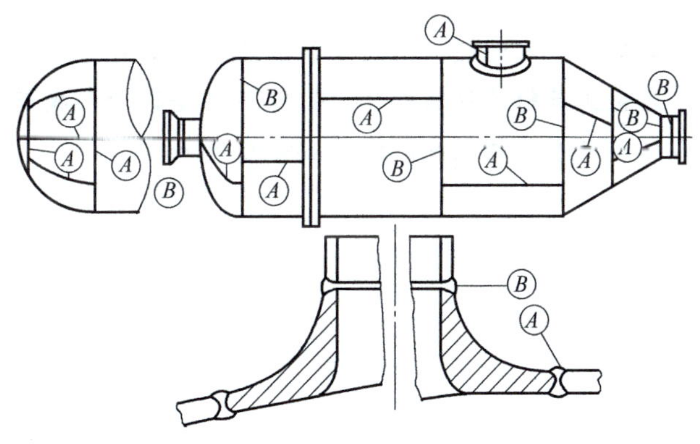

“勤学、勤问、勤想、勤练”的时代工人——武永合（哈尔滨建成集团有限公司焊工，高级技师）

武永合1981年从部队复员到工厂从事电焊工作。面对全新的领域，他懂得学好技术必须掌握更多的知识。在学徒时，他就给自己规定了“勤学、勤问、勤想、勤练”的四原则。只要是与焊接有关的书，他总是一本接一本地“啃”，并用六年多的时间自学了中专到大学本科的全部课程。在国家工业机械部与德国共同举办的国际焊工班上，武永合是来自世界各国80多名学员中最勤奋的一个。早晨他骑车到十几公里外的动力区上课，晚上别人休息时，他回到工厂去操作，他把这称为“复习功课”。技能考试前两天，角向磨光机飞出的铁屑崩伤了他的右眼，医生要求他必须住院治疗，可他却戴着眼罩走进考场。经过努力，他终于成为唯一一名40道理论题满分、13项技术操作全优的学员。

武永合师傅不但技术过硬，而且爱岗敬业，不断挖潜革新，解决了许多技术难题，为企业节约了巨额资金。他曾获得全国劳动模范、全国五一劳动奖章、第七届中华技能大奖。他，堪称时代工人。

“每一条焊缝，罗卫东都像对工艺品一样精雕细琢”——记“全国技术能手”、葛洲坝集团机电建设有限公司三峡机电金结制造安装项目部焊接队副队长罗卫东

6月23日，骄阳似火，地表温度36℃。记者在三峡右库压力钢管斜支段的焊接现场看到，正在忙碌的罗卫东被飞溅的焊花包裹着，汗水湿透了厚厚的防护服。见到记者，罗卫东说，压力钢管焊接要在80～100℃的加热保温过程中进行，赶上高温的天气，衣服湿成这样很正常！

这就是罗卫东——第七届“全国技术能手”获得者、葛洲坝集团机电建设有限公司三峡机电金结制造安装项目部焊接队副队长。在葛洲坝集团公司，罗卫东经常说的有三句话：“自己既然选择了，就得对得起自己的选择。”“要么不焊，要焊就要焊得最好。”“我想让更多的人站到光荣的授奖台上！”

正是这三句话，成为罗卫东创造一系列业绩的原动力。2001年，罗卫东所在的泄洪坝段项目部完成了金属结构安装1.82万T，其中，导流底孔、深孔弧形工作门下闸挡水后“滴水不漏”。2004年10月，在三峡三期工程施工中，他所在的项目部创造了月焊接20条焊缝、计约800m的三峡工程新纪录；同年12月，又实现了压力钢管制作27节、吊装21节的重大突破，刷新了三峡左岸电站压力钢管制作、吊装的月工程量纪录！而罗卫东自己，也在技术上不断脱颖而出：2000年，在水利部主办的首届全国水利水电焊工大赛中获得第一名，同年被湖北省劳动厅授予“湖北省青年岗位能手”；2001年4月，被全国劳动和社会保障部授予“全国优秀焊工”光荣称号；2004年12月，又被国家劳动和社会保障部授予“全国技术能手”称号。

项目八　氩弧焊铝合金组合件

学习目标

1. 掌握铝合金的特点及应用。
2. 能够根据组合件图样进行零件图的绘制。
3. 能够掌握铝合金组合件的装配方法。
4. 能够根据铝合金的焊接位置制造合理的焊接工艺。
5. 能够进行铝合金焊后检测并针对问题制定修复工艺。

项目描述

随着科学技术的进展，低密度、高强度金属材料越来越多地得到应用，铝合金以其低温特性、质量小、强度高的优点，已经被广泛应用在航空航天、机车和民用工业中，成为一种重要的加工材料。铝合金的焊接方法较多，常用的有氩弧焊（TIG、MIG）、等离子弧焊、电子束焊、电阻焊以及钎焊等。

本项目载体来源于第45届世界技能大赛焊接赛项组合件，项目涵盖技能点比较全面，图样也比较复杂，能充分培养学生的视图、装配、焊接等方面的能力。

铝合金组合件

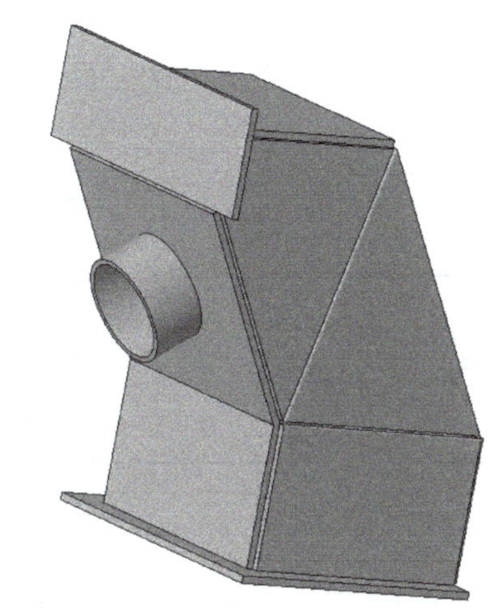

项目计划

根据铝合金组合件制作要求，将本项目分成5个加工任务。任务一图样识读：小组成员利用2学时进行零件图的绘制并明确加工任务。任务二焊前工件制备：小组成员利用4学时完成工件制备任务，分组进行工艺编制并实施。任务三装配点固：小组成员利用4学时进行装配，本项目装配过程中要注意板材之间位置及尺寸，要按照焊缝标注进行装配，采用划线法进行装配，装配后整体实施焊接。任务四焊接工艺制定及实施：小组成员利用16学时完成，氩弧焊焊接工艺编制并实施。任务五焊接检测：小组成员利用4学时检测铝合金组合件焊缝，根据缺陷提出返修工艺。本项目教学时长为30学时，具体学时分配如图8-1所示。

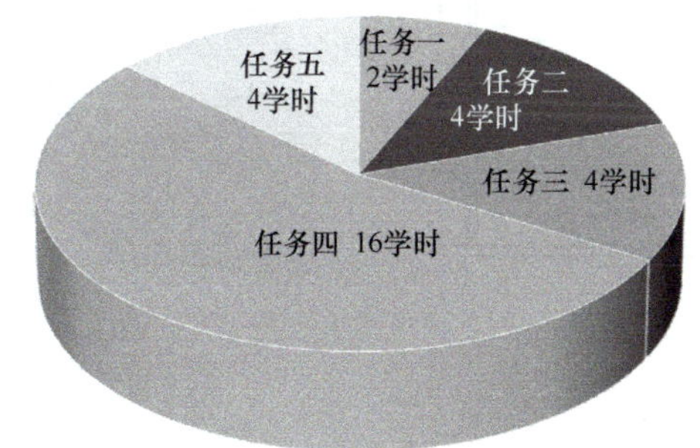

图8-1　学时分配

任务一　图样识读

职业活动

步骤一：根据图样绘制零件图

组合件材质为6082铝合金，板材厚度为4mm，管材规格 ϕ60mm×5mm，根据组合件三维图，绘制出该组合件的三视图，如图8-1-1所示。

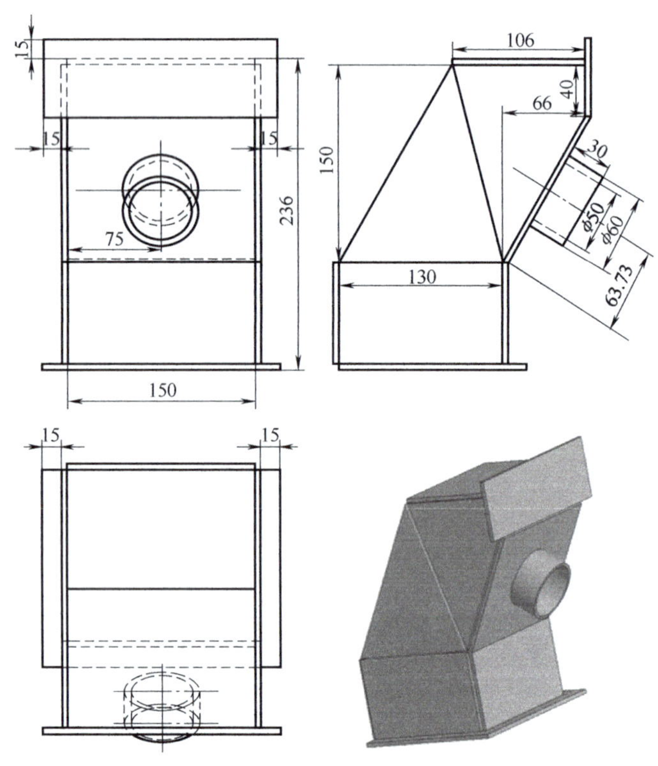

图8-1-1　铝合金组合件三视图

1. 确定焊前下料数量

根据图8-1-1能够确定本项目中的铝合金组合件共需要铝板12块，铝管一段，记录好尺寸之后，进行零件图的绘制。

职业知识

铝及铝合金焊接性分析

纯铝的熔点大约是660℃，可焊接的商用铝合金熔化温度在560～620℃，而钢的熔化温度大约在1540℃。铝在熔化过程中没有颜色变化，不易观察熔池，因此铝和铝合金试件在焊接过程中如果工艺不当，非常容易产生焊穿现象。

铝及铝合金的导热系数大，导热速度是钢的3倍。这就意味着焊接相同厚度的铝合金和钢，铝合金焊接需要的热量更大，因此对于厚板焊接，通常需要焊前对焊接区预热，以减少热输入并降低热量的损失。

铝及铝合金焊接方法

铝及铝合金的焊接性较好，可以采用常规的焊接方法焊接。常用的焊接方法有氩弧焊（TIG、MIG）、等离子弧焊、电子束焊、电阻焊及钎焊等。采用热功率大、能量集中、保护效果好的焊接方法较为合适。气焊和焊条电弧焊在铝及铝合金焊接中已被氩弧焊取代，目前仅用于修复性焊接及焊接不重要的结构件。常用铝及铝合金焊接方法的特点及应用范围见下表。

焊接方法	特点	应用范围
TIG焊	氩气保护，电弧热量集中，电弧燃烧稳定，焊缝成形美观，焊接接头质量好	主要用于板厚在6mm以下的重要结构的焊接
MIG焊	氩气保护，电弧功率大，热量集中，焊接速度快，热影响区小，焊接接头质量好，生产率高	主要用于板厚在6mm以上的中厚板结构的焊接
电子束焊	能源功率密度大，焊缝深宽比大，热影响区及焊件变形小，生产率高，焊接接头质量好	主要用于板厚在3～75mm的非常重要结构的焊接
电阻焊	利用焊件内部电阻热，接头在压力下凝固结晶，不需填加焊接材料，生产率高	主要用于厚度在4mm以下薄板的搭接焊
钎焊	依靠液态钎料与固态焊件之间的扩散而形成焊接接头，焊接应力及焊接变形小，但接头强度低	主要用于厚度≥0.15mm薄板的搭接、套接等
气焊	设备简单，操作方便，火焰功率较低，热量分散，焊件变形大，焊接接头质量较差	适用于焊接质量要求不高的薄板（0.1～10mm）结构或铸件的补焊
焊条电弧焊	电弧热量集中，焊接速度快，但焊缝致密性差且表面粗糙，焊接接头质量较差	仅用于板厚大于4mm且要求不高的焊件的补焊及修复性焊接

2. 零件图绘制

铝合金组合件结构比较复杂，零件数量较多，在绘制零件图的过程中，把每一个零件进行编号，以方便后期组对，具体零件图见表 8-1-1。

表 8-1-1　铝合金组合件零件图汇总

零件	编号	数量	图样	零件	编号	数量	图样
底板	001	1		立板	006	1	
立板	002	2		立板	007	1	
立板	003	2		盖板	008	1	
立板	004	2		管材	009	1	
立板	005	2					

铝及铝合金焊接材料

铝及铝合金的焊接材料主要为焊丝，分为同质焊丝和异质焊丝两大类。为了得到质量可靠的焊接接头，应根据母材化学成分、产品结构特点及使用要求、施工条件等因素，选择合适的焊接材料。

选择焊丝首先要考虑焊缝成分要求，还要考虑抗裂性、力学性能、耐蚀性等。铝及铝合金焊丝型号字头用 S 表示，如 SAlMg-5 型号表示以 Mg 为主要合金元素的 Al-Mg 合金焊丝。

同质焊丝	焊丝成分与母材成分相同，有时可以直接在母材上切取板条作为填充金属。母材为纯铝、3A21（LF21）、5A06（LF6）、2Al6（LY16）和 Al-Zn-Mg 合金时，可以采用同质焊丝。
异质焊丝	主要是为满足抗裂性研制的焊丝，其成分与母材有较大的差异。为保证焊接时不产生裂纹，往往在焊丝中加入较多的合金元素，这些合金元素会降低焊接接头的耐蚀性，因此对耐蚀性有要求的焊接结构，所选焊丝中必须限定某些元素的含量。例，Al-Zn-Mg 合金，为了保证抗裂性常选用 Al-4Mg-Zn 焊丝，但在结构要求具有抗应力腐蚀性能的情况下，焊丝中就要求 Mg 的质量分数不得超过 3%。

铝及铝合金焊前清理

铝及铝合金焊件及焊丝表面的氧化膜及油污等会严重影响焊接质量，因此焊接之前必须严格清理。铝及铝合金焊前清理方法有化学清理和机械清理两种。

铝合金板的焊前清理

步骤二：确定工作任务

1. 根据图样及材料确定下料工艺

根据图 8-1-1 分析铝合金组合件的结构：底板为正方形，立板 004、005 属于三角形，其余立板都是矩形。板材主要加工外轮廓，但是对尺寸要求比较高，而且 4mm 厚度的铝板不建议采用热加工方法进行切割，因为容易产生氧化膜。确定本项目组合件下料采用数控剪板机，铝管材下料采用锯床。

2. 制定装配工艺

根据铝合金组合件结构分析，能够确定零件数量为 13 个，由于其结构复杂，决定装配过程按照由下至上的方式进行划线装配，基本确定好立板 002、003 在底板上的位置后，其他板材按照图样进行组装即可。要注意立板 004、005 的装配位置，不要混淆。可最后装配管材，在立板 006 上划线，确定管材的位置，装配完成后统一进行施焊。

3. 制定焊接工艺

本项目采用的焊接方法是 141（钨极氩弧焊），焊接设备型号：WSJ-300，交流，根据板材的厚度制定相应焊接参数，制定焊接工艺卡，教师检查无误后进行施焊。

4. 焊后检测

根据工件的结构及焊缝的位置，制定焊接检测工艺。

<table>
<tr>
<td>化学清理</td>
<td>
该清理方法的效率高，质量稳定，用于清理焊丝及尺寸较小、批量生产的焊件。清洗油污一般使用汽油、丙酮、四氯化碳等有机溶剂；也可使用工业磷酸三钠 40～60g、碳酸钠 40～50g、水玻璃 20～30g 加入 1L 水中溶解，加热到 60～70℃，对坡口除油 5～8min，再放入 50℃的水中清洗 20min，最后在冷水中冲洗 2min。清除焊件表面氧化膜、小型工件可用浸洗法。化学清洗溶液配方及清洗流程见下表。
<table>
<tr><th>溶液</th><th>组成（体积分数）</th><th>温度/℃</th><th>容器材料</th><th>工序</th><th>目的</th></tr>
<tr><td>硝酸</td><td>水 50%，硝酸 50%</td><td>18～24</td><td>不锈钢</td><td>浸 15min，在冷水中清洗，然后在热水中清洗，干燥</td><td>去除薄的氧化膜，供熔焊用</td></tr>
<tr><td rowspan="2">氢氧化钠+硝酸</td><td>氢氧化钠 5%，水 95%</td><td>70</td><td>低碳钢</td><td>浸 10～60s，在冷水中清洗</td><td rowspan="2">去除厚氧化膜，适用于所有焊接方法</td></tr>
<tr><td>浓硝酸</td><td>18～24</td><td>不锈钢</td><td>浸 30s，在冷水中清洗，然后在热水中清洗，干燥</td></tr>
</table>
</td>
</tr>
<tr>
<td>机械清理</td>
<td>
先用丙酮或汽油擦洗工件表面油污，然后用机械切削、钢丝刷、喷砂处理或锉刀、刮刀等将坡口两侧 30～40mm 范围内氧化膜清理干净。注意当使用砂轮、砂纸或喷砂等方法清理时，容易使残留砂粒进入焊缝形成夹渣，故在焊前还应清除残留砂粒；当使用钢丝刷时，钢丝直径应在 0.1～0.15mm 范围内，否则会使划痕过深。
工件清洗后应在 2h 内装配、焊接完毕，否则会重新被氧化，特别是在潮湿或有酸碱蒸气的环境中时，氧化膜会生长很快。
</td>
</tr>
</table>

任务一测评

1. 知识测评

确定本任务关键词，按重要程度进行关键词排序并举例解读，见表 8-1-2。

根据自己对重要信息的捕捉、排序、表达、创新和划分权重能力进行自评，满分 100 分。

表 8-1-2 铝合金组合件图样分析知识测评表

序号	关键词	举例解读	评分自定
1			
2			
3			
4			
5			
总分			

2. 能力测评

对表 8-1-3 所列作业内容进行评判，操作规范即得分，操作错误或未操作得零分。

表 8-1-3 铝合金组合件图样分析能力测评表

序号	能力点	配分	得分
1	铝合金组合件尺寸测量	20	
2	铝合金组合件零件图绘制	30	
3	制定铝合金组合件制作任务	30	
4	材料制备方法的合理选择	20	
总分		100	

3. 素养测评

对表 8-1-4 所列素养点进行评判，做到即得分，未做到得零分。

表 8-1-4 铝合金组合件图样分析素养测评表

序号	素养点	配分	得分
1	绘图过程中的空间想象能力	20	
2	三视图识读的熟练程度	20	
3	一丝不苟、严谨的工作作风（尺寸测量中的误差）	20	
4	尺规等绘图工具使用的熟练程度	20	
5	徒手作图的熟练程度	20	
总分		100	

4. 拓展训练

试根据下图绘制三视图。

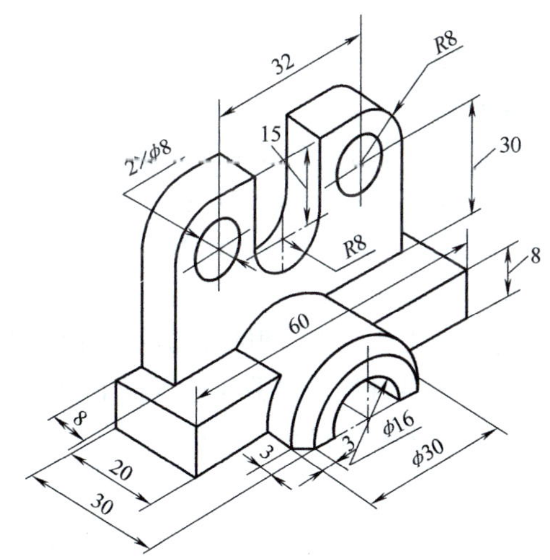

任务二　焊前工件制备

职业活动

步骤一：下料准备

1. 材料检查

施工前操作人员预先熟悉零件图样，见表 8-1-1，确定下料尺寸，根据下料清单要求，确定材质为 6082 铝合金。

2. 数控剪板机开机检查

机床操作人员必须熟悉剪板机主要结构、性能和使用方法；检查开关是否完好，控制柜、操作台各按钮是否完好，各元件有否松脱；检查刀具是否装好，有无松动、倾斜，刀具是否洁净；检查各动作机构有无松动、损伤、异常；检查机器周围及内部有无妨碍机器运行的物品。

3. 检验及标识工具

钢直尺、卷尺、石笔、记号笔等。

步骤二：数控剪板机操作

1. 数控剪板机开机

1）起动液压泵，接通电源。

2）按下电动机起动按钮。

3）等待几分钟，待电动机完全进入运转状态。

4）将手动开关置于单次位置，手动测试剪切，确认正常。

5）按照被剪材料的厚度，调整刀片的间隙。

2. 上料

板材放置在数控剪板机工作台上，根据被剪材料的宽度调整靠模或夹具。要特别注意，剪板机入料时禁止把手伸进压板下面操作。剪短料时应另用铁板压住，剪料时手指离开刀口至少 200mm。

3. 试运行

确保程序指令正确，先做 1~3 次空行程，正常后才可实施剪切工作。

4. 切割操作

按工艺要求放上待剪铝合金板材，踩下脚踏开关开始剪切。

职业知识

数控剪板机

数控剪板机是指通过数字、文字和符号组成的数字指令来实现一台剪板机或多台剪板机设备动作控制的机器。数控剪板机的产生依赖于数据载体和二进制形式数据运算的出现。

数控剪板机一般是采用通用或专用计算机实现数字程序控制，它所控制的通常是位置、角度、速度等机械量和与机械能量流向有关的开关量。

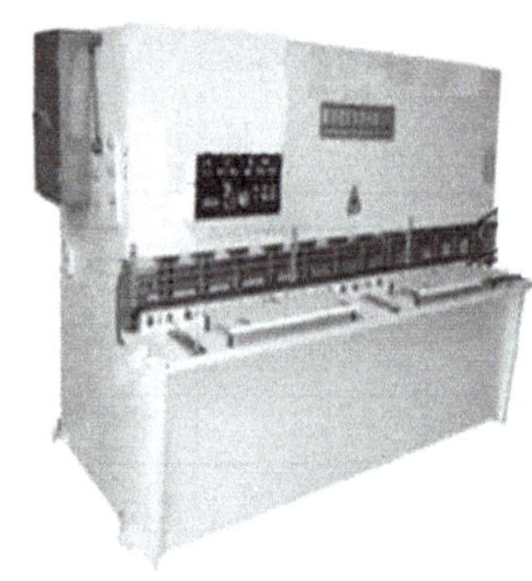

剪板机分类方式

按照动力原理分类	机械剪板机：采用抵抗键形式离合器结构和开式齿轮传动，并采用脚踏开关或手动开关操作，全钢焊接，结构简单，操作简便，造型美观，能耗低。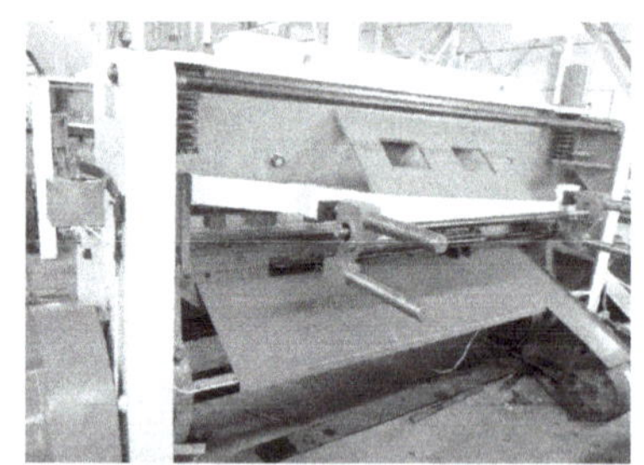
	液压剪板机：外形美观、性能出色、质量稳定，借助运动的上刀片和固定的下刀片，采用合理的刀片间隙，对各种厚度的金属板材施加剪切力，使板材按所需要的尺寸断裂分离。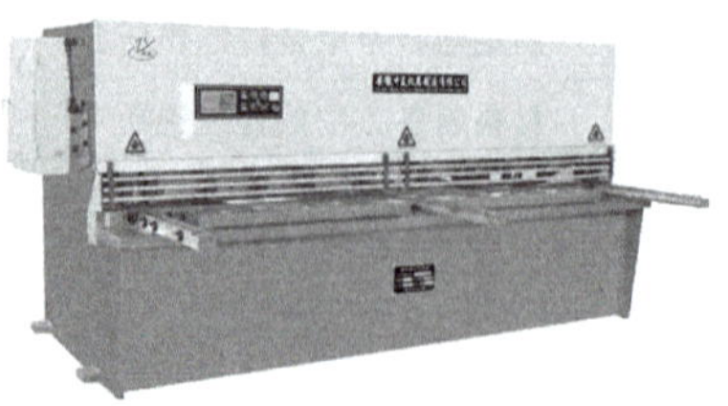

5. 裁剪后工作

剪好的板材必须放置平稳，不要堆放过高，不准堆放在过道上。边角余料及废料要及时清理，保持场地整洁。

步骤三：焊前清理

矫平板材，对焊丝、焊缝表面及其两侧不少于 50mm 范围内的区域进行清理（包括去除表面氧化膜、鳞片、污染和不合格的氧化色）。清理时可用 ϕ0.15~ϕ0.2mm 的不锈钢丝盘刷和丙酮（蘸丙酮的白布应干净，不要使用棉布或棉纱，以避免擦拭时带出毛绒）；清理时应注意不要太用力而把氧化膜压入母材内；不准用砂轮或普通砂纸打磨，因为铝材很软，砂粒会留在铝材里，使焊后容易产生气孔和夹渣等缺陷。

剪板机分类方式

根据上刀运动方式分类	摆式剪板机：采用液压传动，其上刀架在剪切过程中绕一固定轴线做圆弧摆动，通过杠杆作用，支点受力小，可提高剪切刃寿命、机器寿命，整机结构紧凑，并能无级调节上刀架的行程量，大大提高了工作效率。
	闸式剪板机：拥有剪切力强、剪切效果好等优点，广泛使用于钣金加工，框架结构采用全钢焊接；精度高，刚性好，采用液压预紧；液压系统采用二通插装集成阀；整个系统采用行程数显、光电保护装置及移动工作台（方便更换模具），具有上滑块及下液压垫的双动功能，工作压力行程可在规定范围内按工艺要求调节，操作简便，采用按钮集中控制。
根据操作方式分类	普通剪板机：它是需要人工进行操作的剪板机。
	数控剪板机：它一般是采用通用或专用计算机实现数字程序控制，它所控制的通常是位置角度、速度等机械量和与机械能量流向有关的开关量。数控剪板机的产生依赖于数据载体和二进制形式数据运算的出现。

任务二测评

1. 知识测评

确定本任务关键词，按重要程度进行关键词排序并举例解读，见表 8-2-1。

根据自己对重要信息的捕捉、排序、表达、创新和划分权重能力进行自评，满分 100 分。

表 8-2-1　铝合金组合件零件制备知识测评表

序号	关键词	举例解读	评分自定
1			
2			
3			
4			
5			
总分			

2. 能力测评

对表 8-2-2 所列作业内容进行评判，操作规范即得分，操作错误或未操作得零分。

表 8-2-2　铝合金组合件零件制备能力测评表

序号	能力点	配分	得分
1	剪板前确定板材厚度	20	
2	根据铝合金板材厚度调整刀具间隙	30	
3	数控裁板机操作	30	
4	焊前清理	20	
总分		100	

3. 素养测评

对表 8-2-3 所列素养点进行评判，做到即得分，未做到得零分。

表 8-2-3　铝合金组合件器零件制备素养测评表

序号	素养点	配分	得分
1	防护用具穿戴标准	20	
2	材料切割之前检查	20	
3	数控剪板机安全检查内容	20	
4	数控剪板机安全操作规程	20	
5	工具、量具等归位，清理工位	20	
总分		100	

4. 拓展训练

（1）简述剪板机的特点。

（2）试叙述剪板机的分类形式有哪些。

任务三　装配点固

职业活动

步骤一：装配前的准备

1. 确定装配基准

根据图样进行结构分析，图样见图 8-1-1。

6082 铝合金结构组合件中，板材数量较多，可设定底板 001 为装配基准，在底板上确定立板 002、003 的位置，然后依次进行装配点固，最后装配点固铝管。

2. 装配现场和装配设备的选择

由于本项目铝合金组合件的尺寸不大，因此可选择在操作平台或者操作架上进行装配，不需要起重设备。

3. 工量具的准备

工具：需准备油漆笔进行划线。

量具：直角尺和卷尺。

设备：WSJ-300，交流。

4. 零件预检

根据图样要求，对板材尺寸、形状进行检测，确保装配工作顺利进行。

步骤二：装配流程

1. 划线

以底板为基准，按图样 8-1-1 的尺寸要求，在底板上用油漆笔画出两块立板 002、003 的位置，如图 8-3-1a 所示，在立板 006 上画出圆管的具体位置，如图 8-3-1b 所示。

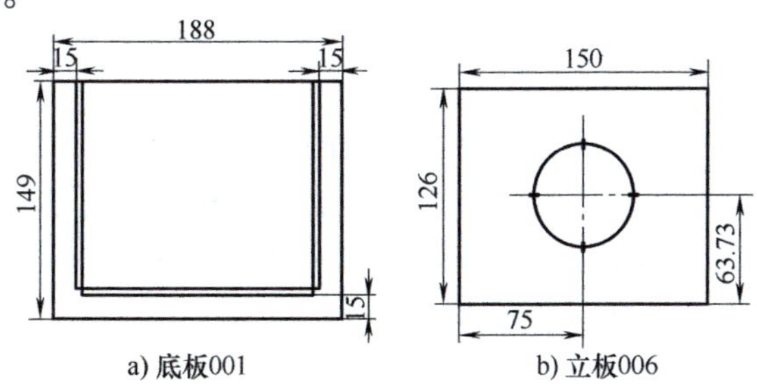

图 8-3-1　划线示意图

职业知识

装配过程中的测量

测量是检验定位质量的一个工序，装配中的测量包括：正确、合理地选择测量基准；准确地完成零件定位所需要的测量项目。在焊接结构生产中，常见的测量项目有线性尺寸、平行度、垂直度、同轴度及角度等。

测量基准的选择

测量中，为衡量被测点、线、面的尺寸和位置精度而选作依据的点、线、面，称为测量基准。一般情况下，多以定位基准作为测量基准。如下图所示的容器接口Ⅰ、Ⅱ、Ⅲ都是以 M 面为测量基准，测量尺寸 h_1、h_2 和 H_2，这样接口的设计标准、定位标准、测量标准三者合一，可以有效地减小装配误差。

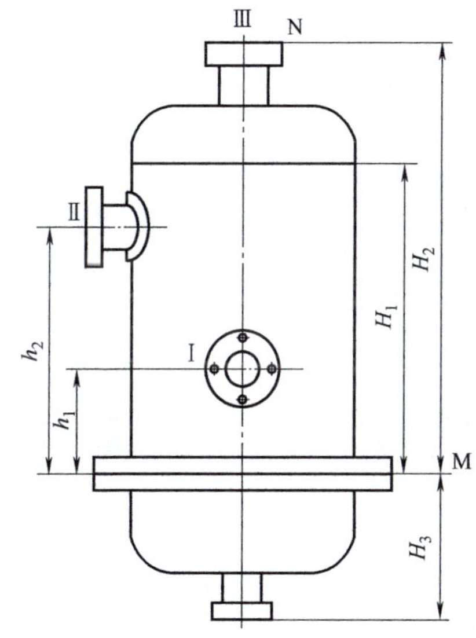

容器接口示意图

2. 组对点固

底板与立板属于 T 形接头组对，装配间隙控制在 0~0.5mm，否则热量散失大，容易造成根部未焊透缺陷。首先点固底板 001 与两块立板 002，试件两端点固，电弧对根部进行加热，待根部熔化形成熔池后填充焊丝，向右移动电弧，焊缝长度为 10~15mm，如图 8-3-2a 所示，为方便调整角度，点固一点即可。下一步组对立板 003，先组对在底板 001 上确定位置的立板 003，可直接点固两点定位焊缝，图 8-3-2b 所示；另一侧立板 003 是悬空的，可垫上一块未组对的铝板，即可进行组对焊接；然后两两点固立板 002 和立板 003 之间的角焊缝，再点固底板与立板组成角焊缝的另一条点固焊缝，如图 8-3-2c 所示。

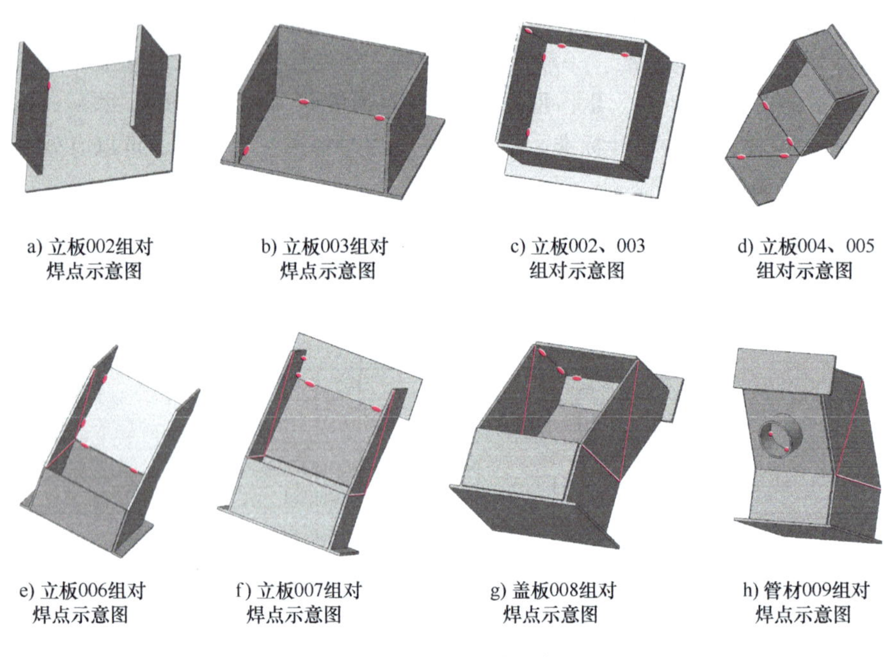

a) 立板002组对焊点示意图　b) 立板003组对焊点示意图　c) 立板002、003组对示意图　d) 立板004、005组对示意图

e) 立板006组对焊点示意图　f) 立板007组对焊点示意图　g) 盖板008组对焊点示意图　h) 管材009组对焊点示意图

图 8-3-2　点固焊缝示意图

接下来组对立板 004 和立板 005，为了使两块板材在同一水平面，组对好的组合件需要调转一下方向，使立板 002 侧与水平操作台贴合；开始组对立板 004 以及立板 005，点固焊缝位置如图 8-3-2d 所示；另一装配组对方法一致。

当以定位基准作为测量基准不利于保证测量的精度或不便于测量操作时，就应本着能使测量准确、操作方便的原则，重新选择合适的点、线、面作为测量基准。如下图所示的工字梁，其腹板平面是腹板与翼板垂直定位的基准，但以此平面作为测量基准去测量腹板与翼板的垂直度时，不是很方便，也不利于获得精确的测量值。此时，若按下图所示，采用以装配平台面作为测量基准，用 90°角尺测量翼板与平台的垂直度，则既容易测量，又能保证测量的准确性。

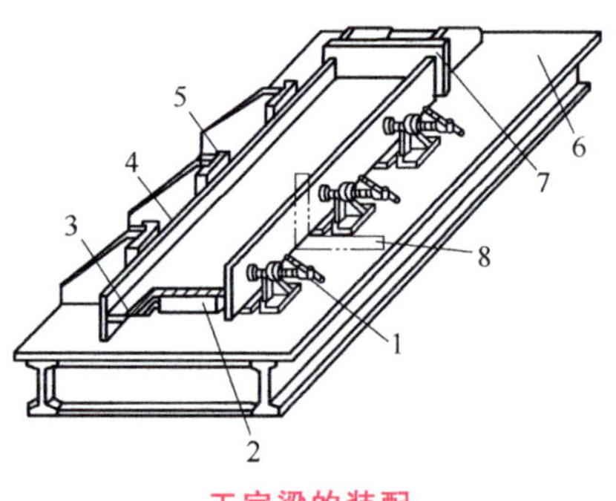

工字梁的装配

1—调节螺杆　2—垫铁　3—股板　4—翼板　5、7—挡铁　6—平台　8—90°角尺

装配中测量项目

线性尺寸的测量	线性尺寸是指工件上被测点、线、面与测量基准间的距离。线性尺寸的测量是最基础的测量项目，其他项目的测量往往是通过线性尺寸的测量来间接进行的。线性尺寸的测量主要是利用刻度尺（卷尺、盘尺、直尺等）来完成，特殊场合利用激光测距仪来进行。
相对平行度的测量	相对平行度是指工件上被测的线（或面）相对于测量基准线（或面）的平行度。相对平行度的测量是通过线性尺寸测量来进行的。其基本原理是测量工件上线的两点（或面上的三点）到基准的距离，若相等就平行，否则就不平行。

组对立板 006、007 以及盖板 008 时，如图 8-3-2e、f、g 所示，不但要保证立板 005、立板 007、盖板 008 两两垂直，还要确保组对间隙不大于 0.5mm。

盖板 008 与立板 007 属于 T 形接头，比较容易组对，但是与立板 005 和立板 006 属于端接接头，组对时需要掌握好盖板 008 与两立板 005 之间的距离保持一致，如图 8-3-2g 所示，点固焊缝长度不超过 20mm。

最后组对管材 009。组对管材时点固焊缝为三点，在管壁内侧圆的三等分点上，如图 8-3-2h 所示。组对过程中要注意管材在立板 006 上的位置，按照图 8-3-1b 所示的划线位置进行组对。

组对完成后整体测量尺寸，为下一步焊接做准备。

装配中测量项目

相对垂直度的测量	相对垂直度是指焊件上被测的直线（或面）相对于测量基准线（或面）的垂直程度。相对垂直度是装配工作中极常见的测量项目，并且很多产品都对其有严格的要求。例如，高压电线塔等呈棱锥形的结构，往往由多节组成。装配时，技术要求的重点是每节两端面与中心线垂直。只有每节的垂直度符合要求之后，才有可能保证总体安装的垂直度。
同轴度的测量	同轴度是指工件上具有同一轴线的几个零件，装配时其轴线的重合程度。测量同轴度的方法很多，这里介绍一种常用的测量方法。 右图为三节圆筒组成的筒体，测量它的同轴度时，可在各节圆筒的端面安上临时支撑，在支撑中间找出圆心位置并钻出直径为 20～30mm 的小孔，然后由两外端面中心拉一细钢丝，使其从各支撑孔中通过，观测钢丝是否处于孔中间，以测量其同轴度。 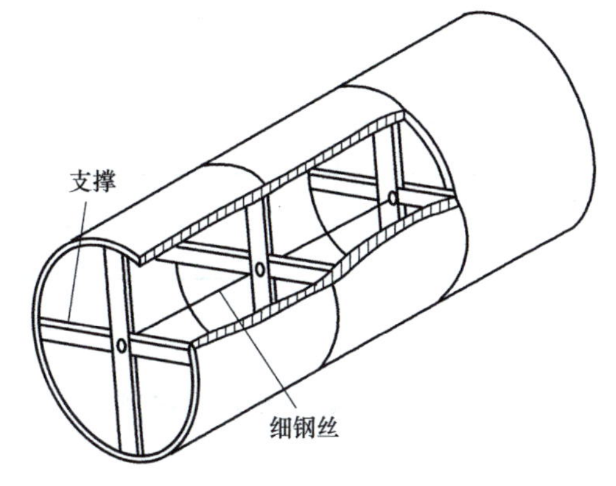

任务三测评

1. 知识测评

确定本任务关键词，按重要程度进行关键词排序并举例解读，见表 8-3-1。

根据自己对重要信息的捕捉、排序、表达、创新和划分权重能力进行自评，满分 100 分。

表 8-3-1 铝合金组合件装配知识测评表

序号	关键词	举例解读	评分自定
1			
2			
3			
4			
5			
总分			

2. 能力测评

对表 8-3-2 所列作业内容进行评判，操作规范即得分，操作错误或未操作得零分。

表 8-3-2 铝合金组合件装配能力测评表

序号	能力点	配分	得分
1	装配基准面的选择	20	
2	制定装配顺序	30	
3	制定点固焊缝焊接参数	20	
4	合理控制装配精度	30	
总分		100	

3. 素养测评

对表 8-3-3 所列素养点进行评判，做到即得分，未做到得零分。

表 8-3-3 铝合金组合件装配素养测评表

序号	素养点	配分	得分
1	防护用具穿戴标准	20	
2	装配前材料检查	20	
3	点固焊缝施焊	20	
4	点固焊缝焊后处理	20	
5	工具、量具等归位，清理工位	20	
总分		100	

4. 拓展训练

（1）装配过程中测量基准如何选择？

（2）简述装配过程中需要测量的项目有哪些。

任务四 焊接工艺制定及实施

职业活动

步骤一：识读焊接标注

按照图 8-4-1，确定焊缝位置及形式。

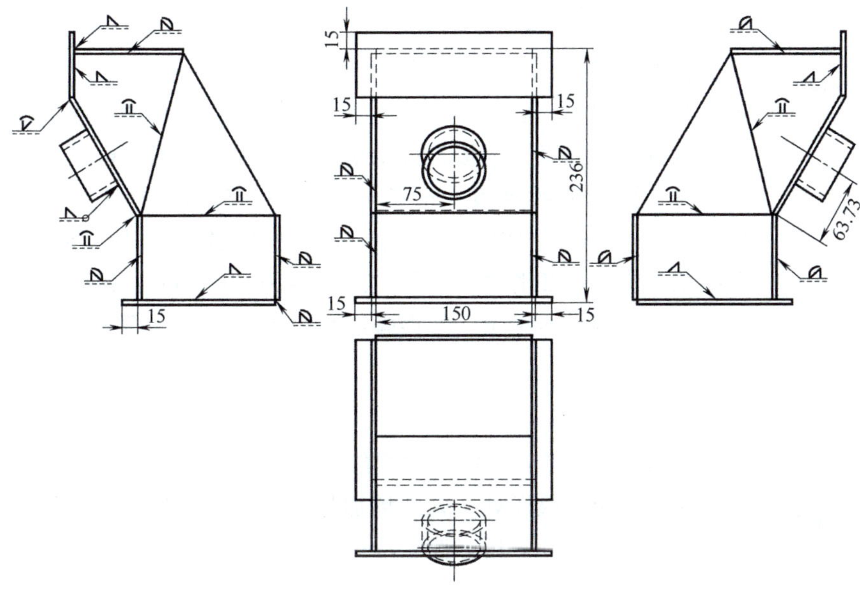

图 8-4-1 铝合金组合件焊缝标注

铝合金组合件的结构比较复杂，而且焊缝较多，具体统计见表 8-4-1。

表 8-4-1 铝合金组合件接头形式、焊缝数量及焊接位置一览表

组成焊缝零件编号	焊缝数量	接头形式	焊接位置
底板 001 与立板 002、003	3	T 形接头	平角焊(2F)
底板 001 与立板 003	1	角接接头	仰角焊(4F)
立板 002 与立板 003	4	角接接头	立角焊(3F)
立板 002 与立板 004	2	对接接头	横焊(2G)

职业知识

焊缝代号——辅助符号

辅助符号主要是表示焊缝表面形状特征的符号，一般标注在基本符号上方，当不需要确切说明焊缝的表面形状时，可以不用辅助符号。示例见下表。

序号	名称	符号	说明
1	平面	——	焊缝表面通常经过加工后平整
2	凹面	◡	焊缝表面凹陷
3	凸面	◠	焊缝表面凸起
4	圆滑过渡	⅃⅂	焊趾处圆滑过渡

铝合金平角焊操作

调整钨极长度	使焊枪钨极指向 45°，并与立板和底板接触，钨极高度调整至距离角焊缝 1~2mm。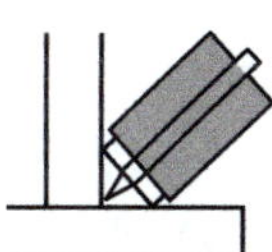
引弧操作	在焊件右侧的焊缝处引弧，先不填充焊丝，引弧后焊枪稍做摆动，待定位焊缝开始熔化并形成熔池后，再开始填充焊丝，并向左焊接。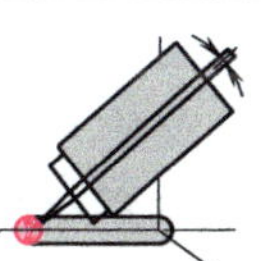
焊接操作	在焊接过程中，焊枪喷嘴应以立板与底板的顶角为中心开始横向摆动，摆动幅度要适当，钨极最好不参与摆动，以使焊脚均匀。为了防止立板咬边，焊接电弧可稍离开立板，从熔池前上方填充焊丝，使电弧的热量偏向底板，焊接速度要快。

（续）

组成焊缝零件编号	焊缝数量	接头形式	焊接位置
立板 003 与立板 006	1	对接接头	横焊（2G）
立板 004 与立板 005	2	对接接头	立焊（3G）
立板 005 与立板 006	2	角接接头	立角焊（3F）
立板 005 与立板 007	2	角接接头	立角焊（3F）
立板 006 与立板 007	1	对接接头	横焊（2G）
立板 005 与盖板 008	2	角接接头	平角焊（2F）
立板 007 与盖板 008	1	T 形接头	平角焊（2F）
立板 006 与管材 009	1	T 形接头	骑坐式管板对接（5F）

步骤二：焊接工艺编制

1. 焊前准备

1）工件材料为 6082 铝合金板材，具体尺寸见表 8-1-1。

2）焊接材料：选择焊丝牌号为 ER5183（SAl 5183），直径为 ϕ3.2mm；电极选择铈钨极，直径为 ϕ3～4mm；保护气体为氩气，纯度不低于 99.99%。

3）焊机选择 WSJ-300 型焊机，交流电源。

4）焊前清理：先用有机溶剂（丙酮、松香）擦拭工件表面的油污，然后用细铜线刷刷至表面露出金属光泽，或者用刮刀清理表面。清理后的工件应在 4h 内施焊，否则应重新清理。化学清洗效率高，质量稳定，清洗方法为：用 40～70℃ 的 5%～10% NaOH（质量分数）溶液清洗 3～7min，若为纯铝，时间可长至 15min，然后用流动的清水冲洗，最后风干。

2. 焊接工艺分析

由于铝合金的性能特点，在焊接过程中，容易出现根部不易焊透、咬边、焊脚不一致、温度控制不好容易烧穿、表面成形难以控制等问题。一般应选择较大的焊接电流、较快的焊接速度。

铝合金平角焊操作

焊接操作	焊脚 K = 4mm，不需采用多层焊，在点固焊点的背面采用单层单道焊即可。为了获得较好的焊缝成形，宜采用左向摇摆焊法。调节焊接电流和收弧电流，戴好头盔、面罩，左手握焊丝，右手握焊枪，在距焊缝右端 15～20mm 处使喷嘴接触焊件的平、立板，按动引弧按钮引燃电弧。电流开始上升时，调整喷嘴高度，电弧长度为 2～3mm，焊丝角度为 10°～15°，缓慢回拉电弧到右端端部稍做停顿，此时，钨极应对准根部尖端，工作角为 45°，前进角为 70°～80°，根据焊脚的需要调整焊丝送给量，使焊脚达到 4mm 为好；焊缝余高不宜太大。 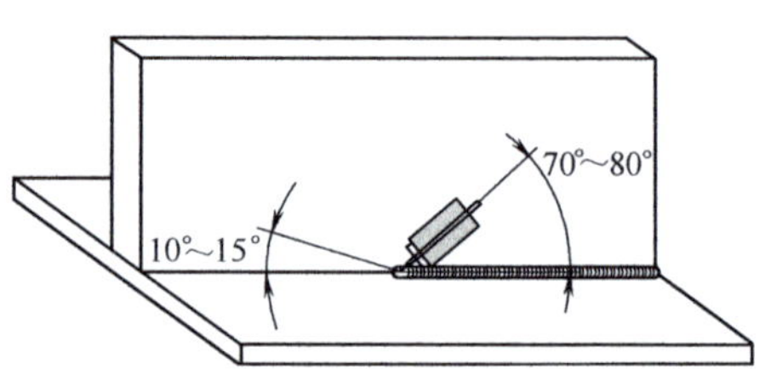 焊枪角度与焊丝角度
焊缝接头操作	在收弧处右侧 15～20mm 的焊缝上引弧，电弧引燃后，将电弧迅速左移至原收弧处，先不填加焊丝，待接头处熔化并形成熔池后，开始填加焊丝，按正常速度焊接。
收弧操作	当焊缝快焊完时，为了填满弧坑，可采用比正常焊接电流稍小的收弧电流，这样熔池温度可以低一些，容易填满弧坑。焊缝截面图如右图所示。 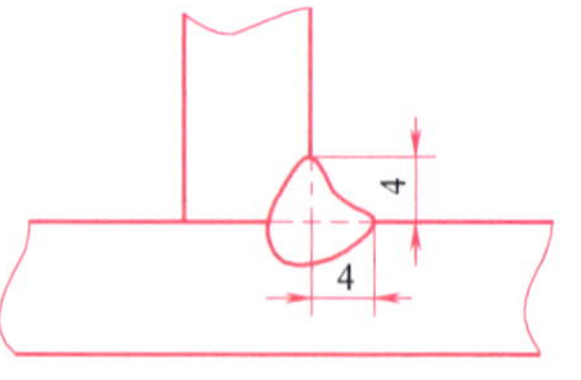

3. 焊接工艺卡编制（见表 8-4-2）

表 8-4-2 焊接工艺卡

焊接工艺卡		编号：
材料型号	6082 铝合金	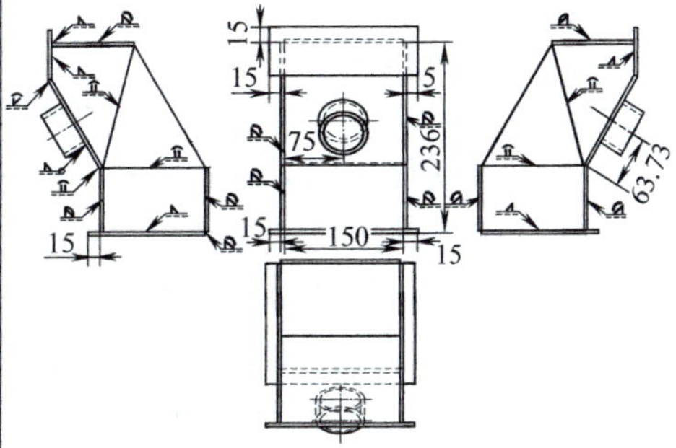
材料规格	见表 1-1-1	
接头种类	T 形接头、端接接头、板对接接头、骑坐式管板对接	
坡口形式	I 形	
坡口角度	—	
钝边	—	
组对间隙	0~0.5mm	
焊接方法	141(GTAW)	
焊接设备	WSJ-300	

电源种类	交流	焊后热处理	种类	—	保温时间	—
电源极性	—		加热方式	—	层间温度	—
焊接位置	2G、3G、2F、3F、4F、5F		温度范围	—	测量方法	—

焊接参数						
焊层	焊材型号	焊材直径/mm	焊接电流/A	焊接电压/V	气体流量/(L/min)	钨极直径/mm
平角焊	ER5183	ϕ3.2	210~240	12~15	16~20	3~4
对接立焊		ϕ3.2	240~270	12~15	16~20	3~4
立角焊		ϕ3.2	180~200	12~15	14~18	3~4
对接横焊		ϕ3.2	250~280	12~15	16~20	3~4
仰角焊		ϕ3.2	160~180	12~15	14~18	3~4
骑坐式管板对接		ϕ3.2	210~240	12~15	16~20	3~4

铝合金立焊操作

焊接操作

焊枪在始焊端定位焊缝处引燃电弧（钨极端部距熔池的高度为2mm，太低则易与熔池、焊丝相碰，形成短路，太高则氩气对熔池的保护效果不好），不加或少加焊丝，焊枪在定位焊缝处稍做停留，待加热部分熔化并形成熔池后，再填加焊丝向上焊接。焊丝应连续地送入熔池。焊枪沿着焊缝做直线运动，要保证两侧熔合良好。焊接时，应随时观察熔池的大小（若发现熔池缩小，则应暂停送丝，待熔池恢复原尺寸后再送丝，以免产生未焊透缺陷；若熔池过大，则熔池有下坠现象，应利用电流衰减功能控制熔池温度，以减小熔池尺寸，避免液态金属下淌形成焊瘤）。焊枪向上移动的速度要合适，熔池形状以接近椭圆形为佳。焊接过程中焊丝与焊枪角度如上图所示。

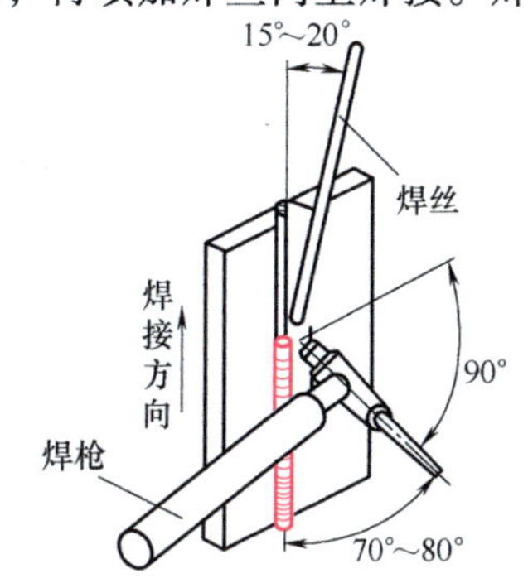

铝合金横焊操作

焊接操作

焊接时，焊枪做小幅锯齿形摆动，摆动动作要平稳，并在坡口两侧稍做停留，以保证两侧熔合良好。焊接过程中，应随时观察熔池的大小（若发现熔池缩小，则应暂停送丝，待熔池恢复原尺寸后再送丝，以免产生未焊透缺陷；若熔池过大，则熔池有下坠现象，应利用电流衰减功能控制熔池温度，以减小熔池尺寸，避免液态金属下淌形成焊瘤）。焊枪水平移动的速度要合适，熔池形状以接近椭圆形为佳。为保证焊接时焊枪摆动的稳定性，可将焊嘴轻贴在焊中心偏下处进行焊接。焊接过程中，要严格控制焊枪与焊件、焊丝与焊件间的角度（如上图所示），以避免形成熔池金属下坠，造成熔合不良等缺陷。

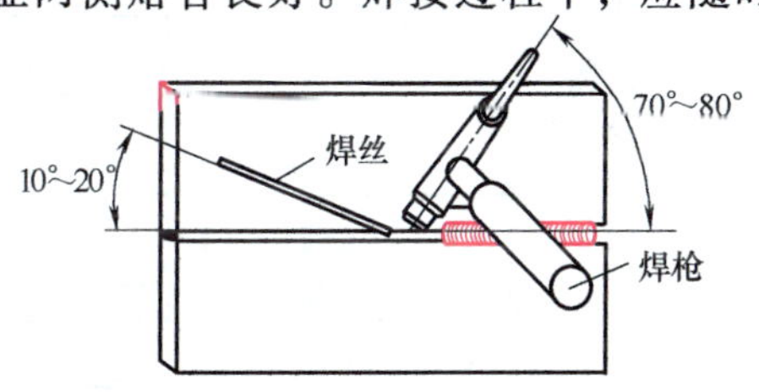

步骤三：铝合金组合件训练框架制作

1. 训练框架制作目的

由于本项目铝合金组合件制作完成后，不可重复使用，训练过程中为节省耗材，可按图 8-4-2 制作训练框架，模拟端接焊缝、T 形焊缝，以及 2G、3G 的 I 形板对接。

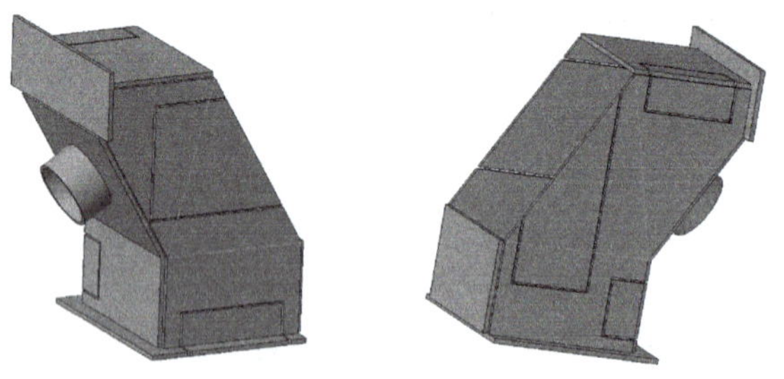

图 8-4-2　训练框架三维图

2. 训练框架图样

铝合金组合件焊缝共有 22 条，选出其中有代表性的焊缝，在完成的铝合金组合件上直接进行切割即可，具体切割尺寸按图 8-4-3 所示，图中红色线条为切割线条。

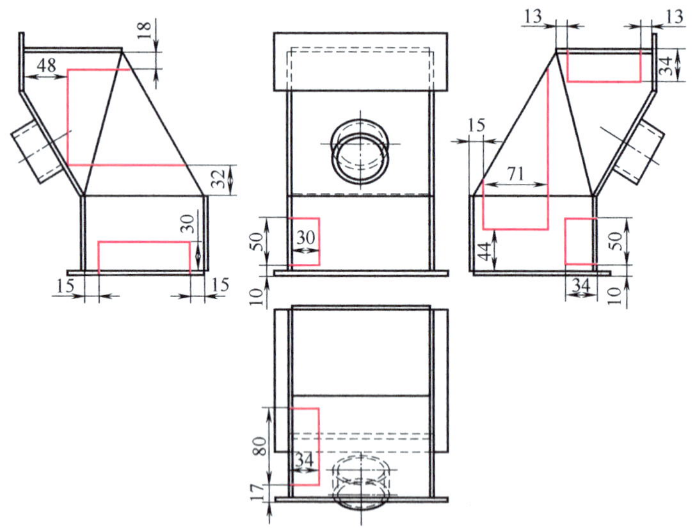

图 8-4-3　训练框架切割尺寸

铝合金骑坐式管板对接操作

<table>
<tr><td>焊接操作</td><td>管板对接焊接时分为左、右半周进行。焊接过程中，要控制好钨极、焊嘴与焊缝的位置。

引弧从 6 点 15 分处开始，起焊时，焊枪角度如右图所示，在钨极端部逐渐接近母材约 2mm 时引燃电弧，控制弧长为 2～3mm，焊枪暂停在引弧处不动，待角根部两侧加热 2～3s 并获得一定大小的明亮、清晰的熔池后，才可向熔池内填送焊丝进行焊接。

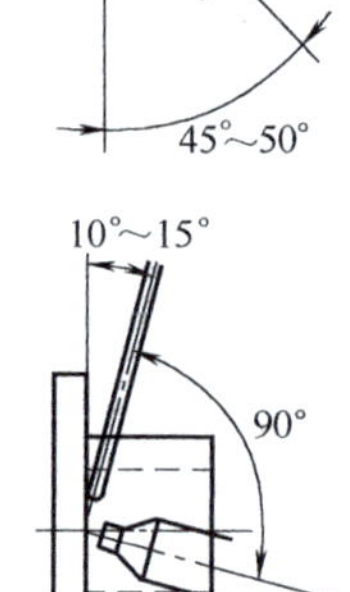

焊丝沿坡口的上方送入熔池后，要轻轻地将焊丝向熔池中推一下，将熔融金属送至角根部，以便得到能熔透底板与管壁的焊缝，从而避免出现凹坑和未焊透缺陷。焊丝与焊枪之间的角度如右图所示。

当焊至定位焊缝斜坡处时，应减少填充金属量，使焊缝与接头圆滑过渡；焊至定位焊缝时，不填送焊丝，自熔摆动通过；焊至定位焊缝另一侧斜坡处时，也应减少填充金属量，使焊缝扁平，以便后半周接头平缓。

右半周通过 12 点 8～10mm 位置处收弧。收弧时，应连续送进 2～3 滴填充金属，以免出现缩孔。右半周焊完后，转到钢管另一侧，焊接左半周。

引弧点应在 5 点 45 分位置处，预热不填丝移至接头处，以保证焊缝重叠并焊透。焊接方式同右半周，按顺时针方向焊至 12 点位置处后，应继续施焊至与前半周焊缝重叠 4～5mm 方可结束。</td></tr>
</table>

任务四测评

1. 知识测评

确定本任务关键词，按重要程度进行关键词排序并举例解读，见表 8-4-3。

根据自己对重要信息的捕捉、排序、表达、创新和划分权重能力进行自评，满分 100 分。

表 8-4-3 铝合金组合件焊接知识测评表

序号	关键词	举例解读	评分自定
1			
2			
3			
4			
5			
总分			

2. 能力测评

对表 8-4-4 所列作业内容进行评判，操作规范即得分，操作错误或未操作得零分。

表 8-4-4 铝合金组合件焊接能力测评表

序号	能力点	配分	得分
1	焊接标注符号识读	20	
2	制定焊接顺序	30	
3	焊接工艺卡编制	20	
4	掌握铝合金组合件焊接技巧	30	
总分		100	

3. 素养测评

对表 8-4-5 所列素养点进行评判，做到即得分，未做到得零分。

表 8-4-5 铝合金组合件焊接素养测评表

序号	素养点	配分	得分
1	防护用具穿戴标准	20	
2	点固焊缝焊前打磨处理	20	
3	钨极氩弧焊安全操作规程	20	
4	焊后清理不能破坏焊缝边成形	20	
5	工具、量具等归位，清理工位	20	
总分		100	

4. 拓展训练

采用钨极氩弧焊焊接右图，具体焊接技术要求如下：

（1）单面焊双面成形。

（2）焊接工件材料为 6082 铝管。

（3）$b=2\sim4$mm，$\alpha=60°$，$p=1\sim1.5$mm。

（4）工件空间位置符合 45°固定焊要求。

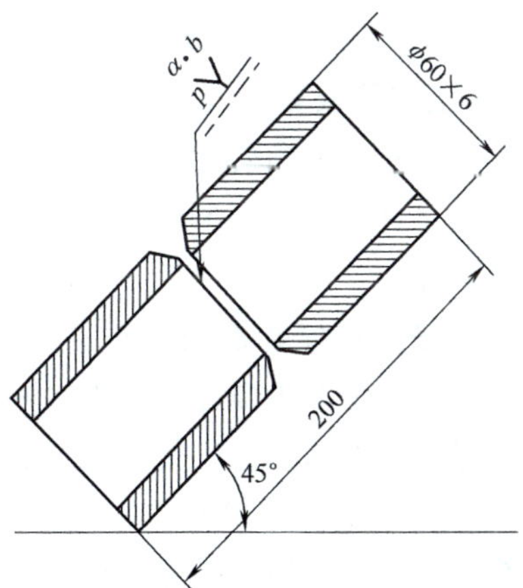

任务五　焊接检测

职业活动

步骤一：表面缺陷识别

1. 检测准备

工具：手电筒、放大镜、记号笔（红色）、评分表。

2. 表面缺陷识别和标记

1）破坏焊缝原始形状。

2）电弧擦伤。

步骤二：焊缝尺寸检测

1. 检测准备

HJC40型焊接检测尺、游标卡尺（150mm、读数0.02mm）、端接焊缝专用检测尺、手电筒、记号笔（黑色）、评分表。

2. 外观尺寸检测

本任务主要是测量组合件焊缝外观尺寸是否符合图样和焊接工艺要求。本任务共有平角焊（2F）焊缝6条，立角焊（3F）焊缝8条，板对接横焊（2G）焊缝4条，板对接立焊（3G）焊缝2条，仰角焊（4F）焊缝1条，骑坐式管板对接（5F）焊缝1条。铝合金组合件焊缝尺寸检测总分为100分，分成平角焊（15%）、立角焊（20%）、仰角焊（15%）、立对接（15%）、横对接（15%）、骑坐式（20%）6个项目分别检测，然后按比例核算总分。

（1）平角焊焊缝检测　对每一条平角焊焊缝对照评分表相应标准打分，然后把6条平角焊缝得分相加算出总分再按比例算出平角焊缝在整个组合件焊缝所占的分值（评分表见表8-5-1）。

（2）立角焊焊缝检测　对每一条立角焊焊缝对照评分表相应标准打分，然后把8条立角焊缝得分相加，算出总分，再按比例算出立角焊缝在整个组合件焊缝所占的分值（评分表见表8-5-1）。

职业知识

铝及铝合金焊接冶金缺陷

1. 焊接热裂纹

裂纹是焊接结构中危险性最大的缺陷之一。它的危险性在于严重破坏焊接接头的连续性，造成应力集中，成为焊接接头及焊接结构低应力脆性断裂、疲劳断裂及焊接裂纹延时扩展的裂源，极易扩展导致整个结构的破坏，造成灾害性事故。

铝及铝合金材料焊接性优劣的重要标志之一是合金对焊接时生成焊接裂纹的倾向性。热处理强化铝合金的焊接性差，在一定的结构拘束度条件下，在焊接应力作用下，这类合金的焊接接头内会产生焊接裂纹。在结构拘束度很强及由此产生的焊接拘束应力很大时，即使焊接性良好的热处理不可强化铝合金焊接时也会产生焊接裂纹。

产生在焊缝金属内部的焊接裂纹称为焊缝金属结晶裂纹或凝固裂纹；产生在近缝区母材晶界上或多层焊缝上的焊接裂纹称为近缝区母材液化裂纹或前层焊缝液化裂纹。

热处理强化铝合金内有很多合金元素以及一些杂质，它们在液态铝合金内与铝组成一系列低熔点共晶体。当焊缝冷却至固-液态，树枝状结晶的枝晶开始发生连接，将低熔点共晶体排挤到枝晶之间，形成晶间薄膜，焊缝金属进入高温脆性温度区间，而收缩拉伸应变集中在晶界，当此时晶界塑性变形能力不足以承受此时所形成的应变量时，焊缝金属即沿晶间开裂，此即形成铝合金焊缝金属结晶裂纹。

2. 气孔

气孔是铝及铝合金焊缝内常见的缺陷。按在焊缝长度方向分布的不同，焊缝内的气孔可分为单个气孔、密集气孔和链状气孔；按其在焊缝横截面内分布特征，可分为弥散气孔、根部气孔和熔合区气孔。

（3）仰角焊焊缝检测　对仰角焊缝对照评分表相应标准打分，然后把仰角焊缝得分相加，算出总分，再按比例算出仰角焊缝在整个组合件焊缝所占的分值（评分表见表 8-5-1）。

表 8-5-1　铝合金组合件平角焊、立角焊、仰角焊评分表

工件号		评分员签名		合计得分（满分 100 分）	
检测项目	配分	评分标准		测量数值	实际得分
焊脚尺寸 K_1	10	4~5mm,10 分;3~6mm,5 分;>6mm,小于 3mm,0 分			
焊脚尺寸 K_1 宽窄差	10	≤1mm,10 分;>1mm 且≤2mm,7 分;>2mm 且≤3mm,5 分;>3mm,0 分			
焊脚尺寸 K_2	10	4~5mm10 分;3~6mm5 分;>6mm,小于 3mm,0 分			
焊脚尺寸 K_2 宽窄差	10	≤1mm,10 分;>1mm 且≤2mm,7 分;>2mm 且≤3mm,5 分;>3mm,0 分			
裂纹	10	无,10 分;有,0 分			
气孔	10	无,10 分;有,0 分			
电弧擦伤	15	无,15 分;有,0 分			
破坏焊缝原始形状	15	无,15 分;有,0 分			
焊缝表面成形	10	焊缝表面平整光滑、波纹均匀、焊缝宽窄一致			

（4）板对接立焊焊缝检测　对板对接立焊缝宽度、焊缝宽窄差、表面成形等对照评分表相应标准打分，然后把板对接立焊缝得分相加，算出总分，再按比例算出板对接立焊缝在整个组合件焊缝所占的分值（评分表见表 8-5-2）。

从气孔中直接抽取气体进行分析，可知气孔内的气体主要为氢。铝在焊接时的氢源很多，如零件及焊丝表层的含水氧化膜及油污、汗迹等类碳氢化合物；工业大气及稀有气体内所含的杂质和水分；附着在焊丝输送系统内的水分；母材及焊丝所含的氢等。

氢在液态铝中的溶解度为 0.7ml/100g，而在 660℃ 凝固温度时，氢的溶解度突然下降至 0.04ml/100g，使原来溶解于液态铝中的氢大量析出，形成气泡。同时，铝和铝合金的密度小，气泡在熔池中的上升速度较慢，加上铝的导热性好，熔池冷凝快，因此，上升的气泡来不及逸出而留在焊缝中形成氢气孔，如下图所示。

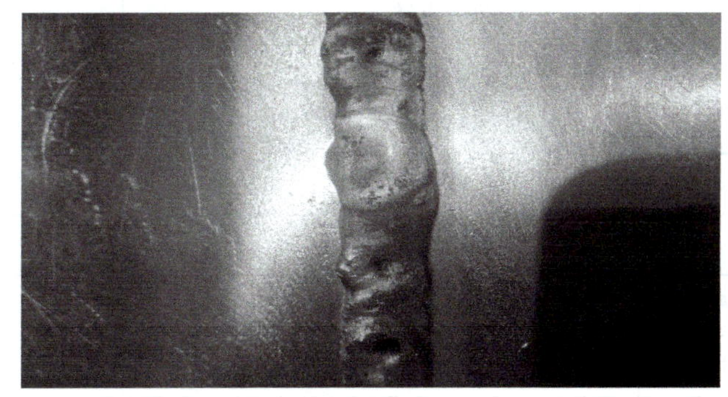

阴极破碎

铝及铝合金焊接，钨极氩弧焊一般采用交流焊。因为铝和铝合金易氧化，表面总会有氧化膜。当采用直流反接时，工件为阴极，质量较大的正离子向工件运动，撞击工件表面，将氧化膜撞碎，具有阴极破碎作用。但直流反接时，钨极为正极，发热量大，钨极易熔化，影响电弧的稳定性，并使焊缝夹钨。当采用交流焊时，电流方向会周期性变化，有一个半周相当于直流反接（工件为阴极），具有阴极破碎作用，而另一个半周相当于直流正接（钨极为阴极），钨极发热量小，防止钨极熔化。

钨极氩弧焊前应检查阴极破碎作用，即引燃电弧后，电弧在工件上面垂直不动，若熔化点周围呈乳白色，则表示有阴极破碎作用。

表 8-5-2　铝合金组合件板对接立焊/横焊评分表

工件号		评分员签名		合计得分（满分 100 分）	
检测项目	配分	评分标准		测量数值	实际得分
焊缝宽度	10	7~8mm,10 分;5~9mm,5 分;<5mm 或>9mm,0 分			
焊缝宽窄差	10	0~1mm,10 分;>1mm 且≤3mm,7 分;>3mm 且≤4mm,5 分;>4mm,0 分			
焊缝高度	10	0~1mm,10 分;1~2mm,5 分;>2mm 或<0mm,0 分			
焊缝高度差	10	≤1mm,10 分;≤2mm,5 分;>2mm,0 分			
裂纹	10	无,10 分;有,0 分			
气孔	10	无,10 分;有,0 分			
电弧擦伤	15	无,15 分;有,0 分			
破坏焊缝原始形状	15	无,15 分;有,0 分			
焊缝表面成形	10	焊缝表面平整光滑、波纹均匀、焊缝宽窄一致			

（5）板对接横焊焊缝检测　对板对接横焊缝宽度、焊缝宽窄差、表面成形对照评分表相应标准打分，然后把板对接焊缝得分相加算出总分再按比例算出板对接横焊缝在整个组合件焊缝所占的分值（评分表见表 8-5-2）。

（6）骑坐式管板对接焊缝尺寸检测　对照评分表相应标准打分，然后把得分相加，算出总分，再按比例算出骑坐式焊缝在整个组合件焊缝所占的分值（评分表参见表 8-5-1）。其中第三项焊脚尺寸 K_2 的评分标准为：7~8mm，10 分；5~9mm，5 分；<5mm 或>9mm，0 分。

步骤三：着色渗透探伤检测

1. 渗透探伤材料准备

准备检测所需的探伤液，注意渗透剂、去除剂和显像剂必须同组。

渗透探伤

1. 渗透探伤原理

渗透探伤（Penetrate Testing，简称 PT），是以物理学中液体对固体的润湿能力和毛细管作用作为基础，在被检工件表面上浸涂带有荧光或红色染料的渗透剂，利用渗透剂的渗透作用显示表面缺陷痕迹的无损探伤方法。零件表面的开口缺陷可看作是毛细管或毛细缝隙，用溶有荧光染料或着色染料的渗透剂施加于工件表面，由于毛细管作用，渗透剂渗入到各类开口于表面的细小缺陷中。清除附着于工件表面上多余的渗透剂，经干燥后再施加显像剂，缺陷中的渗透剂在毛细现象的作用下重新被吸附到零件表面上，形成放大了的缺陷显示。在黑光下（荧光探伤法）或白光下（着色探伤法）观察，缺陷处可分别相应地发出黄绿色的荧光或呈现红色显示，然后根据显示进行缺陷的评定。

2. 渗透探伤的特点

1）只能探测表面开口缺陷的分布，难以确定缺陷的实际深度。

2）可以探测黑色及有色金属、陶瓷、塑料、玻璃制品等。

3）渗透探伤的原理简明易懂，设备简单，方法灵活，缺陷显示直观，探伤灵敏度高，探伤费用低。

4）探伤结果受操作者技术水平的影响较大。

5）由于渗透探伤只能探测表面开口缺陷，所以一般应和其他无损探伤方法配合使用，才能最终确定缺陷性质。

3. 渗透探伤方法的分类（见下表）

探伤方法	操作要点
着色渗透探伤	使用由红色染料及溶解着色剂的溶剂所组成的渗透剂，其显像剂则为白色颗粒状。通过白色显像剂所吸附的红色渗透剂，在白光或日光下显现出对比度明显的彩色图像，能直观地反映出缺陷的部位、形态及数量
荧光渗透探伤	使用含有荧光物质的渗透剂，经清洗后保留在缺陷中的渗透剂被显像剂吸附出来。在暗室中用紫外线光源照射工件表面，缺陷处荧光物质产生黄绿色荧光。通过显现的荧光图像来判断缺陷的大小、位置及形态。其灵敏度比着色渗透探伤的灵敏度高

2. 质量评定

按照表 8-5-3 所示的渗透探伤分级进行焊缝质量评定。根据缺欠痕迹的类型、长度、间距及缺欠质量等级分为Ⅰ、Ⅱ、Ⅲ、Ⅳ四个等级，Ⅰ级质量最高，Ⅳ级质量最低。

表 8-5-3 渗透探伤缺欠痕迹的分级

质量等级		Ⅰ	Ⅱ	Ⅲ	Ⅳ
缺欠显示痕迹的类型及缺欠性质不考虑的最大缺欠显示痕迹长度/mm		≤0.3	≤1	≤1.5	≤1.5
线形缺欠	裂纹	不允许	不允许	不允许	不允许
	未焊透	不允许	不允许	允许存在的单个缺欠显示迹痕长度≤0.15δ，且≤2.5mm，100mm 焊缝长度范围内允许存在的缺欠显示迹痕总长≤25mm	允许存在的单个缺欠显示迹痕长度≤0.2δ 且≤3.5mm；100mm 焊缝长度范围内允许存在的缺欠显示迹痕总长≤25mm
	夹渣和气孔	不允许	≤0.3δ，且≤4mm；相邻两缺欠显示迹痕的间距应不小于其中较大缺欠显示迹痕长度的 6 倍	≤0.3δ，且≤10mm；相邻两缺欠显示迹痕的间距应不小于其中较大缺欠显示迹痕长度的 6 倍	≤0.5δ，且≤10mm；相邻两缺欠显示迹痕的间距应不小于其中较大缺欠显示迹痕长度的 6 倍
圆形缺欠	夹渣或气孔	不允许	任意 50mm 焊缝长度范围内允许存在的显示长度≤0.15δ，且≤2mm 的缺欠显示痕迹的间距应不小于其中较大显示长度的 6 倍	任意 50mm 焊缝长度范围内允许存在的显示长度≤0.3δ，且≤3mm 的缺欠显示痕迹的间距应不小于其中较大显示长度的 6 倍	任意 50mm 焊缝长度范围内允许存在的显示长度≤0.4δ，且≤4mm 的缺欠显示痕迹的间距应不小于其中较大显示长度的 6 倍

4. 探伤液（见下表）

探伤液	特点
渗透液	它是一种含有着色染料或荧光染料且具有很强的渗透能力的溶液，它能渗入到表面开口的缺陷内部并被显像剂吸附出来，从而显示缺陷的痕迹
去除剂	它是用来除去被检工件表面多余渗透剂的溶剂。所选择的去除剂应对渗透剂中的染料（红色染料或荧光染料）有较大的溶解度，对渗透物质有良好的互溶性，且不与渗透剂起化学反应，不应猝灭荧光染料的荧光
乳化剂	它是去除剂中的重要材料，渗透探伤中的乳化剂用于乳化不溶于水的渗透剂，使其便于用水清洗。乳化剂主要由表面活性剂组成。自乳化型渗透剂自身含有乳化剂，可直接用水清洗；后乳化型渗透剂自身不含乳化剂，需要经过专门的乳化工序以后，才能用水清洗
显像剂	它是把渗入到工件缺陷内部的渗透剂，利用其毛细作用使残留在缺陷内部的渗透剂吸附到表面，成为肉眼可以分辨的缺陷图像

任务五测评

1. 知识测评

确定本任务关键词，按重要程度进行关键词排序并举例解读，见表 8-5-4。

根据自己对重要信息的捕捉、排序、表达、创新和划分权重能力进行自评，满分 100 分。

表 8-5-4　铝合金组合件焊接知识测评表

序号	关键词	举例解读	评分自定
1			
2			
3			
4			
5			
总分			

2. 能力测评

对表 8-5-5 所列作业内容进行评判，操作规范即得分，操作错误或未操作得零分。

表 8-5-5　铝合金组合件焊接能力测评表

序号	能力点	配分	得分
1	焊接标注符号识读	20	
2	制定检测顺序	30	
3	角焊缝评分表编制	20	
4	着色探伤检测	30	
总分		100	

3. 素养测评

对表 8-5-6 所列素养点进行评判，做到即得分，未做到得零分。

表 8-5-6　铝合金组合件焊接素养测评表

序号	素养点	配分	得分
1	防护用具穿戴标准	25	
2	8S 管理内容	30	
3	钨极氩弧焊安全操作规程	25	
4	工具、量具等归位，清理工位	20	
总分		100	

4. 拓展训练

根据下图制定检测焊缝尺寸评分标准并检测。

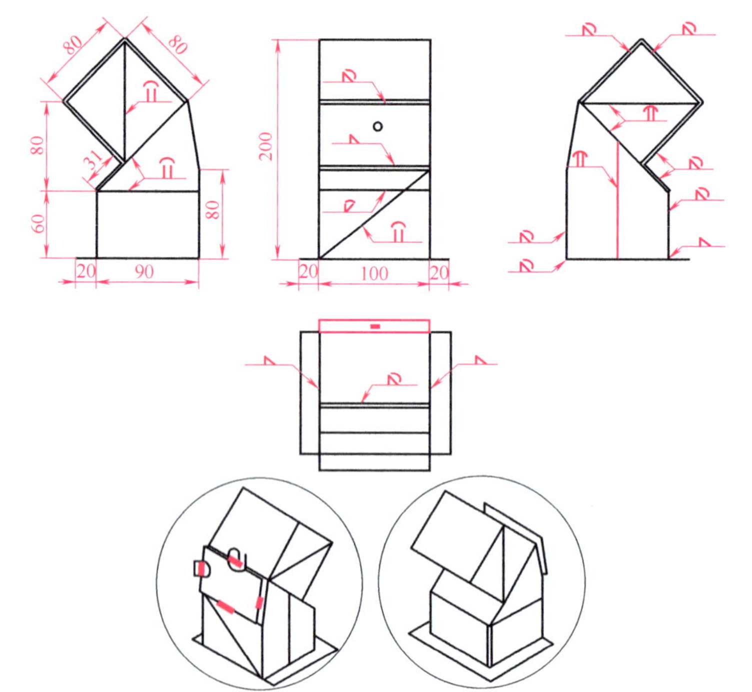

大国工匠的故事

"江南焊王"——刘维新（男，中共党员，汉族，江南造船（集团）有限责任公司船舶电焊工，高级技师，第九届中华技能大奖获得者）

刘维新是江南造船（集团）有限责任公司的焊接技术带头人，船舶电焊高级技师，全国技术能手。在三十多年的造船生涯中，他孜孜不倦地学习和钻研焊接技术，敢于探索，善于总结，知难而进，勇攀高峰。刘维新先后参加了获得国家银质奖的我国第一艘科学考察船"远望号"和第一艘导弹驱逐舰等30余项军工产品、获得国家金质奖的4000辆汽车运输船、无人机舱集装箱船、著名的6万t级中国"巴拿马"型散货船、具有体现世界当代造船新科技的高附加值自卸装置船、液化气船、化学品船等数百条船舶的建造，并参加了国家标志性重点钢结构工程，如上海8万人体育场、浦东和首都国际机场、上海大剧院、东海石油气平台等重点工程的建设。他爱岗敬业、苦心练就电焊绝技，掌握了9种不同金属、32种焊接材料牌号的焊接技术，被举为"江南焊王"。他先后荣获过中国船舶工业总公司劳动模范、上海市劳动模范、上海市首届十大杰出职工、上海市优秀共产党员、上海市优秀技师、全国劳动模模范、全国五一劳动奖章、全国技术能手等称号。

在工作实践中，刘维新针对船上复杂的作业环境创造出反光焊、折光焊、手感焊等操作技术；在液化气船制造中，他摸索出了全进口细晶粒材料施焊诀窍，解决了国内首次焊接这种材料的工艺难题；在军舰建造中，他采用快速点焊方法解决了螺旋桨上不锈钢与青铜特殊异种金属的焊接；他还用 CO_2 焊巧妙地采用不同位置交替焊接控制应力和焊接温度的办法，解决了液压耦合器及 $\phi 1.8m$ 大型液压缸焊接修补难题，使受损的火力发电机组重获新生；在国防军工科研试制产品中，他发明了独特的反变形操作法，在采用高强度合金钢板（我国试制冶炼仅一炉）为主体材料的焊接中，攻克了特殊焊接的难关，展示了江南造船工人的风采。

项目九　机器人焊接结构件

学习目标

1. 能够根据结构件的特点制定焊接装配工艺。
2. 能够掌握焊接机器人示教综合应用。
3. 能够根据焊接位置调整焊接机器人工艺参数。
4. 能够采用焊接机器人进行焊接施工。
5. 能够进行焊后检测并针对问题制定修复工艺。

项目描述

工业机器人作为现代制造技术发展的重要标志之一，已经得到广泛应用，焊接机器人是应用最广泛的一类工业机器人，在各国机器人应用比例中逐渐升高，成为焊接行业不可或缺的一部分。

本项目载体借鉴中国焊接协会焊接机器人操作证考核结构件，考虑到教学成本，适当降低了板材尺寸，主要培养学生结构件装配技巧以及焊接机器人基础编程能力。载体中主要涉及的是直线焊缝和圆弧焊缝的衔接，包含的技能点比较全面。

机器人焊接结构件

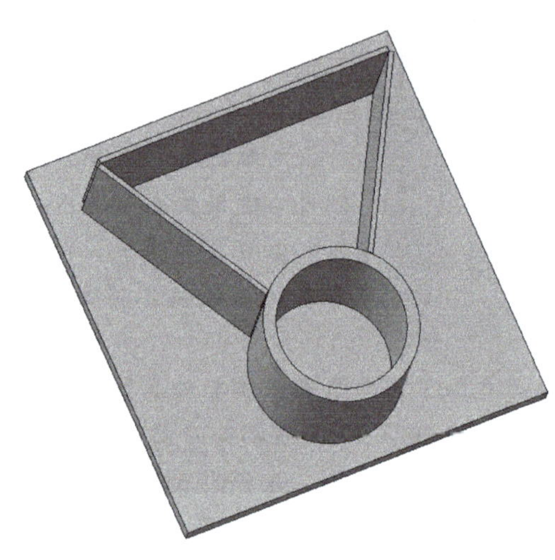

项目计划

根据结构件制作要求，将本项目分成 5 个加工任务。任务一图样识读：具体工作是小组成员利用 2 学时完成装配图的识读与零件图的绘制，明确加工任务。任务二焊前工件制备：小组成员利用 4 学时完成工件制备任务，分组进行工艺编制并实施。任务三装配点固：小组成员利用 4 学时进行装配，由于本项目结构简单，因此可采用划线装配法进行装配，注意立板与底板之间的尺寸关系，装配后整体实施焊接。任务四焊接工艺制定及实施：小组成员利用 14 学时完成焊接机器人编程、跟踪以及施焊等生产过程。任务五焊接检测：小组成员利用 6 学时进行焊接检测，根据缺陷提出返修工艺。本项目教学时长为 30 学时，具体学时分配如图 9-1 所示。

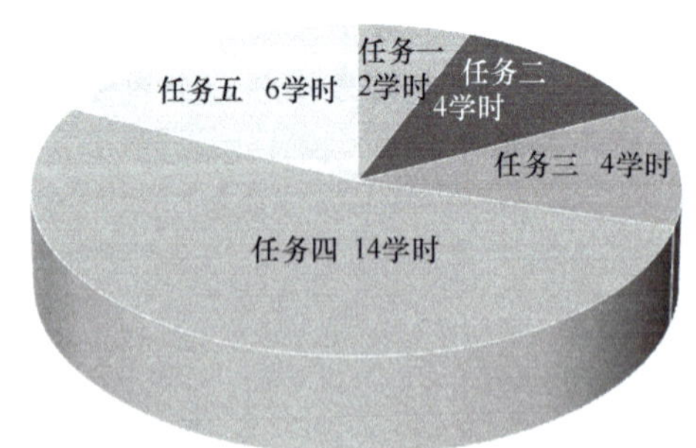

图 9-1　学时分配

任务一 图样识读

职业活动

步骤一：根据图样绘制零件图

本项目结构件底板厚度为 6mm，三块立板的厚度为 2mm，根据组合件三维图，绘制出该结构件的三视图，如图 9-1-1 所示。

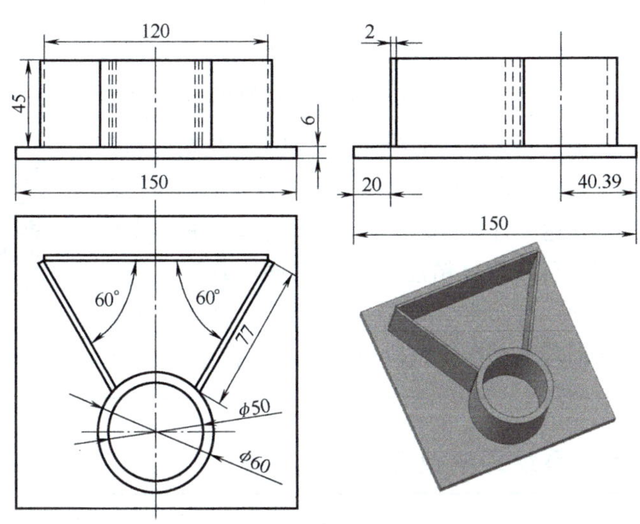

图 9-1-1 结构件三视图

1. 确定焊前下料数量

能够确定本项目中的结构件共有 4 块板材（1 块底板、3 块立板）和一段管材，记录好尺寸之后，绘制零件图。

2. 零件图绘制

本项目结构件并不复杂，但是零件数量较多，在绘制零件图过程中，把每一个零件进行编号，以方便后期组对，具体零件图以及零件编号见表 9-1-1。

职业知识

认识工业机器人

工业机器人是一种在计算机控制下的可编程的自动机器，它具有四个基本特征：具有特定的机械机构，其动作具有类似于人或其他生物的某些器官的功能；具有通用性，可从事多种工作，可灵活改变动作程序；具有不同程度的智能，如记忆、感知、推理、决策、学习等；具有独立性，完整的机器人系统在工作中可以不依赖于人的干预。

工业机器人的分类

工业机器人的发展历史

从功能完善程度上看，工业机器人的发展经历了三个阶段，形成了通常所说的三代机器人：

1）第一代示教再现型机器人（Teaching And Playback Robot）。

2）第二代感知型机器人（Robot With Sensors）。

3）第三代智能机器人（Intelligent Robot）。

工业机器人的主流品牌

目前，国际上的工业机器人主要分为日系和欧系。日系中主要有安川（YASGAWA）、欧地希（OTC）、松下（Panasonic）、发那科（FANUC）、那智不二越（NACHI）及川崎（Kawasaki）等公司的产品。欧系中主要有德国库卡（KUKA）、克鲁斯（CLOOS），瑞士 ABB，意大利柯马（COMAU）等公司的产品。国内也涌现了一批工业机器人厂商，这些厂商中既有像沈阳新松这样的国内机器人技术的引领者，也有像南京埃斯顿、广州数控这些伺服和数控系统的厂商。

工业机器人的主要技术指标

自由度	自由度是描述物体运动所需要的独立坐标数。机器人的自由度数越多，它的功能就越强大，应用范围也就越广。

表 9-1-1　机器人焊接结构件零件图汇总

零件	编号	数量	图样	零件	编号	数量	图样
底板	001	1	6, 150, 150	立板	003	2	2, 77, 45
立板	002	1	2, 120, 45	圆管	004	1	$\phi60$, $\phi50$, 45

步骤二：确定工作任务

1. 根据图样及材料确定下料工艺

根据图样分析本项目结构件：4 块板材主要加工外轮廓，板材边缘规整，但是立板厚度较薄，为保证加工尺寸，可采用数控等离子切割进行，管材采用无齿锯进行切割。

2. 制定装配工艺

根据图样及工件结构分析，确定该结构件有四块板材，由于其结构简单，因此可采用划线法进行装配；由于 3 块立板之间是有角度控制的，并且板材厚度为 2mm，难以控制与底板垂直，因此确定在装配过程中采用磁力夹具进行装配。

3. 制定焊接工艺

本项目采用的焊接方法是 135（CO_2 气体保护焊），焊接机器人型号：FANUC R-30iB Mate，根据板材的厚度制定相应焊接参数，制定焊接工艺卡，教师检查无误后进行施焊。

4. 焊后检测

根据工件的结构及焊缝的位置，制定焊接检测工艺。

工业机器人的主要技术指标

工作范围	机器人的工作范围是指机器人手臂末端或手腕中心运动时所能到达的所有点的集合。
最大工作速度	机器人的最大工作速度是指机器人主要关节上最大的稳定速度或手臂末端最大的合成速度，因生产厂家不同而标注不同，一般都会在技术参数中加以说明。很明显，最大工作速度越高，生产率也就越高，对机器人的最大加速度的要求也就越高。
负载能力	工业机器人的负载能力又称为有效负载，它是指机器人在工作时臂端可能搬运的物体质量或所能承受的力。当关节型机器人的臂杆处于不同位姿时，其负载能力是不同的。
运动精度	工业机器人的运动精度主要包括定位精度和重复定位精度。定位精度是指工业机器人末端执行器的实际到达位置与目标位置之间的偏差。重复定位精度（又称为重复精度）是指在同一环境、同一条件、同一目标动作及同一条指令下，工业机器人连续运动若干次重复定位至同一目标位置的能力。工业机器人的技术指标

工业机器人的系统组成及应用

操作机	操作机是工业机器人的机械主体，是用来完成各种作业的执行机械，主要由驱动装置、传动单元和执行机构组成。
控制器	控制器是工业机器人的“大脑”，它是决定机器人功能和水平的关键部分，也是机器人系统中更新和发展最快的部分。
示教器	示教器是人与机器人的交互接口，可由操作者手持移动，使操作者能够方便地接近工作环境进行示教编程。工业机器人的应用

任务一测评

1. 知识测评

确定本任务关键词，按重要程度进行关键词排序并举例解读，见表 9-1-2。

根据自己对重要信息的捕捉、排序、表达、创新和划分权重能力进行自评，满分 100 分。

表 9-1-2　机器人焊接结构件图样分析知识测评表

序号	关键词	举例解读	评分自定
1			
2			
3			
4			
5			
总分			

2. 能力测评

对表 9-1-3 所列作业内容进行评判，操作规范即得分，操作错误或未操作得零分。

表 9-1-3　机器人焊接结构件图样分析能力测评表

序号	能力点	配分	得分
1	结构件尺寸测量	20	
2	结构件零件图绘制	30	
3	制定机器人焊接结构件制作任务	30	
4	材料制备方法的合理选择	20	
总分		100	

3. 素养测评

对表 9-1-4 所列素养点进行评判，做到即得分，未做到得零分。

表 9-1-4　机器人焊接结构件图样分析素养测评表

序号	素养点	配分	得分
1	绘图过程中的空间想象能力	20	
2	三视图识读的熟练程度	20	
3	一丝不苟、严谨的工作作风（尺寸测量中的误差）	20	
4	尺规等绘图工具使用的熟练程度	20	
5	徒手作图的熟练程度	20	
总分		100	

4. 拓展训练

试根据下图绘制三视图。

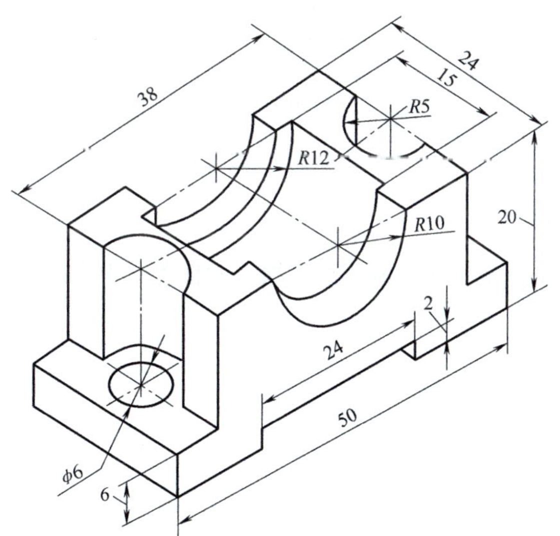

任务二 焊前工件制备

职业活动

步骤一：下料准备

1. 材料检查

施工前操作人员预先熟悉零件图样，见表 9-1-1，确定下料尺寸，根据下料清单要求，确定材质为 Q235，其中底板 001 厚度为 6mm，立板 002 和立板 003 厚度为 2mm，管材外径 ϕ60mm，壁厚为 5mm。

2. 检验及标识工具

钢直尺、卷尺、石笔、记号笔等。

3. 数控等离子切割设备检查

见项目六任务二中数控等离子切割设备检查内容。

步骤二：数控等离子切割操作

具体操作参考项目六任务二中数控等离子切割设备操作流程。

根据所选择程序的材料及厚度，设置工艺参数，见表 9-2-1。

表 9-2-1 等离子切割工艺参数

板厚/mm	喷嘴孔径 ϕ/mm	电流/A	弧压/V	切割速度/(mm/min)	氮气流量/(L/min)
2	2	60	100	5000	16~18
6	2	80	115	2000	16~18

步骤三：焊前清理

等离子切割设备下料后清理参考项目六任务二中焊前清理内容。

职业知识

数控等离子切割机

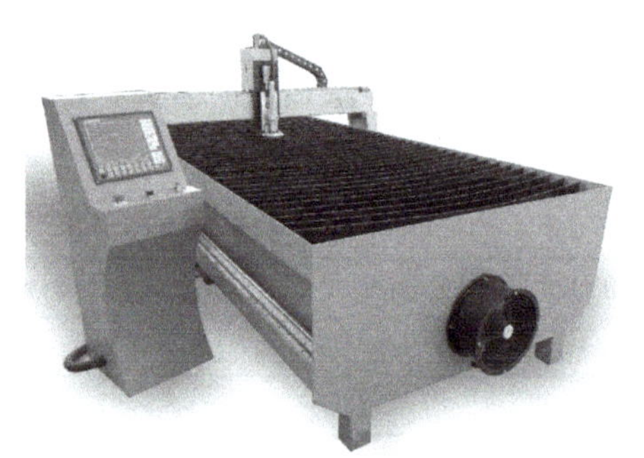

等离子通常描述为物质的第四种状态。物质一般是呈三种状态，即固态、液态及气态。最常见的物质是 H_2O，它的三种状态是冰、水及蒸汽。这三种状态的不同就在于它们所含能量的不同。如果加能量给冰，就形成水，即液态；如果加更多的能量，就形成了蒸汽；如果给气体加足够的能量，就会发现其物理属性发生巨大的变化：一种高离子化的，由离子、电子及中子组成的热气体——等离子形成。

许多电流流过金属的规律也可用于等离子弧上。例如：当等离子弧的横截面受阻时，其电阻及温度增加，但电流保持不变。等离子弧的这种高温度及它的动能就应用于等离子切割当中。

数控等离子切割机的工作原理是以压缩空气为工作气体，以高温高速的等离子弧为热源，将被切割的金属局部熔化并同时用高速气流将已熔化的金属吹走，形成狭窄切缝。

数控等离子切割机设备组成

数控等离子切割机是由数控系统、机械部分、气路系统组成。

台式数控等离子切割机的数控系统是一个独立的机箱，可进行简单的编程以及图样转换自动生成程序等功能；机械部分由轨道横梁、轮架、小车、喷嘴、工作台、滑架、拖链等组成，主要采用轨道控制等离子喷嘴在 X、Y、Z 三个轴向的移动，操作平台采用型钢焊接加工而成；供气部分主要是空气压缩机。

任务二测评

1. 知识测评

确定本任务关键词，按重要程度进行关键词排序并举例解读，见表 9-2-2。

根据自己对重要信息的捕捉、排序、表达、创新和划分权重能力进行自评，满分 100 分。

表 9-2-2 机器人焊接结构件零件制备知识测评表

序号	关键词	举例解读	评分自定
1			
2			
3			
4			
5			
总分			

2. 能力测评

对表 9-2-3 所列作业内容进行评判，操作规范即得分，操作错误或未操作得零分。

表 9-2-3 机器人焊接结构件零件制备能力测评表

序号	能力点	配分	得分
1	确定下料板材厚度	20	
2	制定材料焊前加工工艺	30	
3	等离子切割操作	30	
4	焊前清理	20	
总分		100	

3. 素养测评

对表 9-2-4 所列素养点进行评判，做到即得分，未做到得零分。

表 9-2-4 机器人焊接结构件零件制备素养测评表

序号	素养点	配分	得分
1	防护用具穿戴标准	20	
2	材料切割之前检查	20	
3	无齿锯安全操作规程	20	
4	等离子切割机安全操作规程	20	
5	工具、量具等归位，清理工位	20	
总分		100	

4. 拓展训练

（1）简述数控等离子设备组成及作用。

（2）试叙述数控等离子切割共边问题的处理方法。

任务三　装配点固

职业活动

步骤一：装配前的准备

1. 确定装配基准

根据图样进行结构分析，组装图如图 9-1-1 所示。

结构中共有四块板材和一段管材，在装配过程中，可设定底板为装配基准，在底板上确定三块立板的位置，最后装配点固管材。

2. 装配现场和装配设备的选择

由于本项目结构件的尺寸不大，因此可选择在操作平台或者操作架上进行划线装配，不需要起重设备。

3. 工量具的准备

工具：需准备油漆笔（划针或者石笔）进行划线；在装配过程中可采用磁力夹具进行装配。

量具：直角尺和卷尺。

设备：NBC-350 型半自动 CO_2 气体保护焊焊机。

4. 零件预检

根据图样要求，对板材尺寸、形状进行检测，确保装配工作顺利进行。

步骤二：装配流程

1. 划线

以底板 001 为基准，按图 9-1-1 的尺寸要求，在底板上用油漆笔（划针或者石笔）画出两块立板的位置，如图 9-3-1 所示。

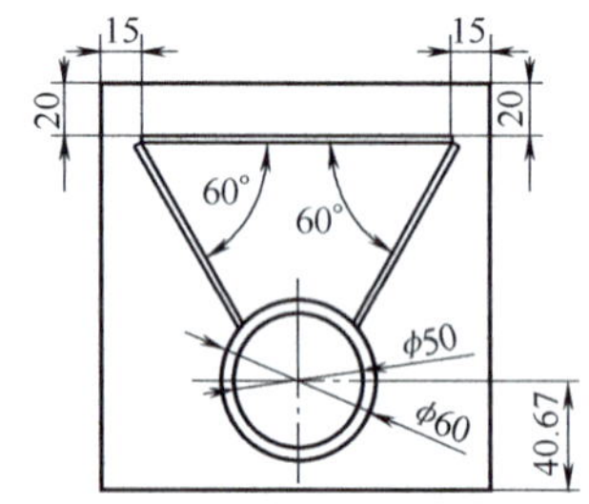

图 9-3-1　装配划线图

图 9-3-2　底板 001 与立板 002 装配示意图

职业知识

FANUC 机器人系统组成

FANUC 机器人由控制柜、示教器以及本体等组成，如下图所示。

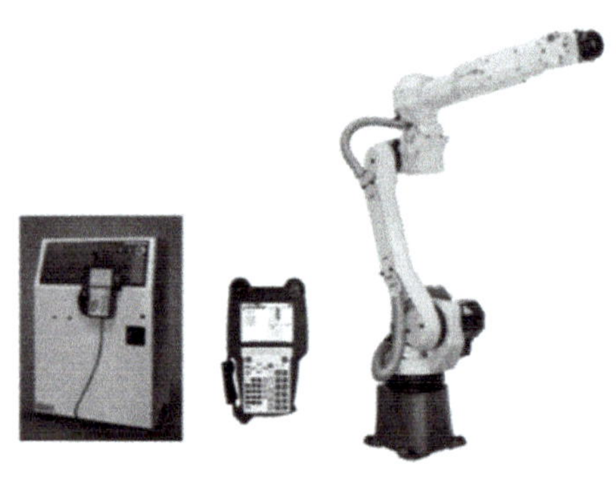

FANUC 机器人控制柜

控制柜是硬件和软件的结合，用于安装各种控制单元，进行数据处理及存储、执行程序等，如同机器人的“大脑”。控制柜上有主电源开关、急停按钮等控制按钮。

（1）主电源开关　主电源开关是机器人系统的总开关。

（2）急停按钮　在任何模式下，按下急停按钮，机器人立即停止动作。要使机器人重新动作，必须释放该按钮。

（3）循环按钮　用于循环执行的按钮，多用于实际生产中。

（4）模式选择旋钮　模式选择旋钮如右图所示，需要插入钥匙才能进行模式选择。一共有以下三个模式：

1）自动模式：选择该模式可以自动运行程序。

2. 组对点固

先组对底板 001 与立板 002，组对过程中先把底板放置在水平平台上，然后使立板 002 与底板垂直，放置在底板 001 划线位置上，借助磁力夹具保证立板 002 垂直于底板 001，并能够固定在相应位置上，如图 9-3-2 所示。

装配好立板 002 后，接下来装配立板 003，由于两块立板 003 的装配主要靠角度控制，所以在装配过程中仍然需要磁力夹具，这样能够保证立板 003 能够依靠磁力进行定位。首先装配右侧板材，然后装配左侧板材，如图 9-3-3 所示。每块板材点固两点定位焊缝，焊缝长度不大于 10mm。

图 9-3-3　底板 001 与立板 003 装配示意图

最后装配管材，圆管点固 3~4 点为宜（内圆对称方向点固）。点固时注意动作要迅速，防止焊接变形而产生位置偏差。定位焊点长度不超过 20mm，如图 9-3-4 所示。

图 9-3-4　结构件点固焊缝示意图

2）T1 模式：示教模式的一种，在该模式下，以小于 250mm/min 的速度进行运行，也可以认为是低速示教模式。

3）T2 模式：示教模式的一种，也是全速示教模式，在该模式下，会以 100%的速度运行，也可以认为是高速示教模式。

FANUC 机器人本体

FANUC 机器人本体是用于完成各种作业的执行机构，由六个轴组成，如同机器人的“肢体”，可搬运工件和夹持焊枪。

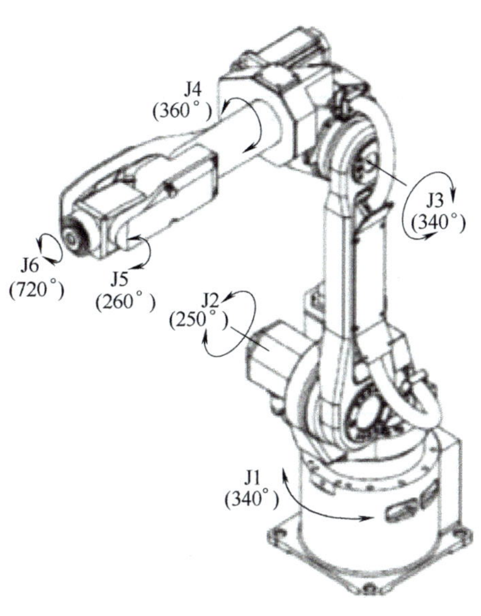

任务三测评

1. 知识测评

确定本任务关键词，按重要程度进行关键词排序并举例解读，见表 9-3-1。

根据自己对重要信息的捕捉、排序、表达、创新和划分权重能力进行自评，满分 100 分。

表 9-3-1 机器人焊接结构件装配知识测评表

序号	关键词	举例解读	评分自定
1			
2			
3			
4			
5			
总分			

2. 能力测评

对表 9-3-2 所列作业内容进行评判，操作规范即得分，操作错误或未操作得零分。

表 9-3-2 机器人焊接结构件装配能力测评表

序号	能力点	配分	得分
1	装配基准面的选择	20	
2	合理运用辅助定位设备	30	
3	制定点固焊缝焊接参数	20	
4	合理控制装配精度	30	
总分		100	

3. 素养测评

对表 9-3-3 所列素养点进行评判，做到即得分，未做到得零分。

表 9-3-3 机器人焊接结构件装配素养测评表

序号	素养点	配分	得分
1	防护用具穿戴标准	20	
2	装配前材料检查	20	
3	点固焊缝施焊	20	
4	点固焊缝焊后处理	20	
5	工具、量具等归位，清理工位	20	
总分		100	

4. 拓展训练

（1）FANUC 机器人本体共有几个轴组成？它们的作用是什么？

（2）简述装配过程中需要测量的项目有哪些。

任务四　焊接工艺制定及实施

职业活动

步骤一：识读焊接标注

按照图 9-4-1，确定焊缝位置及形式。

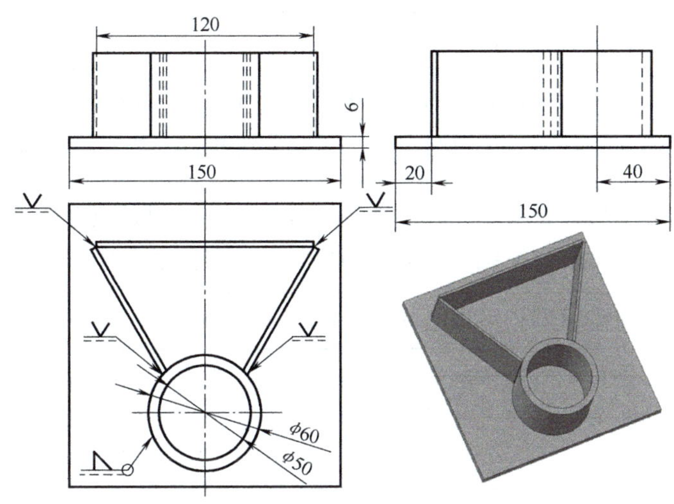

图 9-4-1

1. 确定焊缝数量和焊缝形式

通过图样分析，能够确定本项目结构件共有 5 条焊缝，分别是立板 002 与立板 003 组成的 2 条端接焊缝；立板 003 与管材 004 组成的 2 条焊缝；底板 001 与立板 002、003 以及管材 004 组成的外四周角焊缝。

2. 确定焊接位置

5 条焊缝中，立板 002 与立板 003 组成的端接焊缝属于立焊（3F），立板 003 与管材 004 组成的角焊缝属于立焊（3F），最后一条外四周角焊缝属于平焊（2F）。

步骤二：焊接工艺编制

1. 焊前准备

1）工件材料为 Q235 钢板，具体尺寸见表 9-1-1。

职业知识

FANUC 机器人的新建和加载程序

在操作机器人完成作业之前，首先需要在一个特定程序下进行操作，所以作为初学者，首先要学习如何新建、加载和删除程序的方法。

FANUC 机器人系统中有关程序的操作，需要用到【Select】键。

<table>
<tr><td rowspan="3">创建程序</td><td>按【Select】键，显示出程序目录画面。</td></tr>
<tr><td>按【F2】键，对应 CREATE 功能。
（1）选择程序的命名方式
1）Word：默认程序名。
2）Upper case：大写。
3）Lower case：小写。
4）Option：符号。
（2）注意事项
1）不能以空格作为程序名的开始字母。
2）不能以符号作为程序名的开始字母。
3）不能以数字作为程序名的开始字母。</td></tr>
<tr><td>移动光标到结尾的“END”处，按【Enter】键，进入程序编辑。</td></tr>
<tr><td>加载程序</td><td>如果需要加载程序，按【Select】键，屏幕显示程序列表，通过上、下键选择需要加载的程序，按【Enter】键，实现程序加载。</td></tr>
<tr><td>删除程序</td><td>按【Select】键，屏幕显示程序列表，通过上、下键选择需要删除的程序（注意：系统只允许删除非当前加载程序，例如，当前加载程序是 A，则只能删除除 A 之外的其他程序。如果想删除 A，则需要先加载其他程序，然后删除 A，通过选择对应屏幕下方“删除”的功能键，删除程序。</td></tr>
</table>

2）焊接材料，选择焊丝牌号为 ER50-6，直径为 $\phi1.0$mm；CO_2 气体纯度要求达到 99.5%。

3）焊机选择 NB-350 型焊机，直流反接。

4）焊前清理：采用角磨机或钢丝刷清理工件坡口及坡口两侧各 20mm 范围内的油污、铁锈及其他污染物，直至露出金属光泽。

2. 焊接工艺分析

本项目结构件中，立板 002、003 的厚度为 2mm，板材较薄，焊接过程中容易出现烧穿现象，并且立板与底板相交处，焊枪指向角度不符合立焊角度要求，如图 9-4-2 所示，如采用由下至上焊接，易产生焊瘤，所以立焊缝焊接方向应制定为由上至下。立板 002 与立板 003 组成的端接焊缝称之为外立缝，由于板材较薄，焊接电流要稍小一些，立板 003 与管材 004 组成的角焊缝称之为内立缝，由于管材厚度较厚，电流可稍大一些，焊接过程中焊枪向管材方向偏移一些。为保证外四周平角焊的焊缝尺寸要求，立缝焊接过程中不能够焊至底板 001 上，要预留一小段距离。

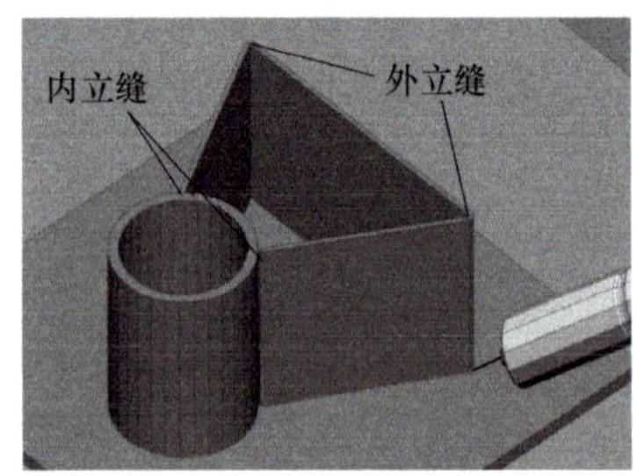

图 9-4-2　焊枪角度示意图

3. 焊接工艺卡编制（见表 9-4-1）

表 9-4-1　机器人焊接工艺卡

焊接工艺卡		编号：
材料型号	Q235	
材料规格	底板 001 150mm×150mm×6mm 立板 002 120mm×45mm×2mm 立板 003 77mm×45mm×2mm 管材 004 ϕ60mm×5mm×45mm	
接头种类	T 形接头、端接接头	
坡口形式	V 形	
坡口角度	—	
钝边	—	
组对间隙	0～1mm	
焊接方法	135(GWAM)	
焊接设备	NB-350	

FANUC 机器人的直线编程解读

FANUC 机器人的运动指令包括关节运动 J（关节 joint 的首字母）、直线运动 L（直线 Linear 的首字母）和圆弧运动 C（圆弧 circular 的首字母）。

FANUC 机器人直线运动指令写作“L”（L 取自英文直线“Linear”的首字母）。使用直线运动指令 L 时，只需要示教确定运动路径的起点和终点，因为两点确定一条直线。典型的直线运动程序如下：

```
L  @  P[i]  j%  Fine  ACC100;
```

L	运动类型，L 代表线性运动方式。
@	位置指示符号，当机器人位置与 P[i] 点位置一致时，该行出现@符号。该符号可以提示操作者机器人当前所在位置。
P[i]	一般位置为 P[　]，如果为 PR[　]，则是位置寄存器，也就是提前在系统中存储好的位置点，在程序中直接调用。
j%	速度单位，可以是%、mm/s、cm/min 等。
Fine	终止类型。Fine 代表精确到达该示教点。CNT 代表采用一定的转弯半径跨过该示教点，CNT 后面跟着的数值代表转弯半径大小。
ACC100	附加运动语句。
示教过程	在程序编辑画面，按【F1】对应的“POINT”选项，就调出命令行快捷菜单，选择所需要的程序样例，然后按【Enter】键。于是就示教了一条指令。

FANUC 机器人的直线焊接轨迹示教

FANUC 机器人的焊接依靠焊接开始和焊接结束指令，这两种指令与运动指令不同，焊接路径的规划依靠运动指令，焊接参数的设定依靠焊接指令。FANUC 的焊接指令如下：

Weld Start	焊接开始指令，在焊接开始点程序行下面添加，在该点起弧焊接。WeldStart 后面可以是参数的编号，例如 [1，1]，第一个 1 代表文件 1，第二个 1 代表文件中的第一个设置，如果是

（续）

电源种类	直流	焊后热处理	种类	—	保温时间	—
电源极性	反接		加热方式	—	层间温度	—
焊接位置	2F、3F		温度范围	—	测量方法	—
焊接参数						
焊层	焊材型号	焊材直径/mm	焊接电流/A	焊接电压/V	焊接速度/(cm/min)	气体流量/(L/min)
外立缝	ER50-6	ϕ1.0	110~120	16~17	60	15~20
内立缝			120~130	17~18	50	
平角焊缝			140~150	19~20	40	

步骤三：焊接机器人立焊编程

1. 立焊焊接顺序制定

首先，将工件的立板朝向机器人的方向在工作台上固定好，机器人在四条立焊缝的示教点规划如图 9-4-3 所示：

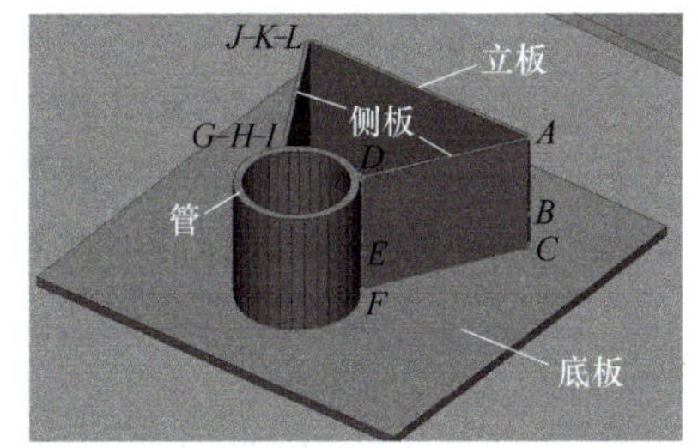

图 9-4-3 立焊缝示教点

立焊缝 *A-B-C* 采用由上至下焊接，分成两段示教，第一段 *AB* 段，焊枪以 85°~90°前进角由上至下焊接，有效抑制焊瘤产生，但由于这种枪姿无法焊到底部，因此，第二段 *BC* 在焊接中应改变枪姿向下推焊，*C* 点的焊枪与底板夹角为 60°。立焊缝 *A-B-C* 各示教位置的焊枪姿态如图 9-4-4 所示，其他三段的立焊的枪姿和示教方法与 *A-B-C* 段一致。

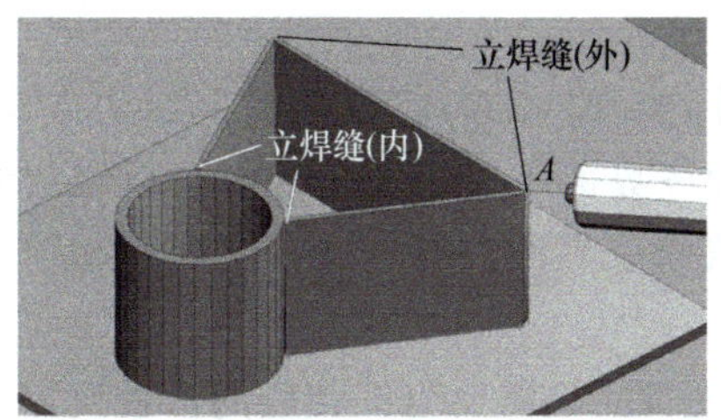

a) 立焊缝*A*点位焊枪姿态

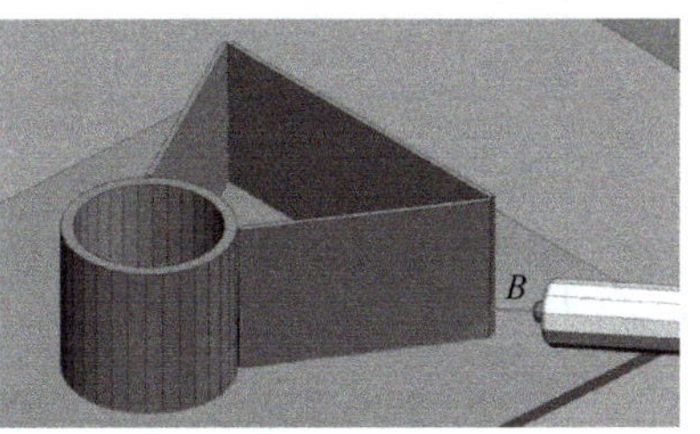

b) 立焊缝*B*点位焊枪姿态

图 9-4-4 *A*、*B*、*C* 三点枪姿示意图

FANUC 机器人的直线焊接轨迹示教

Weld Start	第二个设置，则要写为 2。方括号里面也可以直接设置相关的焊接参数，比如电流、电压、速度和停留时间等，而不调用预先设定好的参数编号。
Weld End	焊接结束指令，在焊接结束点程序行下面添加，在该点收弧，结束焊接。
摆动焊接	FANUC 机器人的摆动焊接是依靠单独的摆动命令实现的，摆动命令另起一行，附在焊接指令的下面。 FANUC 机器人的摆动焊接有下列三种方式： 1）Weave Sine（Hz，mm，sec，sec）正弦波摆焊。 2）Weave Circle（Hz，mm，sec，sec）圆形摆焊。 3）Weave Figure 8（Hz，mm，sec，sec）8 字形摆焊。 其中 Hz——摆焊的频率； mm——摆焊的幅宽； 第一个 sec——摆焊左停留时间； 第二个 sec——摆焊右停留时间。 摆动结束命令 Weave End

程序编辑

示教点的编辑	焊接机器人程序的示教一般不能一步到位，需要不断调试和完善，因此经常会对于示教点进行编辑操作。常见的编辑操作有示教点的追加、变更和删除。
	1. 示教点的追加 在原有的示教点 1 和 2 之间添加一个新的示教点，之后的运行路径就改为示教点 1 到新加点到示教点 2。将光标移到需要在其后添加示教点的命令行，然后采用和示教新目标点一样的办法进行示教就可以了。
	2. 示教点的位置变更 位置变更不涉及追加或者删除某一示教点，而是在保留该点的前提下，修改一下位置。通常采用的是将机器人移动到变更

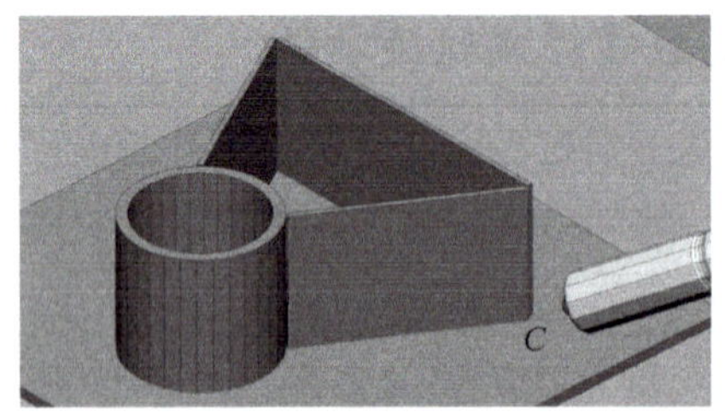

c) 立焊C点位焊枪姿态

图 9-4-4　*A*、*B*、*C* 三点枪姿示意图（续）

2. 立焊缝容易出现的焊接缺陷和不良与应对措施

1）起弧点 *A* 容易出现起弧不良。

应对措施：适当增加起弧电流，焊丝上部侧面应与 *A* 点平齐、90°对准焊缝中部。

2）收弧点 *C* 容易出现焊瘤。

应对措施：枪姿从 *A* 点保持以行进角 90°焊接至 *B* 点，然后变化枪姿为 60°至 *C* 点，焊接速度适当快速一些，*ABC* 为 0.6m/min、*DFE* 为 0.5m/min，收弧时间为 0～0.1s。防止因立焊缝焊接参数和枪姿不当在底部产生焊瘤。

3. 确定立焊焊接示教点（见表 9-4-2）

表 9-4-2　示教点

序号	示教点名称	运动类型	示教点位置示意图	序号	示教点名称	运动类型	示教点位置示意图
1	原点	JOINT		3	*A* 点	Linear	
2	过渡点	Linear		4	*B* 点	Linear	

程序编辑

示教点的编辑	后的位置，然后重新更新原有示教点的位置信息。运行时，仍然按照之前的顺序，只不过变更后的路径有所改变。 首先将机器人移至所需要的位置。 将光标移动到要修正的运动指令的行号处。 按下【Shift】键的同时按下 F5 对应 TOUCHUP 功能，当该行出现@符号，同时屏幕下方出现“Position has been recorded to P[2]”时，说明位置信息已更新。 3. 示教点的删除 将原有的示教点删除。 首先将光标放到应删除的程序行前。 按【next】键显示下一页功能菜单，然后按【F5】显示编辑命令，选择 Delete，删除该程序行。如果要删除多个相连的程序行，就将光标放在首行，然后反复点击“SHIFT+向下箭头”直至所有程序行都标记位置。最后确认删除就可以了。
文件编辑功能	FANUC 提供了便利的文件编辑功能，包括复制、粘贴、剪切等。 剪切是指将选中的若干命令行从程序文件中删除，将其移动到剪贴板上的操作。复制是指将选择的内容复制到剪贴板上的操作。粘贴是指将剪切或复制到剪贴板上的内容粘贴到其他位置的操作。
参数修改	对原有程序行的参数进行修改，比如修改速度、到达方式、焊接电流、焊接电压等。程序界面中有一部分参数可以通过光标选择该参数后进入到参数修改界面，有一些需要在其他窗口中修改参数的设置文件。 FANUC 机器人的参数修改时，只需要打开相应的参数设定窗口，然后修改和确认即可。

（续）

序号	示教点名称	运动类型	示教点位置示意图	序号	示教点名称	运动类型	示教点位置示意图
5	*C* 点	Linear		7	*E* 点	Linear	
6	*D* 点	Linear		8	*F* 点	Linear	

步骤四：焊接机器人平角焊编程

1. 平角焊焊接顺序制定及编程

外四周角焊缝的焊接需要使焊枪旋转 360°，并且包含了直线编程和圆弧编程，难度稍有提升。如图 9-4-5 所示，外围平角焊需要采集 15 个示教点，①平角焊缝起始点设为 Linear（焊接起始点）、②点设为 Linear（焊接点）、③④转角位设为 Circular（焊接点）、⑤⑥点设为 Linear（焊接点）、⑥⑦转角位设为 Circular（焊接点）、⑦⑧⑨⑩转角位设为 Circular（焊接点）、⑪⑫点设为 Linear（焊接点）、⑬⑭转角位设为 Circular（焊接点），⑮平角焊缝焊接结束点设为 Linear（焊接结束点）。

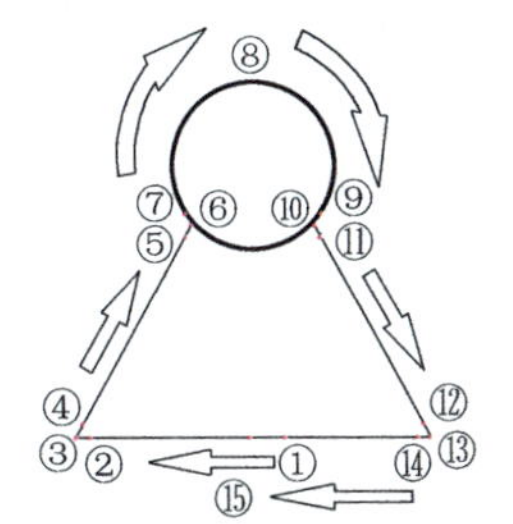

图 9-4-5　平角焊示教点

2. 外四周平角焊缝容易出现的焊接缺陷和不良与应对措施

容易出现的焊接缺陷和不良情况：焊偏；焊穿；焊接尺寸不足；起、收弧位置搭接不良。

应对措施：平角焊缝的焊枪与底板的夹角为 45°～50°，由于立板 002 和立板 003 散热能力差，为避免焊穿，焊丝应对准焊缝偏向底板位置，如图 9-4-6a 所示。起弧从机器人近点开始，为保证焊枪 360°连续焊接，需要先将焊枪逆时针扭转 180°，焊接方向为顺时针方向，焊枪行进角为 80°～90°，平角焊缝焊枪行进角及起弧和收弧位置如图 9-4-6b 所示。

跟踪和再现

可以采用单步和连续两种方式跟踪。通过按下示教器的【STEP】键在单步和连续两种方式之间切换。

程序再现，可以理解为执行程序，可以采用主程序调用方式执行已经编辑好的程序。

FANUC 机器人的圆弧编程解读

FANUC 机器人圆弧运动指令写作“C”（C 取自英文直线“Circular”的首字母）。使用圆弧运动指令 C 时，只需要示教圆弧的第二和第三点，因为三点确定一段圆弧，程序会自动将圆弧示教程序行的前一示教点与圆弧示教的两点进行组合，共同确定这一段圆弧轨迹。

典型的圆弧轨迹运动程序如下：

L P[1] 0.2m/min　Fine;

C　P[2]，P[3]，0.2m/min　Fine;

C	运动类型，C 代表圆弧运动方式。
@	位置指示符号，当机器人位置与 P[i] 点位置一致时，该行出现@符号。该符号可以提示操作者机器人当前所在位置。
P[i]	一般位置为 P[　]，如果为 PR[　]，则是位置寄存器，也就是提前在系统中存储好的位置点，在程序中直接调用。
j%	速度单位，可以是%、mm/s、cm/min 等。
Fine	终止类型。Fine 代表精确到达该示教点。CNT 代表采用一定的转弯半径跨过该示教点，CNT 后面跟着的数值代表转弯半径大小。

FANUC 机器人的圆弧焊接轨迹示教

FANUC 机器人的焊接依靠焊接开始和焊接结束指令，这两种指令与运动指令不同，焊接路径的规划依靠运动指令，焊接参数的设定依靠焊接指令。

典型的圆弧焊接路径如下图所示。

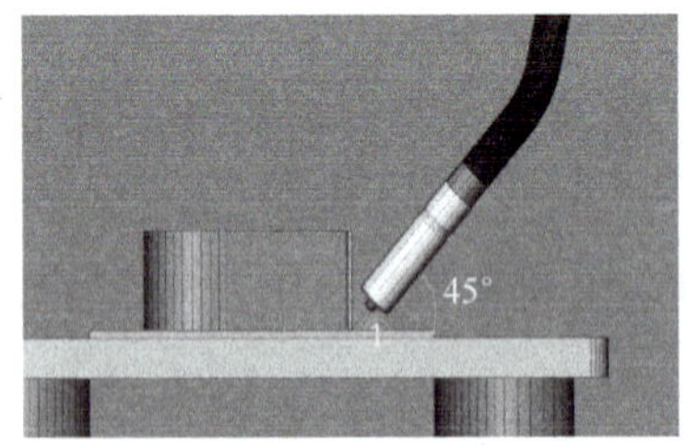

a) 焊枪与底板角度示意图

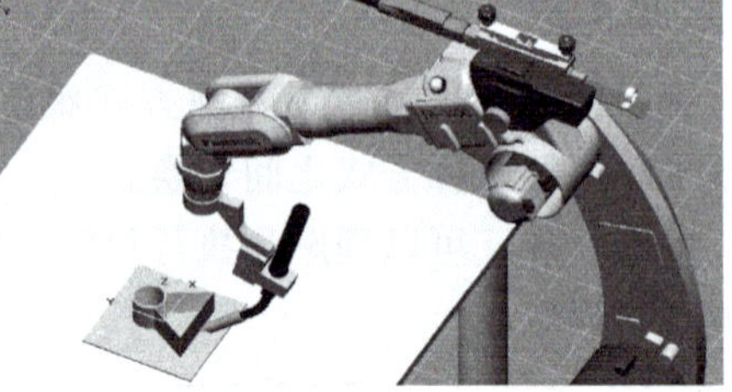

b) 枪姿态及起收弧位置

图 9-4-6 平角焊焊枪角度示意图

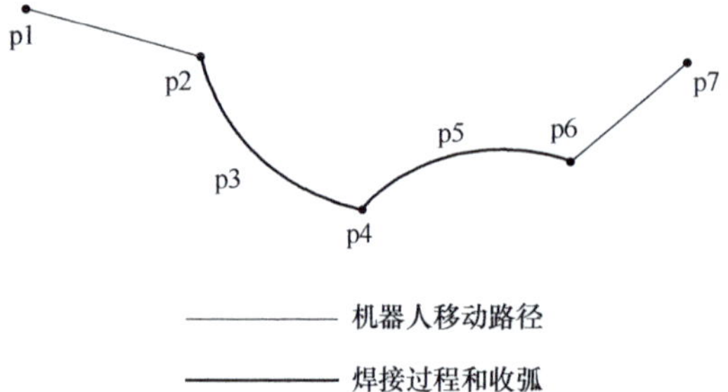

对应上图的程序如下所示：

```
J p1, 20cm/min, Fine;
L p2, 20cm/min, Fine;
WeldStart [1, 1];
C p3, p4, 20cm/min, Fine;
C p5, p6, 20cm/min, Fine;
WeldEnd [1, 2]
```

任务四测评

1. 知识测评

确定本任务关键词，按重要程度进行关键词排序并举例解读，见表 9-4-3。

根据自己对重要信息的捕捉、排序、表达、创新和划分权重能力进行自评，满分 100 分。

表 9-4-3 机器人焊接结构件焊接知识测评表

序号	关键词	举例解读	评分自定
1			
2			
3			
4			
5			
总分			

2. 能力测评

对表 9-4-4 所列作业内容进行评判，操作规范即得分，操作错误或未操作得零分。

表 9-4-4 机器人焊接结构件焊接能力测评表

序号	能力点	配分	得分
1	焊接标注符号识读	20	
2	制定焊接顺序	30	
3	焊接机器人编程	20	
4	焊接机器人焊接实施	30	
总分		100	

3. 素养测评

对表 9-4-5 所列素养点进行评判，做到即得分，未做到得零分。

表 9-4-5 机器人焊接结构件焊接素养测评表

序号	素养点	配分	得分
1	防护用具穿戴标准	20	
2	点固焊缝焊前打磨处理	20	
3	焊接机器人安全操作规程	20	
4	焊接编程轨迹示教	20	
5	工具、量具等归位，清理工位	20	
总分		100	

4. 拓展测评

下图所示板材采用焊接机器人编程焊接，试编辑程序进行焊接操作。具体要求如下：

（1）单面焊双面成形。

（2）工件材料 Q235，60°V 形坡口。

（3）根部间隙及钝边自定。

（4）接头形式为板对接接头，焊接位置为平焊。

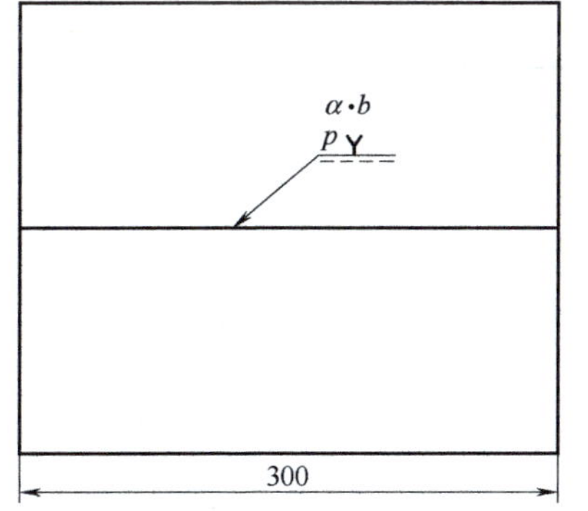

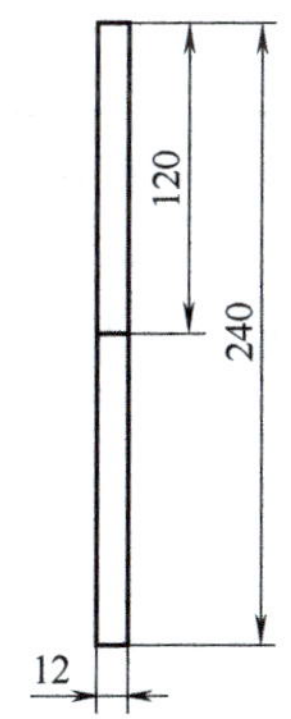

任务五　焊接检测

职业活动

步骤一：否定项识别

1. 检测准备

1）保证检测环境光照充足。

2）HJC40 焊缝检测尺、MG-11 凸轮式焊接检验尺、二片规焊缝检测尺、白色油漆笔、结构件评分表。

3）需要检测的工件。

2. 确定工件上的否定项

本焊接结构共有三道焊缝，本环节要检测的项目为画出否定项，否定项包括：

1）没有按照图样要求进行装配。

2）焊缝表面有气孔、未熔合、焊瘤、焊道偏离等缺陷。

步骤二：焊缝尺寸检测

1. 检测焊缝尺寸

焊缝尺寸检测是测量焊缝外观尺寸是否符合图样标注尺寸或技术标准规定的尺寸。本工件为组合件，在检测过程中，需要对工件整体的尺寸进行测量。

2. 填写评分表（见表 9-5-1）

表 9-5-1　机器人焊接焊缝评分表

工件号		评分员签名			合计得分（满分 50 分）		
检查项目	标准、分数	焊缝等级				测量数值	实际得分
		Ⅰ	Ⅱ	Ⅲ	Ⅳ		
焊缝脚高	标准/mm	4.0	>4.3，≤3.6	>4.7，≤3.1	>5.2，≤2.8		
	分数	10	7	4	0		
焊缝宽度	标准/mm	5.0	>5.5，≤4.5	>6，≤4	>6.5，≤3.5		
	分数	10	7	4	0		

职业知识

机器人组合件的焊缝外观检查

一般情况下，目视检验的距离约为 600mm，眼睛与被检工件表面所成的视角不小于 30°。目视检验应在焊接工作结束后，将工件表面的焊渣和飞溅清理干净，按下表所列的项目进行检验。

检验项目	检验部位	质量要求	备注
清理质量	所有焊缝及其边缘	无焊渣、飞溅及阻碍检验的附着物	
几何形状	焊缝与母材连接处	焊缝完整，不得有漏焊，连接处应圆滑过渡	可用焊接检验尺测量
	焊缝形状和尺寸急剧变化的部位	焊缝高低、宽窄及焊缝波纹应均匀	
焊接缺陷	1. 整条焊缝和热影响区附近 2. 重点检查焊缝的接头部位、收弧部位几何形状和尺寸突变部位	1. 无裂纹、夹渣、焊瘤烧穿等缺陷 2. 气孔、咬边应符合有关标准规定	1. 接头部位易产生焊瘤、咬边等缺陷 2. 收弧部位易产生弧坑裂纹等缺陷

二片规焊缝检测尺

二片规为专用焊缝检测尺，可用来检测角焊缝厚度和焊脚尺寸，测量精度±0.5mm，测量尺寸范围如图所示。

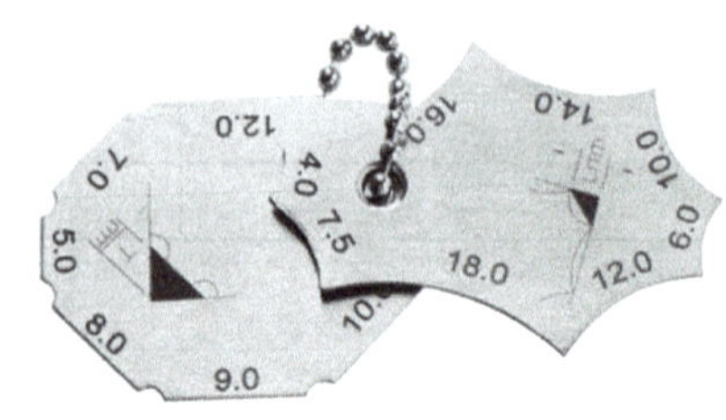

（续）

工件号		评分员签名			合计得分（满分 50 分）		
检查项目	标准、分数	焊缝等级				测量数值	实际得分
		Ⅰ	Ⅱ	Ⅲ	Ⅳ		
咬边	标准/mm	0	深度≤0.5 且长度每 1mm 减 1 分		深度>0.5 或总长度 >15mm		
	分数	10			0		
焊缝外观成形		优	良	一般	差		
	标准	成形美观，焊纹均匀细密，高低宽窄一致	成形较好，焊纹均匀，焊缝平整	成形尚可，焊缝平直	焊缝弯曲，高低宽窄明显，有表面焊接缺陷		
	分数	20	15	10	5		

测量使用方法如下图所示。

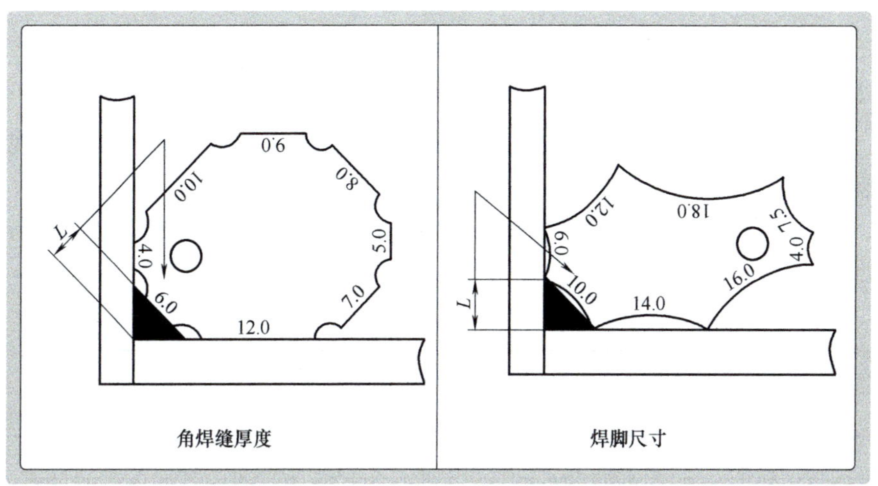

角焊缝厚度　　焊脚尺寸

任务五测评

1. 知识测评

确定本任务关键词，按重要程度进行关键词排序并举例解读，见表 9-5-2。

根据自己对重要信息的捕捉、排序、表达、创新和划分权重能力进行自评，满分 100 分。

表 9-5-2 焊接检测知识测评表

序号	关键词	举例解读	评分自定
1			
2			
3			
4			
5			
总分			

2. 能力测评

对表 9-5-3 所列作业内容进行评判，操作规范即得分，操作错误或未操作得零分。

表 9-5-3 焊接检测能力测评表

序号	能力点	配分	得分
1	否定项识别	20	
2	焊缝检测工具的使用	30	
3	机器人焊接结构件尺寸测量	50	
总分		100	

3. 素养测评

对表 9-5-4 所列素养点进行评判，做到即得分，未做到得零分。

表 9-5-4 机器人焊接结构件素养测评表

序号	素养点	配分	得分
1	防护用具穿戴标准	20	
2	焊接检测前焊件处理	20	
3	焊接机器人安全操作规程	20	
4	焊接检测内容执行是否存在偏差	20	
5	工具、量具等归位，清理工位	20	
总分		100	

4. 拓展训练

（1）为什么要进行机器人的日常检查和保养？

（2）装配工艺的检验主要是检验什么？

大国工匠的故事

“技术精益求精，建造一流产品”——刘维新［男，党员，汉族，江南造船（集团）有限责任公司船舶电焊工，高级技师，第九届中华技能大奖获得者］

无数个深夜，在江南造船厂巨大的船坞边，船舱外被幽暗包围，钢铁冰冷，强光刺眼，刘维新脚踩钢板钻进船舱，焊枪不离手。

他常常焊到浑身湿透，冲上甲板吹风，不等吹干又冲下船舱继续焊，直到旭日东升，黄浦江面霞光万丈……工作的这么多年中，他目送长顺号、长阳号、世谊号、世沪号、雪龙号、112舰、“远望”系列科考船等大船驶向远方，他自己也从一名17岁的学徒一步步成为江南造船厂的“焊王”。

1968年一次机遇，刘维新被推荐进了江南造船厂，人生轨迹从此改变。进入江南造船厂，刘维新对一切充满好奇。他第一次见老师傅焊接，焊钳和铁板间的发光气体，竟让他一时看得出神。刘维新后来才知道，这是电弧正极和负极被电离以后的一段发光的空气，他眼巴巴望着，想上手试，可师傅说：“小鬼你不要来看！”师傅一声吼把他震住了，他站在原地怪师傅保守。事后师傅告诉他，钢铁烧出的烈焰，不能用肉眼直视，要戴面具才行。

终于等到第一次焊接，他拿起焊枪，可怎么也打不着火。师傅拿着面罩把着他的手，让他不要用劲，“要像划火柴一样，就亮了。”他默默记在心里，一只手拿焊枪，另一只手扶住钢板，轻轻划过，再离开铁板2~3mm距离，耀眼的光芒亮了起来。初窥门径，他意识到焊接对焊缝的要求相当高，最忌讳手不稳，于是他努力加强握力锻炼，让自己可以轻松运用焊钳。

1971年，他参与了客货两用船“前进813”的建造，这艘900吨的船是当时浙江沿海最先进的船，在江南造船厂造了一年。焊工的工作之一是焊接管路。那时的他靠眼睛判断焊得好坏，“温度、稠度、流动性、有没有气孔和夹杂，都能看出来，这就是手艺。”

1973年以后，刘维新开始参与“长”字头26条大船的建造，总负责两条船的焊接。除了看，他还掌握了闻，他能快速分辨焊条是酸性还是碱性。一次，他闻到一位老师傅烧的合金钢一股腥味，就上去提醒。老师傅仔细确认，发现果然是自己烧错，马上把合金钢全部爆掉重烧，此后很多焊船问题都和刘维新讨论。

20世纪80年代后半期，中国决定自力更生研制当时最先进的新型导弹驱逐舰，这个重担又一次落到江南造船人的肩上。一场巨大的冷热反差试验开始了。船上有高温钢管弄和低温仓，蒸汽高压锅炉释放出500℃的温度，而低温仓灭火所用液化气要冷冻到-78℃，工作环境异常恶劣……刘维新克服了技术和环境上的难题，参与并见证了中国新型导弹驱逐舰首舰诞生。1994年5月，112舰交付海军，成为当时海军最先进的主力战型导弹驱逐舰，被誉为“中华第一舰”。

刘维新在职业生涯中一刻也没有停下前进的脚步：从中级工升为高级技师；在1996年获评全国技术能手；2004年荣获中华技能大奖，那是技术工人的最高奖，每年只有10人能获此殊荣。数十年的积淀，使他渐渐有了“江南焊王”的名声。

项目十　机器人焊接压力容器

学习目标

1. 能够根据压力容器的特点选择合适的母材材质。
2. 能够掌握压力容器的装配方法。
3. 能够根据焊接位置调整焊接机器人工艺参数。
4. 能够独自完成 360°圆形焊接机器人编程。
5. 能够进行焊后检测并针对问题制定修复工艺。

项目描述

焊接机器人是一种仿人操作、自动控制、可重复编程并能在三维空间完成各种焊接作业的自动化生产设备。它能在恶劣的环境下连续工作并能提供稳定的焊接质量，提高工作效率，减轻工人的劳动强度。因此，焊接机器人的出现使人们自然而然地首先想到用它来代替人的手工焊接，这也是若干年以来人类千方百计追求的目标。

本项目载体借鉴 2021 年中职焊接技术比赛焊接机器人赛项的样题，并参考了“1+X”特殊焊接技术考核要求以及企业用人需求，使本项目内容能够满足“岗、课、赛、证”融为一体的需求。

机器人焊接压力容器

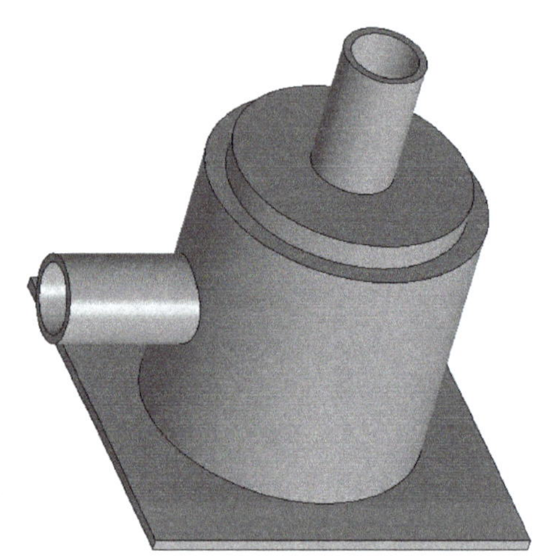

项目计划

根据结构件制作要求，将本项目分成 5 个加工任务。任务一图样识读：具体工作是小组成员利用 2 学时完成装配图的识读与零件图的绘制，明确加工任务。任务二焊前工件制备：小组成员利用 4 学时完成工件制备任务，分组进行工艺编制并实施。任务三装配点固：小组成员利用 4 学时进行装配，由于本项目结构简单，因此可采用划线装配法进行装配，注意底板与管材之间的尺寸关系，装配后整体实施焊接。任务四焊接工艺制定及实施：小组成员利用 14 学时完成焊接机器人编程、跟踪以及施焊等生产过程。任务五焊接检测：小组成员利用 6 学时进行焊接检测，根据缺陷提出返修工艺。本项目教学时长为 30 学时，具体学时分配如图 10-1 所示。

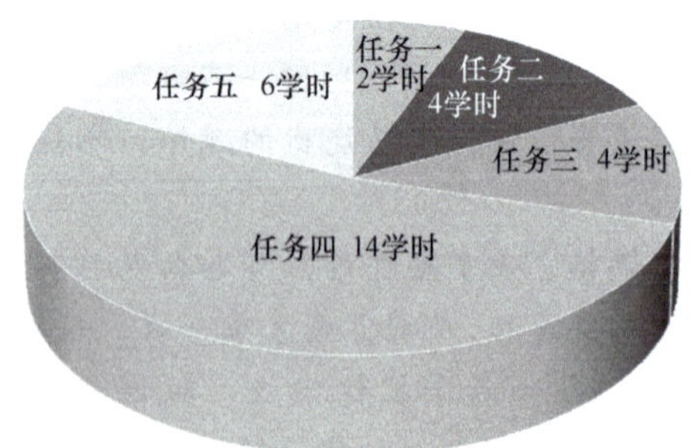

图 10-1　学时分配

任务一　图样识读

职业活动

步骤一：根据图样绘制零件图

本压力容器材质为 Q235，底板厚度为 4mm，盖板厚度为 8mm，大径管规格 ϕ108mm×8mm，小径管规格 ϕ34mm×3mm，根据压力容器三维图，绘制出该结构件的三视图，如图 10-1-1 所示。

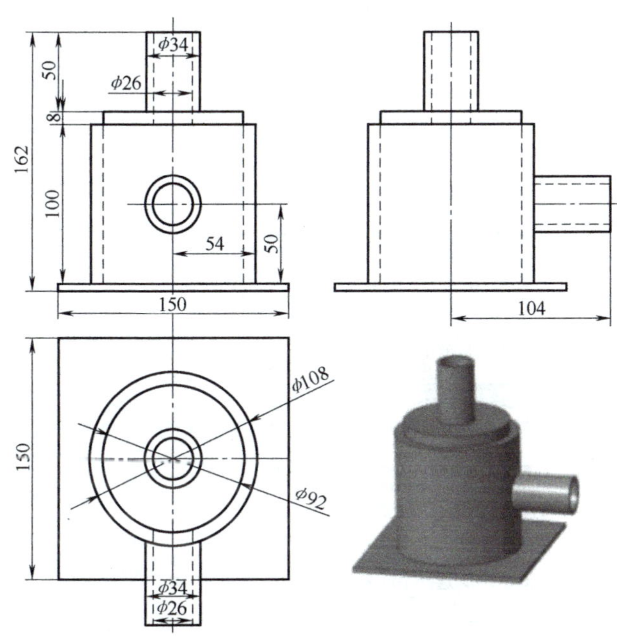

图 10-1-1　压力容器三视图

1. 确定焊前下料数量

根据图 10-1-1 能够确定本项目中的压力容器共有 2 块板材（分别是 1 块底板和 1 块盖板）和 3 段管材，记录好尺寸之后，绘制零件图。

2. 零件图绘制

本项目的压力容器结构简单，零件数量只有 4 个，具体见表 10-1-1。

职业知识

示教盒（Teach Pendant）介绍

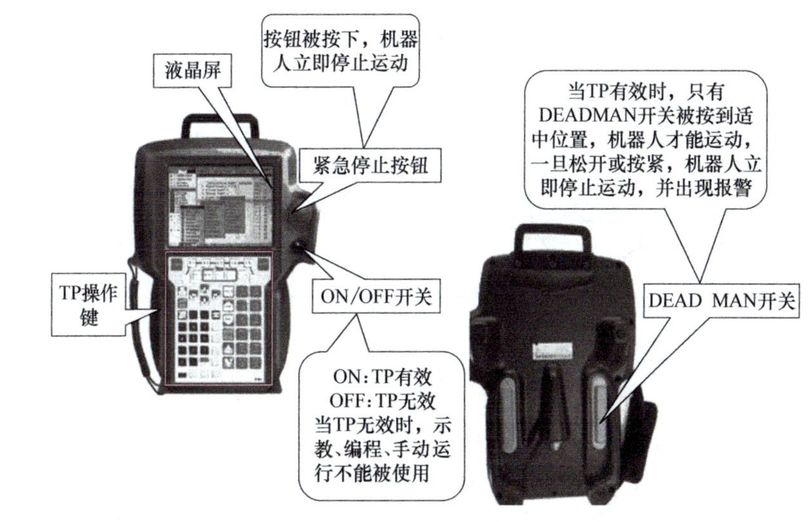

示教盒（Teach Pendant）操作键介绍

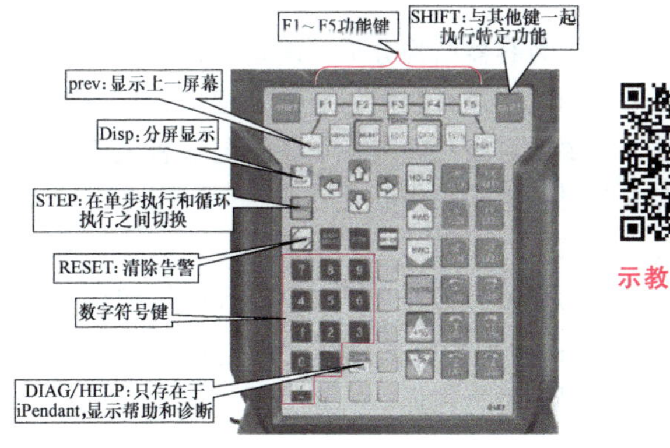

示教器的使用

表 10-1-1　机器人焊接压力容器零件图汇总表

零件	数量	图纸	零件	数量	图纸
底板	1	4　150　150	大径管	1	100　φ92　φ26　φ108
盖板	1	8　φ92　φ26	小径管	2	φ34　φ26　50

步骤二：确定工作任务

1. 根据图样及材料确定下料工艺

根据图 10-1-1 分析压力容器结构：底板为正方形，上盖板为圆形，主要加工外轮廓，为了保证加工尺寸，不建议采用火焰切割，本项目板材下料确定采用数控等离子切割；压力容器所需管材采用无齿锯或车削进行切割。

2. 制定装配工艺

根据图样及压力容器结构分析，确定零件数量为 5 个，由于其结构简单，因此可采用划线法进行装配，装配过程中，保持盖板尺寸与大径管内壁尺寸一致，需要注意组对间隙；小径管与盖板属于骑坐式管板对接，装配时小径管内部要与上盖板中心孔一致。

3. 制定焊接工艺

本项目采用的焊接方法是 135（CO_2 气体保护焊），焊接机器人型号：FANUC R-30iB Mate，根据板材的厚度制定相应焊接参数，制定焊接工艺卡，教师检查无误后进行施焊。

4. 焊后检测

根据工件的结构及焊缝的位置，制定焊接检测工艺。

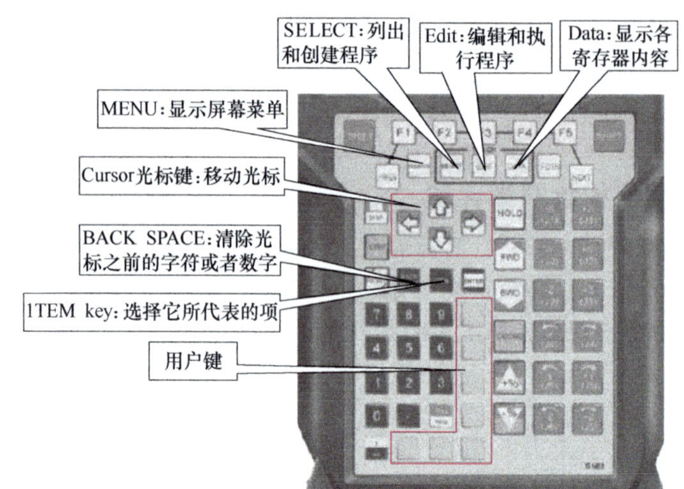

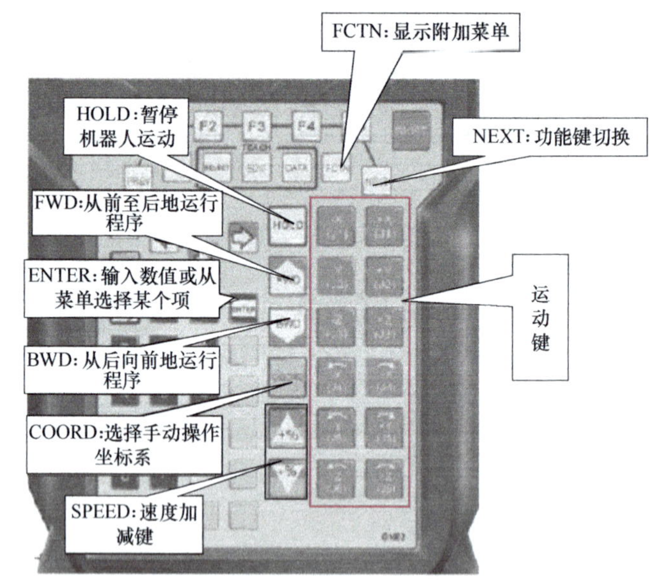

任务一测评

1. 知识测评

确定本任务关键词，按重要程度进行关键词排序并举例解读，见表 10-1-2。

根据自己对重要信息的捕捉、排序、表达、创新和划分权重能力进行自评，满分 100 分。

表 10-1-2　机器人焊接压力容器图样分析知识测评表

序号	关键词	举例解读	评分自定
1			
2			
3			
4			
5			
总分			

2. 能力测评

对表 10-1-3 所列作业内容进行评判，操作规范即得分，操作错误或未操作得零分。

表 10-1-3　机器人焊接压力容器图纸分析能力测评表

序号	能力点	配分	得分
1	压力容器尺寸测量	20	
2	压力容器零件图绘制	30	
3	制定机器人焊接压力容器制作任务	30	
4	材料制备方法的合理选择	20	
总分		100	

3. 素养测评

对表 10-1-4 所列素养点进行评判，做到即得分，未做到得零分。

表 10-1-4　机器人焊接压力容器图样分析素养测评表

序号	素养点	配分	得分
1	绘图过程中的空间想象能力	20	
2	三视图识读的熟练程度	20	
3	一丝不苟、严谨的工作作风（尺寸测量中的误差）	20	
4	尺规等绘图工具使用的熟练程度	20	
5	徒手作图的熟练程度	20	
总分		100	

4. 拓展训练

试根据下图绘制三视图。

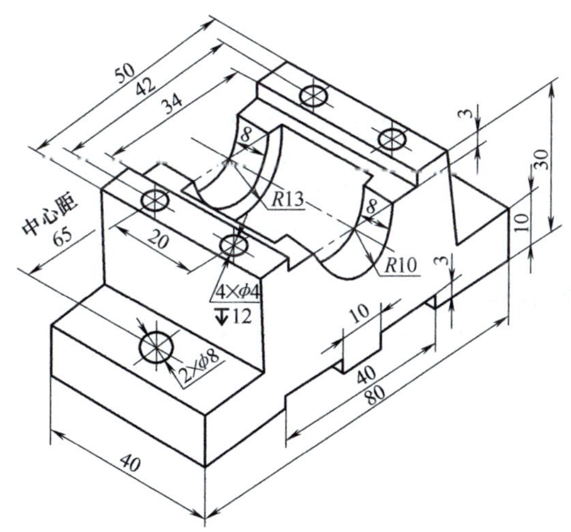

任务二　焊前工件制备

职业活动

步骤一：下料准备

1. 材料检查

施工前操作人员预先熟悉零件图样，见表 10-1-1，确定下料尺寸，根据下料清单要求，确定材质为 Q235，其中底板厚度为 6mm，盖板厚度为 8mm，大径管规格 ϕ108mm×8mm，小径管规格 ϕ34mm×4mm；确定下料数量，在板材上合理排料。

2. 检验及标识工具

钢直尺、卷尺、石笔、记号笔等。

3. 数控等离子切割设备检查

见项目六任务二中数控等离子切割设备检查内容。

步骤二：数控等离子切割操作

具体操作参考项目六任务二中数控等离子切割设备操作流程。

根据所选择程序的材料及厚度，设置工艺参数，见表 10-2-1。

表 10-2-1　等离子切割工艺参数

板厚/mm	喷嘴孔径 ϕ/mm	电流/A	弧压/V	切割速度/(mm/min)	氮气流量/(L/min)
4	2	70	110	3400	16～18
8	2	90	115	1800	16～18

步骤三：焊前清理

等离子切割设备下料后清理参考项目六任务二中焊前清理内容。

职业知识

数控等离子切割热变形的原因

在进行等离子切割操作过程中，出现热变形的概率较小，然而，在金属板材轧制和冷却中难以避免产生残余内应力。这是因为，在切割过程中，由于受到局部高温热源的影响，金属板材会沿着切割的方向发生膨胀，膨胀后的金属板材周围的母板便会受到一定的限制，导致金属板材在切口边缘的位置上发生较大的应力作用。当应力大于金属屈服强度时，就可能出现压缩塑性变形，在其后进行的冷却过程中往往会发生收缩现象，冷却到室温时，由于受周围母材金属的限制，沿切割方向就有可能出现收缩变形，并在内部出现残余拉应力，这也是产生切割变形的根源所在。

工件单边的变形控制

在数控等离子切割过程中，选择不同的切割工艺，也会产生变形量的差异。在切割下图所示的板材类型中，如果选择 *A* 点作为起弧点，选择的切割方向和顺序为：*A*→*D*→*C*→*B*→*A*（下图 a 所示），在完成 *AD* 切割后，加工 *DC* 段时，因为 *DC* 段余料比较窄，在切割过程中，高温会导致 *DC* 段余料产生线性伸长，*CB* 段会发生向外偏转，切割后完成后，*DC* 段尺寸会有一定程度的缩小 δ（下图 b 所示），δ 的大小与 *DC* 段的尺寸成正比。如果选择 *A*→*B*→*C*→*D*→*A* 的切割顺序，工件最后经 *DA* 路径与母板分离，可有效减小切割变形。

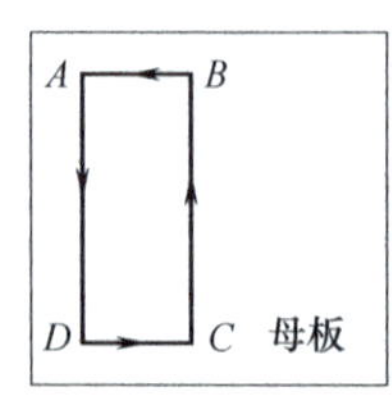

a) 工件切割顺序

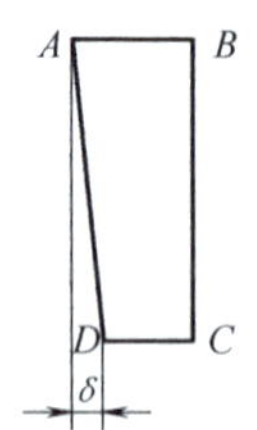

b) 工件切割后变形

任务二测评

1. 知识测评

确定本任务关键词，按重要程度进行关键词排序并举例解读，见表 10-2-2。

根据自己对重要信息的捕捉、排序、表达、创新和划分权重能力进行自评，满分 100 分。

表 10-2-2 机器人焊接压力容器零件制备知识测评表

序号	关键词	举例解读	评分自定
1			
2			
3			
4			
5			
总分			

2. 能力测评

对表 10-2-3 所列作业内容进行评判，操作规范即得分，操作错误或未操作得零分。

表 10-2-3 机器人焊接压力容器零件制备能力测评表

序号	能力点	配分	得分
1	确定下料板材厚度	20	
2	制定材料焊前加工工艺	30	
3	等离子切割操作	30	
4	焊前清理	20	
总分		100	

3. 素养测评

对表 10-2-4 所列素养点进行评判，做到即得分，未做到得零分。

表 10-2-4 机器人焊接压力容器零件制备素养测评表

序号	素养点	配分	得分
1	防护用具穿戴标准	20	
2	材料切割之前检查	20	
3	无齿锯安全操作规程	20	
4	等离子切割机安全操作规程	20	
5	工具、量具等归位，清理工位	20	
总分		100	

4. 拓展训练

采用数控等离子切割设备加工下图所示工件，板材厚度为 4mm，试编制程序并制定切割参数。

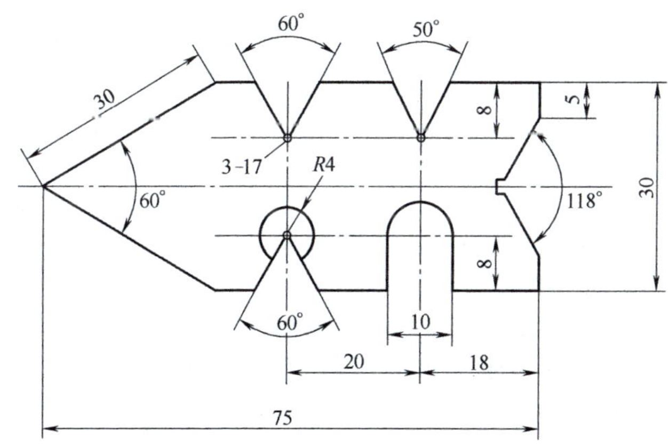

任务三　装配点固

职业活动

步骤一：装配前的准备

1. 确定装配基准

根据图样进行结构分析，组装图如图 10-1-1 所示。

压力容器由底板、大径管、盖板、小径管组成，在装配过程中，可设定底板为装配基准，在底板上划线，确定大径管的位置，小径管的位置要在盖板上确定。

2. 装配现场和装配设备的选择

由于压力容器的尺寸较小，因此可在操作平台上进行划线装配，装配过程中不需要起重机等辅助设备。

3. 工量具的准备

工具：需准备油漆笔（划针或者石笔）进行划线。

量具：直角尺和卷尺。

设备：NBC-350 型半自动 CO_2 气体保护焊焊机。

4. 零件预检

根据图样要求，对板材尺寸、形状进行检测，确保装配工作顺利进行。

步骤二：装配流程

1. 划线

以底板为基准，先画出正方形的中心线，在距离中心点 54mm 的位置做出标记，如图 10-3-1 所示。在大径管横截面上画出四等分线，然后在大径管壁上做出标记，此处需要注意红色标记与管壁开孔圆心在一条直线上，如图 10-3-2 所示。盖板与小径管划线方法，以及大径管与小径管划线方法与上述划线方法一致。

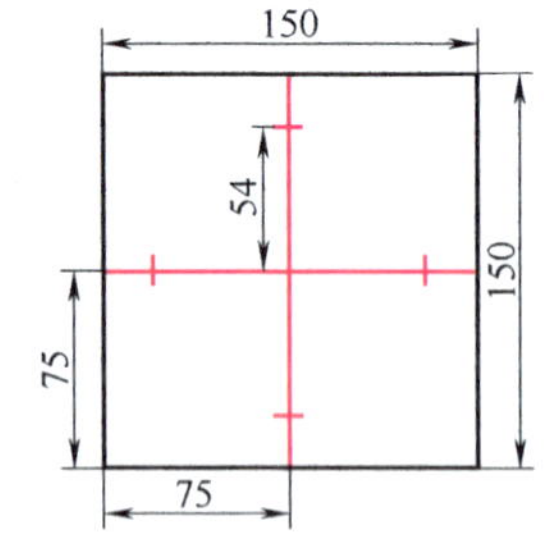

图 10-3-1　底板划线示意图

职业知识

FANUC 机器人坐标系

在工业机器人的操作、编程和投入运行时，坐标系具有重要的意义。在 FANUC 机器人控制系统中主要定义了下列坐标系：

（1）关节坐标系（JOINT）　通过示教器上相应的键转动机器人的各个轴示教。

（2）直角坐标系（XYZ）　沿着坐标系的轴直线移动机器人，分为两种坐标系：

1）通用坐标系（JOG）：机器人的坐标系。（FANUC 系统中显示世界坐标系就是直角坐标系）

2）用户坐标系（User）：用户自定义的坐标系。

（3）工具坐标系（TOOL）　沿着当前工具坐标系直线移动机器人。工具坐标系是匹配在工具方向上的坐标系。

关节坐标系	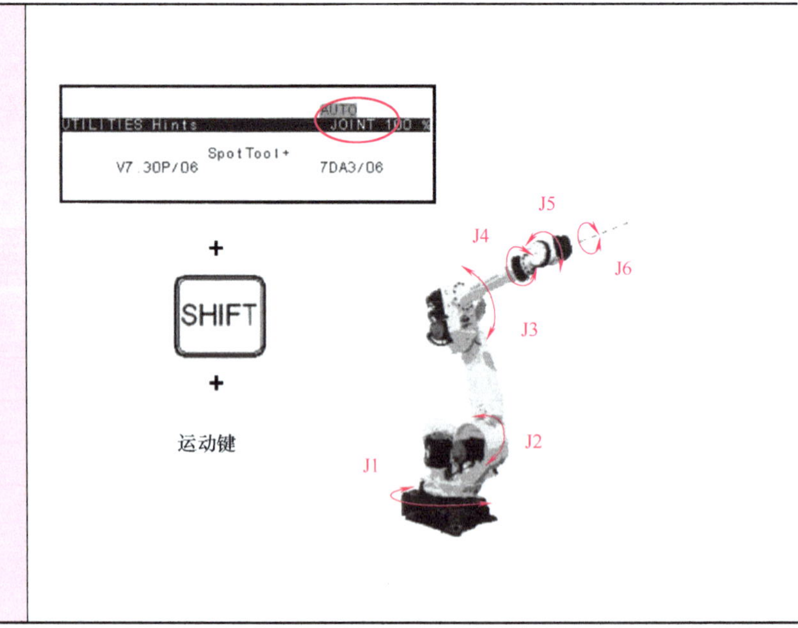

2. 组对点固

先组对底板与大径管，首先把底板放置在操作平台上，大径管垂直立在底板上，按划线位置找正大径管位置进行点固，如图 10-3-3 所示，点固焊缝共四条，分别在划线位置进行点固。

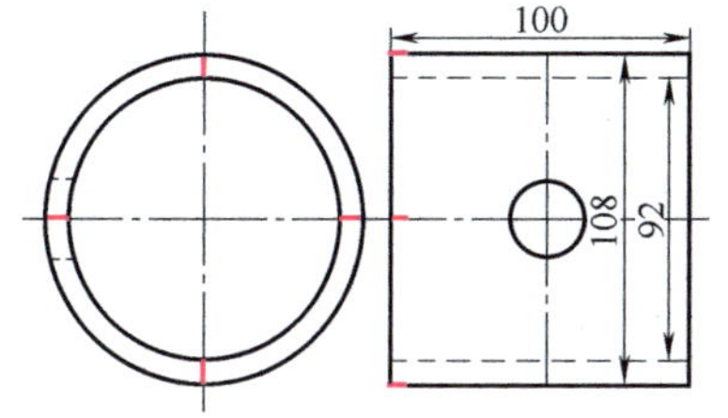

图 10-3-2 大径管划线示意图

图 10-3-3 底板与大径管装配示意图

组对盖板时，由于盖板外轮廓尺寸与大径管内壁尺寸一致，因此在组对时先在大径管与盖板之间放置一段焊丝，以防止盖板掉落到大径管内部，使盖板一侧与大径管内壁相交，进行点固焊缝施焊，如图 10-3-4 所示。之后取出焊丝，轻轻敲击盖板另一侧，使盖板与底板平行，最后完成另外三点的点固。

最后装配小径管，小径管与盖板装配的具体操作与装配大径管方法一致，要注意小径管内壁应与盖板中心圆孔对齐。由于直径较小，小径管点焊 2~3 点为宜（小径管外圆三等分点）。点焊时注意动作要迅速，防止焊接变形而产生位置偏差。定位焊点长度不超过 20mm，底板与大径管点固焊缝 4 条，大径管与上盖板点固焊缝 4 条，盖板与小径管点固焊缝 3 条，如图 10-3-5 所示。

装配小径管与大径管时，为了保证焊缝间隙较小，可适当打磨小径管端面，使其形状与大径管外壁形状接近相似，装配时可点固一点，如图 10-3-5 所示。

图 10-3-4 大径管与盖板装配示意图

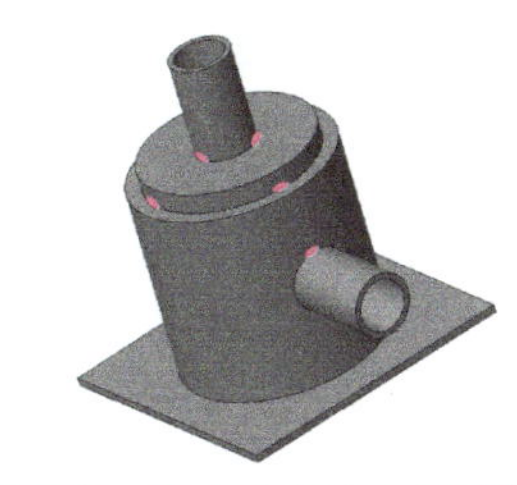

图 10-3-5 压力容器点固焊缝示意图

FANUC 机器人坐标系

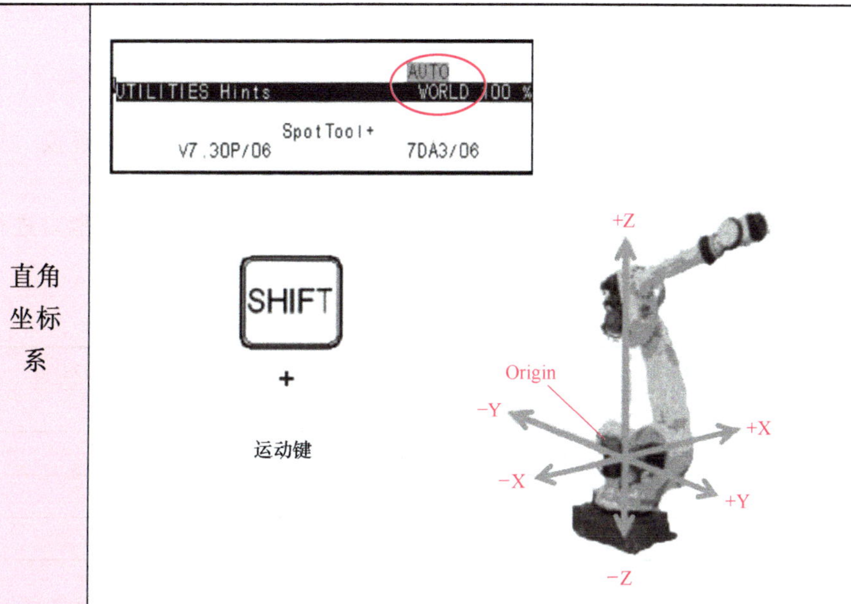

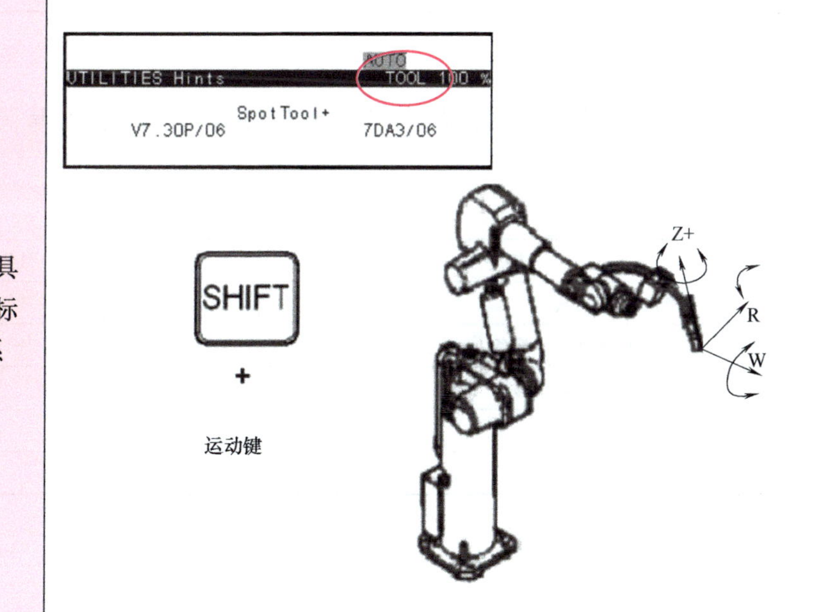

任务三测评

1. 知识测评

确定本任务关键词，按重要程度进行关键词排序并举例解读，见表 10-3-1。

根据自己对重要信息的捕捉、排序、表达、创新和划分权重能力进行自评，满分 100 分。

表 10-3-1 机器人焊接结构件装配知识测评表

序号	关键词	举例解读	评分自定
1			
2			
3			
4			
5			
总分			

2. 能力测评

对表 10-3-2 所列作业内容进行评判，操作规范即得分，操作错误或未操作得零分。

表 10-3-2 机器人焊接结构件装配能力测评表

序号	能力点	配分	得分
1	装配基准面的选择	20	
2	合理运用辅助定位设备	30	
3	制定点固焊缝焊接参数	20	
4	合理控制装配精度	30	
总分		100	

3. 素养测评

对表 10-3-3 所列素养点进行评判，做到即得分，未做到得零分。

表 10-3-3 机器人焊接结构件装配素养测评表

序号	素养点	配分	得分
1	防护用具穿戴标准	20	
2	装配前材料检查	20	
3	点固焊缝施焊	20	
4	点固焊缝焊后处理	20	
5	工具、量具等归位，清理工位	20	
总分		100	

4. 拓展训练

(1) FANUC 机器人坐标系共有几个？特点是什么？

(2) 简述 FANUC 机器人工具坐标系原点设置方法（六点法）。

任务四　焊接工艺制定及实施

职业活动

步骤一：识读焊接标注

按照图 10-4-1，确定焊缝位置及形式。

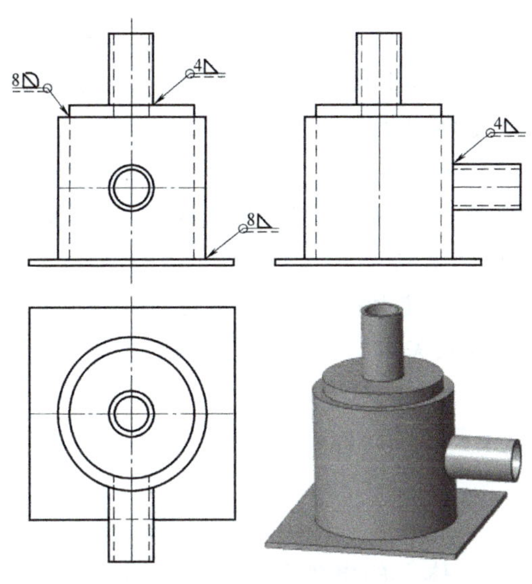

图 10-4-1　压力容器焊缝标注

1. 确定焊缝数量和焊缝形式

通过图样分析，能够确定本项目压力容器需要焊接 4 条焊缝，分别是底板与大径管组成的骑坐式管板对接焊缝，大径管与盖板组成的端接焊缝，盖板与小径管组成的骑坐式管板对接焊缝，小径管与大径管垂直对接焊缝。

2. 确定焊接位置

4 条焊缝都是环形焊缝，属于角焊缝，焊接位置为平焊（2F）和管板对接水平全位置焊（5F），通过焊缝标注，能够确定底板与大径管组成的骑坐式管板对接焊缝尺寸要求是 8mm，大径管与盖板组成的端接角焊缝尺寸要求是 8mm，盖板与小径管组成的骑坐式管板对接焊缝以及大径管与小径管组成的对接水平全位置焊缝尺寸要求是 4mm。

职业知识

FANUC 机器人的保养

定期保养机器人可以延长机器人的使用寿命，FANUC 机器人的保养周期可以分为日常三个月，六个月，一年，两年，三年。

保养周期	检查和保养内容	备注
日常	不正常的噪声和振动，电动机温度	
	周边设备是否可以正常工作	
	每根轴的抱闸是否正常	有些型号机器只有 J2、J3 抱闸
三个月	控制部分的电缆	
	控制器的通风	
	连接机械本体的电缆	
	接插件的固定状况是否良好	
	拧紧机器上的盖板和各种附加件	
	清除机器上的灰尘和杂物	
六个月	更换平衡块轴承的润滑油，其他参见三个月保养内容	某些型号机器人不需要，具体见随机的机械保养手册
一年	更换机器人本体上的电池，其他参见六个月保养内容	
三年	更换机器人减速器的润滑油，其他参见一年保养内容	

步骤二：焊接工艺编制

1. 焊前准备

1）工件材料为 Q235 钢板及管材，具体尺寸见表 10-1-1。

2）焊接材料，选择焊丝牌号为 ER50-6，直径为 ϕ1.2mm；CO_2 气体纯度要求达到 99.5%。

3）焊机选择 NB-350 型焊机，直流反接。

4）焊前清理：采用角磨机或钢丝刷清理工件坡口及坡口两侧各 20mm 范围内的油污、铁锈及其他污染物，直至露出金属光泽。

2. 焊接工艺分析

本项目压力容器制作主要是焊接环形角焊缝，每一条焊缝均需要 360° 施焊，且均是圆形，在编程时需要调节好焊接机器人各个轴之间的配合；底板、盖板与大径管组成的角焊缝焊脚尺寸为 8mm，焊接过程中焊枪需要做摆动动作，编程时要注意焊缝尺寸的控制；盖板与小径管组成的骑坐式板管对接焊缝，在焊接过程中，由于管壁较薄，焊枪指向应稍向盖板方向倾斜。其中底板上平角焊与盖板端角焊缝焊接参数一致。

3. 焊接工艺卡编制（见表 10-4-1）

表 10-4-1 机器人焊接压力容器焊接工艺卡

焊接工艺卡		编号：
材料型号	Q235	
材料规格	底板 150mm×150mm×6mm 大径管 ϕ108mm×8mm×100mm 盖板 ϕ92mm×8mm 小径管 ϕ34mm×4mm×50mm×2	
接头种类	T 形接头、端接接头	
坡口形式	I 形	
坡口角度	—	
钝边	—	
组对间隙	0～1mm	
焊接方法	135(GWAM)	
焊接设备	NB-350	

FANUC 机器人更换电池

更换控制器主板上的电池	程序和系统变量存储在主板上的 SRAM 中，由一节位于主板上的锂电池供电，以保存数据。当这节电池的电压不足时，则会在 TP 上显示报警（SYST-035 Low or No Battery Power in PSU）。当电压变得更低时，SRAM 中的内容将不能备份，这时需要更换旧电池，并将原先备份的数据重新加载。因此，平时注意用 Memory Card 或软盘定期备份数据。控制器主板上的电池两年换一次。 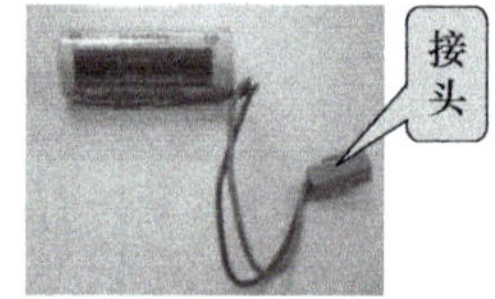 具体步骤如下： 1）准备一节新的 3V 锂电池（推荐使用 FANUC 原装电池）。 2）机器人通电开机正常后，等待 30s。 3）机器人关电，打开控制器柜子，拔下接头，取下主板上的旧电池。 4）装上新电池，插好接头。
更换机器人本体上的电池	机器人本体上的电池用来保存每根轴编码器的数据。电池需要每年都更换，在电池电压下降报警（SRVO-065 BLAL alarm（Group:%d Axis:%d）出现时，要求用户更换电池。若不及时更换，则会出现报警（SRVO-062 BZAL alarm（Group:%dAxis:%d）），此时机器人将不能动作，遇到这种情况再更换电池时，还需要做 Mastering，才能使机器人正常运行。 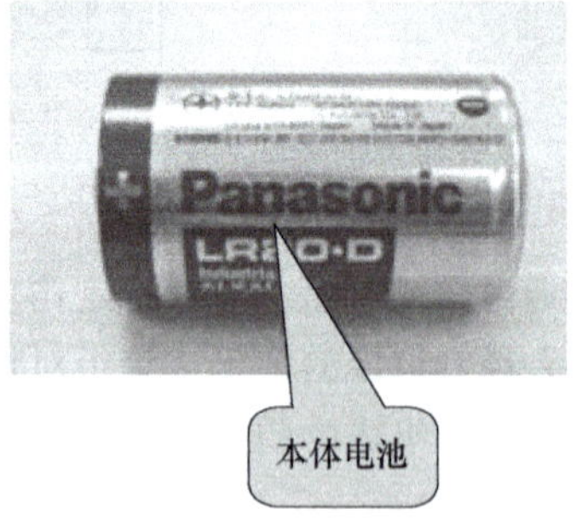

（续）

电源种类	直流	焊后热处理	种类	—	保温时间	—
电源极性	反接		加热方式	—	层间温度	—
焊接位置	2F、3F		温度范围	—	测量方法	—
焊接参数						
焊层	焊材型号	焊材直径/mm	焊接电流/A	焊接电压/V	焊接速度/(cm/min)	气体流量/(L/min)
平角打底	ER50-6	ϕ1.2	140~150	19~21	30~32	15~20
平角盖面			120~130	17~18	24-26	
小径管平角焊			110~120	16~17	30~32	
小径管全位置焊			100~110	15~16	28~30	

步骤三：焊接机器人编程

1. 焊接顺序制定

首先，将组对好的压力容器固定在工作台上，机器人的焊接顺序规划如图 10-4-2a 所示，该图为压力容器俯视图，*A* 点在小径管下方，是大径管与底板相交焊缝起焊点，*E* 点在小径管上方，是大径管与上盖板角焊缝起焊点。焊接顺序为由下向上焊接，每一条焊缝按照顺时针方向进行焊接，第一条焊缝为 $A \to B \to C \to D \to A$，第二条焊缝为 $E \to F \to G \to H \to E$，这两条焊缝需要焊接两层才能满足 8mm 焊缝尺寸；然后焊接 $I \to J \to K \to L \to I$，只需要焊接一层即可；最后焊接大径管与小径管相交焊缝，这条焊缝类似于管板对接水平全位置焊，所以需要焊接两个半圆，首先焊接 $M \to N \to O$，然后再焊接 $M \to P \to O$，形成一个圆形焊缝，如图 10-4-2b 所示。

2. 立焊缝容易出现的焊接缺陷和不良与应对措施

（1）焊偏，焊接尺寸不足　应对措施：焊接过程中，焊枪与底板的夹角为 45°~50°，焊枪行进角度为 80°~90°；焊接小径管时，焊枪不需要摆动，焊丝直接对准角焊缝的中心处即可；焊接大径管过程中，焊枪需要摆动，要注意两侧摆动的距离应一致，焊后焊缝尺寸才会满足要求。

（2）起、收弧位置搭接不良　应对措施：收弧点与起弧点需要有 1~2mm 的重叠，并且收弧时要适当加大收弧电流，使热输入增加，收尾焊缝才能平齐。

FANUC 机器人更换电池

更换机器人本体上的电池

具体步骤如下：

1）保持机器人电源开启，按下机器急停按钮。

2）打开电池盒的盖子，取出旧电池。

3）换上新电池（推荐使用 FANU 原装电池），注意不要装错正负极（电池盒的盖子上有标识）。

4）盖好电池盒的盖子，拧紧螺钉。

FANUC 机器人更换润滑油

机器人每工作三年或工作 10000h，需要更换 J1、J2、J3、J4、J5、J6 轴减速器润滑油和 J4 轴齿轮盒的润滑油。某些型号机器人如 S-430、R-2000 等每半年或工作 1920h 还需更换平衡块轴承的润滑油。

更换减速器和齿轮盒润滑油

具体步骤如下：

1）机器人关电。

2）拔掉出油口塞子。

3）从加油嘴处加入润滑油，直到出油口处有新的润滑油流出时，停止加油。

4）让机器人被加油的轴反复转动，动作一段时间，直到没有油从出油口处流出。

5）把出油口的塞子重新装好。

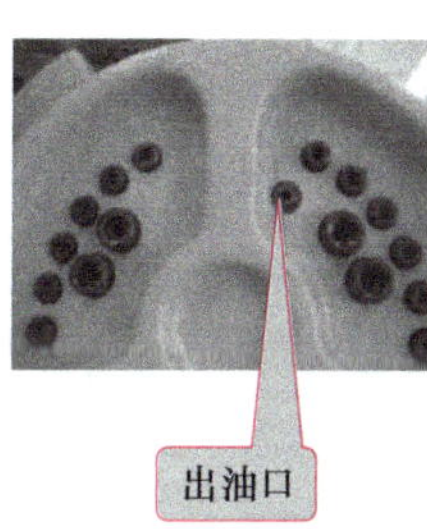

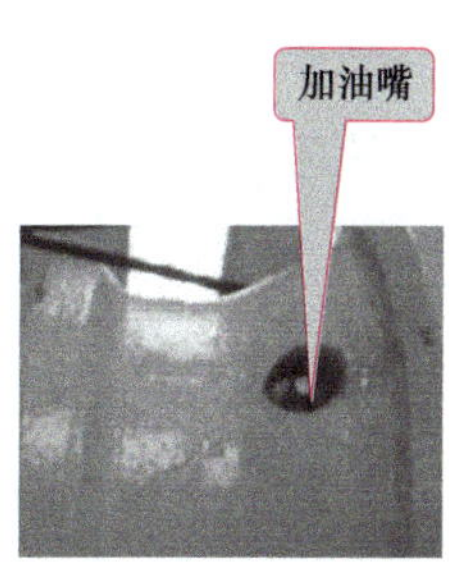

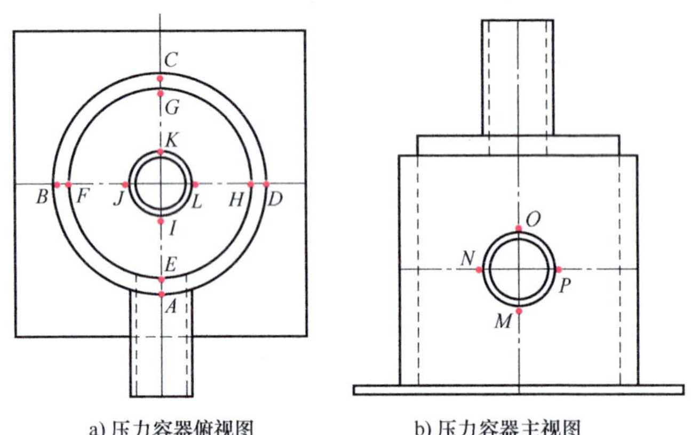

a) 压力容器俯视图　　b) 压力容器主视图

图 10-4-2　压力容器示教点位置

3. 确定底板平角焊焊接示教点（见表 10-4-2）

表 10-4-2　示教点

示教点名称	运动类型	焊接指令	示教点位置示意图
1. 原点	JOINT		
2. 过渡点	Linear		
3. A1 点	Linear	焊接起始点	
4. B1、C1 点	Circular		

FANUC 机器人更换润滑油

更换减速器和齿轮盒润滑油注意事项	错误的操作将会导致密封圈损坏，为避免发生错误，操作人员应注意以下几点： 1）更换润滑油之前，应将出油口塞子拔掉。 2）使用手动油枪缓慢加入。 3）避免使用工厂提供的压缩空气作为油枪的动力源，如果非要不可，压力必须控制在 7.5MPa 以内，流量必须控制在 1.5mL/s 以内。 4）必须使用规定的润滑油，否则可能会损坏减速器。 5）更换完成，确认没有润滑油从出油口流出，将出油口塞子装好。 6）将机器人和地板上的油迹彻底清除干净。
更换平衡块轴承润滑油	操作步骤： 直接从加油嘴处加入润滑油，每次无须太多（约 10mL）。

4. 确定大径管与小径管相交焊缝焊接示教点（见表 10-4-3）

表 10-4-3　示教点

示教点名称	运动类型	焊接指令	示教点位置示意图
1. 原点	JOINT		
2. 过渡点	Linear		
3. M 点	Linear	焊接起始点	

（续）

示教点名称	运动类型	焊接指令	示教点位置示意图
5. *D*1、*A*1 点	Circular	焊接结束点	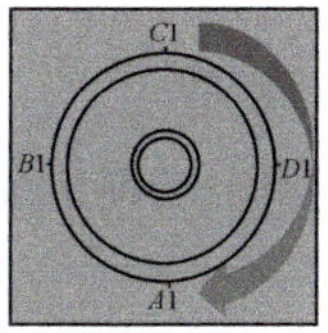
6. 过渡点	Linear		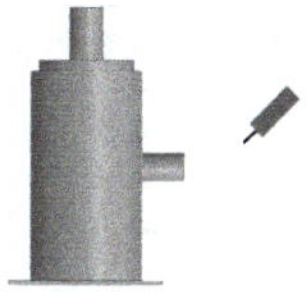
7. *A*2 点	Linear	焊接开始点； 摆动开始点	
8. *B*2、*C*2 点	Circular		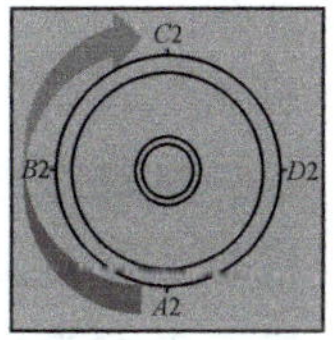
9. *D*2、*A*2 点	Circular	焊接结束点； 摆动结束点	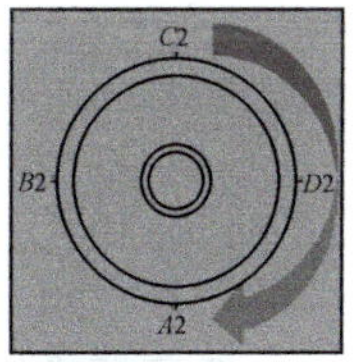
10. 过渡点	Linear		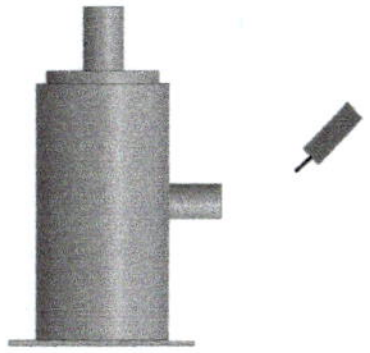

（续）

示教点名称	运动类型	焊接指令	示教点位置示意图
4. *N*、*O* 点	Circular	*O* 点焊接结束点	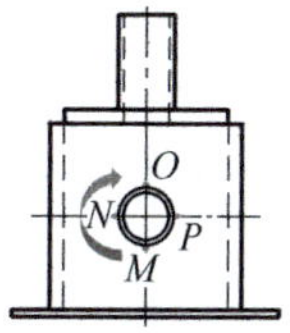
5. 过渡点	Linear		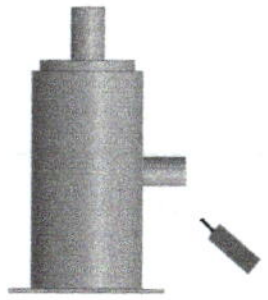
6. *M* 点	Linear	焊接起始点	
7. *P*、*O* 点	Circular	*O* 点焊接结束点	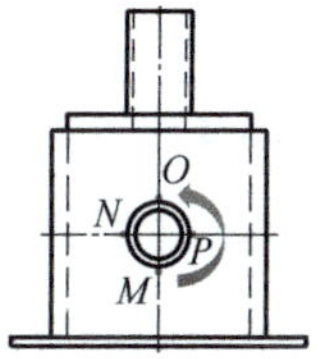
8. 过渡点	Linear		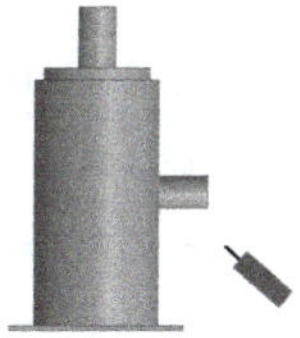

任务四测评

1. 知识测评

确定本任务关键词，按重要程度进行关键词排序并举例解读，见表10-4-4。

根据自己对重要信息的捕捉、排序、表达、创新和划分权重能力进行自评，满分100分。

表10-4-4 压力容器焊接知识测评表

序号	关键词	举例解读	评分自定
1			
2			
3			
4			
5			
总分			

2. 能力测评

对表10-4-5所列作业内容进行评判，操作规范即得分，操作错误或未操作得零分。

表10-4-5 压力容器焊接能力测评表

序号	能力点	配分	得分
1	焊接标注符号识读	20	
2	制定焊接顺序	30	
3	焊接机器人摆动编程	20	
4	焊接机器人焊接实施	30	
总分		100	

3. 素养测评

对表10-4-6所列素养点进行评判，做到即得分，未做到得零分。

表10-4-6 压力容器焊接素养测评表

序号	素养点	配分	得分
1	防护用具穿戴标准	20	
2	点固焊缝焊前打磨处理	20	
3	焊接机器人安全操作规程	20	
4	焊接编程轨迹示教	20	
5	工具、量具等归位，清理工位	20	
总分		100	

4. 拓展训练

下图所示板材采用焊接机器人编程焊接，试编辑程序进行焊接操作。具体要求如下：

（1）单面焊双面成形。

（2）工件材料Q235，60°V形坡口。

（3）根部间隙及钝边自定。

（4）接头形式为板对接接头，焊接位置为仰焊。

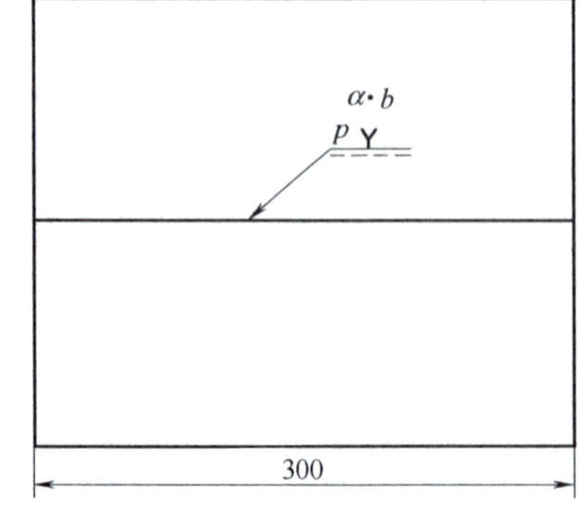

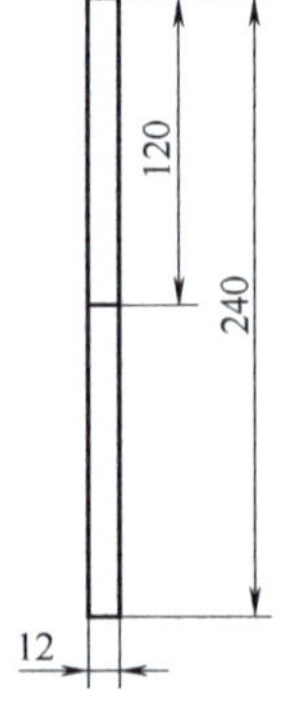

任务五　焊接检测

职业活动

步骤一：否定项识别

1. 检测准备

1）保证检测环境光照充足。

2）HJC40 焊缝检测尺、角焊缝量规（自制）、白色油漆笔、压力容器焊缝评分表。

3）需要检测的工件。

2. 确定工件上的否定项

本焊接结构共有 3 道焊缝，本环节要检测的项目为画出否定项，否定项包括：

1）没有按照图样要求进行装配。

2）焊缝表面有气孔、未熔合、焊瘤、焊道偏离等缺陷。

步骤二：焊缝尺寸检测

1. 检测焊缝尺寸

焊缝尺寸检测是测量焊缝外观尺寸是否符合图样标注尺寸或技术标准规定的尺寸。本工件为组合件，在检测过程中，需要分别对工件的 3 段焊缝尺寸进行测量。

2. 填写评分表（见表 10-5-1 和表 10-5-2）

表 10-5-1　圆管-上盖板转角焊缝外观检测评分表

工件号		评分员签名		合计得分		
检查项目	标准、分数	焊缝等级				测量数值及得分
		Ⅰ	Ⅱ	Ⅲ	Ⅳ	
焊缝最大宽度	标准/mm	≥8.0,≤8.5	>8.5,≤9.0	>9.0,≤9.5	<8.0,>9.5	
	分数	5	3	1	0	
焊缝宽窄差	标准/mm	≤0.5	>0.5,≤1.0	>1.5,≤2.0	>2.0	
	分数	5	3	1	0	

（续）

检查项目	标准、分数	焊缝等级				测量数值及得分
		Ⅰ	Ⅱ	Ⅲ	Ⅳ	
咬边	标准/mm	无	累计长度≤5,深度≤0.5	累计长度>5,≤10,深度≤0.5	深度>0.5 或深度≤0.5,累计长度>10	
	分数	5	3	1	0	
焊缝饱满度	标准	优	良	差	不成形	
	分数	5	3	1	0	
焊缝外观成形	标准/mm	优	良	一般	差	
		成形美观，焊纹均匀细密，高低宽窄一致	成形较好，焊纹均匀，焊缝平整	成形尚可，焊缝平直	焊缝弯曲，高低宽窄明显，有表面焊接缺陷	
	分数	10	5	3	2	

表 10-5-2　小管角焊缝外观检测评分表

工件号		评分员签名			得分	
检查项目	标准、分数	焊缝等级				实际得分
		Ⅰ	Ⅱ	Ⅲ	Ⅳ	
焊脚高度(K_1)	标准/mm	≥4.0,≤4.5	>4.5,≤5.0	>5.0,≤5.5	<4.0,>5.5	
	分数	5	3	1	0	
焊脚高度(K_2)	标准/mm	≥4.0,≤4.5	>4.5,≤5.0	>5.0,≤5.5	<4.0,>5.5	
	分数	5	3	1	0	
ΔK	标准/mm	≤0.5	>0.5,≤ 1.0	>1.0,≤1.5	>1.5	
	分数	5	3	1	0	
咬边	标准/mm	0	深度≤0.5 且长度≤10	深度≤0.5 长度>10,≤20	深度>0.5 或深度≤0.5,长度>20	
	分数	5	3	1	0	

（续）

检查项目	标准、分数	焊缝等级				实际得分
		Ⅰ	Ⅱ	Ⅲ	Ⅳ	
焊缝凹凸度	标准(处)	0~0.5	>0.5,≤1.0	>1.0,≤1.5	>1.5	
	分数	5	3	1	0	
焊缝成形	标准(处)	优	良	中	差	
	分数	5	3	1	0	

步骤三：底圆角焊缝外观检测

填写表 10-5-3。

表 10-5-3　底圆角焊缝外观检测评分表

工件号		评分员签名		合计得分		
检查项目	标准、分数	焊缝等级				实际得分
		Ⅰ	Ⅱ	Ⅲ	Ⅳ	
焊脚高度(K_1)	标准/mm	≥8.0,≤8.5	>8.5,≤9.0	>9.0,≤9.5	<8.0,>9.5	
	分数	5	3	1	0	
焊脚高度(K_2)	标准/mm	≥8.0,≤8.5	>8.5,≤9.0	>9.0,≤9.5	<8.0,>9.5	
	分数	5	3	1	0	
ΔK	标准/mm	≤0.5	>0.5,≤1.0	>1.0,≤1.5	>1.5	
	分数	5	3	1	0	
咬边	标准/mm	0	深度≤0.5且长度≤10	深度≤0.5长度>10,≤20	深度>0.5或深度≤0.5,长度>20	
	分数	5	3	1	0	
焊缝凹凸度	标准(处)	0~0.5	>0.5,≤1.0	>1.0,≤1.5	>1.5	
	分数	5	3	1	0	
焊缝成形	标准(处)	优	良	中	差	
	分数	5	3	1	0	

步骤四：水压试验检测

1. 试压准备

（1）压力容器试压前准备

1）对容器进行内、外部检查。

2）将容器的人孔、安全阀座孔（安全阀应拆下）及其他管孔用盖板封严，只在容器的最上部保留一个装有截止阀的接管，以便于容器装试验用水时容器内的空气由此排出。在容器的下部选择一个管孔作为进水孔。

（2）试压设备、辅具准备

1）试压泵准备。本项目选择试压专用泵。

2）压力表准备。需用两个量程相同并经校正的压力表，本项目压力容器设计压力为 0.6MPa，试验压力为 0.75~0.9MPa。

3）试验介质准备。试验介质为清水，水的温度不低于 5℃（试验容器为碳钢材质），试验压力根据容器设计压力按 GB 150—2019《压力容器》中有关规定或设计图样上的规定来确定。

2. 注水、排气

试验装置装设妥善后，将装设在容器最高处的排气阀打开，起动水压泵向容器内注满水，将容器内的空气完全排出后，关闭排气阀。

3. 升压、保压及检查

试验时，开动试压泵使水压缓慢上升，按 0.2MPa、0.4MPa、0.6MPa 三个阶段持续对容器进行加压，直至最大压力 0.6MPa。达到每个试验压力后，先保持压力 10min 再进行泄漏检查。每个试验压力下若在规定的持续时间内出现泄漏，则试验结束。

4. 排水卸压

容器经检查完毕后，即可打开容器下部的排水阀，排水卸压。

5. 评分标准

对每个压力档次得分进行累加，即为本项目压力容器水压试验分数，见表 10-5-4。

表 10-5-4　机器人熔化极气体保护焊压力试验评分表

检查项目	标准、分数	分级注水，加压 0.2MPa，0.4MPa，0.6MPa，水充入容器内，检测有无泄漏点				得分
水压力	标准	0.6MPa 无泄漏	0.4MPa 无泄漏	0.2MPa 无泄漏	0.2MPa 有泄漏	
	分数	100	80	60	1 处 40，2 处 20，3 处 0	

任务五测评

1. 知识测评

确定本任务关键词，按重要程度进行关键词排序并举例解读，见表 10-5-5。

根据自己对重要信息的捕捉、排序、表达、创新和划分权重能力进行自评，满分 100 分。

表 10-5-5　焊接检测知识测评表

序号	关键词	举例解读	评分自定
1			
2			
3			
4			
5			
总分			

2. 能力测评

对表 10-5-6 所列作业内容进行评判，操作规范即得分，操作错误或未操作得零分。

表 10-5-6　焊接检测能力测评表

序号	能力点	配分	得分
1	否定项识别	10	
2	圆管-上盖板转角焊缝外观检测评分标准	30	
3	小管角焊缝外观检测评分标准	30	
4	底圆角焊缝外观检测评分标准	30	
总分		100	

3. 素养测评

对表 10-5-7 所列素养点进行评判，做到即得分，未做到得零分。

表 10-5-7　机器人焊接压力容器素养测评表

序号	素养点	配分	得分
1	防护用具穿戴标准	20	
2	焊接检测前焊件处理	20	
3	焊接机器人安全操作规程	20	
4	焊接检测内容执行是否存在偏差	20	
5	工具、量具等归位，清理工位	20	
总分		100	

4. 拓展训练

怎样判别凸形角焊缝和凹形角焊缝？

“平凡彰显伟大，梦想在弧光中放飞”青年焊工赵毓忠（男，哈尔滨电机厂有限责任公司冷作分厂七工段电坪二班班长，高级技师）

赵毓忠自己的梦想，就是成为一名焊接技师。为了这个梦想，他不懈地努力着。

1993 年，不到 20 岁的赵毓忠从技校毕业后，立志要做一名优秀的电焊工。幸运的是，一参加工作就跟焊接的顶尖高手杨迪林学徒。赵毓忠的刻苦是出了名的。每天上班，赵毓忠都寸步不离地跟着师傅，只要师傅一动焊枪，他就半天不挪窝，蹲在那儿看，下班后，赵毓忠就在车间捡些废料，躲到分厂的培训组里，手握焊枪，一遍遍练习，手上常常会被烫起一个个燎泡。功夫不负有心人，两年后，在全公司的青工岗位技能大赛上，赵毓忠一举夺得焊接工种冠军。1997 年，参加工作仅 4 年的赵毓忠也带起了徒弟，在重大项目中挑起大梁。

2000 年，哈尔滨电机厂与日本合作生产了万家寨水电站的大泵转轮，由于焊道较长，且叶片间距很小，导致一半以上的焊缝根本看不到，使用普通焊枪很多位置无法施焊。赵毓忠反复研究，对原有的焊枪进行了改造，改变了焊枪鹅颈，扩大了焊枪的工作角度，使以前难以施焊的部位变得容易操作了，对于实在看不着的地方，便利用小镜子反照进行焊接。实践证明，他所创造的这些焊接方式，提高了转轮的焊接质量。

三峡工程启动后，哈尔滨电机厂责任有限公司冷作分厂承担了焊接任务，赵毓忠以严谨的态度和高超的技术，在三峡配套产品的焊接中屡创佳绩。2003 年 6 月末，直径达 10 余米的三峡转轮要在葫芦岛滨海大件厂进行焊接加工，赵毓忠边学边练，一举创造了世界上最大转轮整体焊接的奇迹。

赵毓忠视质量如生命，始终如一地认真遵循电机公司“精细过程，精品结果”的质量观。工作中，他精益求精，近乎苛刻，不断钻研探索焊接工作的新方法，无论是多么难干的活儿，他从没有丝毫退缩过。赵毓忠经常说：“我们做焊工的，要想成为焊接的能手、高手，就得下力气、花工夫去学去练，年轻人更是如此。”在青年工人培养上，赵毓忠十分用心，他认为无论到什么时候、在什么时代，踏实勤劳的品质都是不能丢弃的。

值得一提的是，2011 年 2 月，秦山核电的磁盘生产告急，赵毓忠主动请缨，针对技术环节提出了改进措施，此建议被纳入磁盘焊接工艺规程，并运用于实际生产之中，极大地提高了磁盘焊接质量，为分厂解决了生产难题。在 2015 年的 GE324LU 定子机座生产中，赵毓忠和他的工友们齐心协力，攻克了多项难关。赵毓忠创造了冷作分厂焊接生产攻关工作的历史记录。

平凡彰显着伟大，梦想在弧光中放飞。赵毓忠喜爱焊花，就像喜爱厂房外盛开的鲜花一样。在他眼里，那耀眼的焊花和芳香的鲜花中，同样蕴含着神奇的力量，同样可以使世界变得美丽。

参考文献

[1] 姚佳，李荣雪. 焊接检验［M］. 3版. 北京：机械工业出版社，2022.

[2] 徐卫东. 焊接检验与质量管理［M］. 北京：机械工业出版社，2018.

[3] 马世辉，李小棒. 焊接检测技术［M］. 北京：机械工业出版社，2021.

[4] 生利英. 焊接质量检测技术［M］. 2版. 大连：大连理工大学出版社，2021.

[5] 中国机械工程学会焊接学会. 焊接手册：焊接结构［M］. 3版. 北京：机械工业出版社，2015.

[6] 中船舰客科技（北京）股份有限公司. 特殊焊接技术：初级［M］. 北京：高等教育出版社，2020.

[7] 中船舰客科技（北京）股份有限公司. 特殊焊接技术：中级［M］. 北京：高等教育出版社，2021.

[8] 中船舰客科技（北京）股份有限公司. 特殊焊接技术：高级［M］. 北京：高等教育出版社，2021.